U0124254

高績效心智

全新聰明工作學，讓你成為最厲害的1%

Great at Work

How Top Performers Do Less, Work Better, and Achieve More

Morten T. Hansen
莫頓・韓森 著
廖月娟 譯

工作生活BWL062

推薦序

與成功再次有約

黃男州

本書源於困惑作者多年的一個問題：「為什麼從不超時工作的同事娜塔莉表現得比我好？」相較擁有同樣天賦、能力，甚至付出更多努力的自己，為何績效表現總是跟不上？你的身邊是否也存在這樣一位「娜塔莉」？究竟在「優秀」與「卓越」之間，存在著哪些關鍵差異？

關於高績效工作者的研究，最著名的莫過於1989年出版的經典鉅作《與成功有約》，成功學大師柯維為我們指出超越時間、不分地域的普世原則，深深影響了無數讀者。三十年後的今天，站在巨人的肩膀上，本書作者韓森進行管理史上規模最大的成功學研究，深入探訪各行各業近五千位職場工作者，企圖解開娜塔莉之謎，期望透過以實證為基礎的研究成果，提供讀者一套全新的聰明工作學。

巧合的是，柯維提出七個習慣，而韓森提出了七種心智

（涵蓋高績效工作者的成長心態、思考模式與工作方法），我認為這背後展現了作者的勇氣，以及對扎實研究結果的自信。

韓森提出的七大成功心智可分為兩類，前四項是關於個人工作表現，後三項則是關於如何與他人一起工作。

首先，也是最重要的一項心智就是雙重模式的高度專注，要懂得區分事情的輕重緩急，同時要有紀律的將最好的時間投注在最重要的事情上。其次，學習重新設計工作，為自己找到聰明工作的支點。第三，建立「學習迴圈」，有系統、有方法的精進工作技能。第四，結合熱情和使命感，不只做你所愛，更是做有貢獻的事，才能讓你擁有不斷前進的動力。第五，培養能說服，也能克服阻力的「巧毅力」，以獲取他人的支持。第六，掌握能爭辯也能團結的原則，就能集思廣益，提升決策品質。最後，協同合作並不是多多益善，以嚴謹協作的原則，找出每個協作提案強有力的理由，拒絕高成本的協作，才能真正共創價值，提高個人與團隊績效。

綜觀這七大心智，核心在於「選擇」，為什麼高績效人士做得更少，卻得到更多？因為他們會審慎評估優先順序、工作項目、協作對象、可行方法，再決定投入哪些、避開哪些，而且一旦做出選擇，他們會對自己所選全力以赴，以達成目標。

同樣的，在玉山我們強調，策略就是選擇做什麼、不做什麼，我們常會邀請跨單位、不同世代的玉山人共同討論重要議題，玉山的企業文化也鼓勵大家暢所欲言，針對不同的看法彼此辯論。藉由這個過程，我們有效凝聚共識，以大玉山為優先，讓每一次開會都能廣納意見而形成健康的決策，而一旦決議，各單位就全力以赴，「One Team One Goal」。

從1992年進入玉山至今，我的工作哲學是「設定目標、找對方法、全力以赴、樂在其中」，與書中提到的關鍵心智不謀而合。我相信這是一套實在、可行的工作法則。其中，我覺得最重要的是，結合熱情和使命感，才能擁有強烈的內在動力，持續創造高績效。

每次有機會回到校園與年輕人交流時，我會鼓勵他們未來進入職場後要時常問自己：

這份工作有挑戰嗎？能夠讓我有學習、成長的機會嗎？
我對這份工作有源源不絕的熱情嗎？
我的工作對服務的人、對社會有貢獻嗎？

當這三個問題的答案都是肯定的時候，工作就不再只是工作，而是能讓你每天充滿期待，充分發揮才能的舞台。現在，就讓我們踏上通往高績效的心智旅程，與成功再次有約。

（本文作者為玉山金控總經理）

推薦序

不要把努力當作習慣

洪雪珍

在需要團隊合作，必須挑選夥伴時，我會特別避開過度努力、配合度太高的人。阿里巴巴集團的創辦人馬雲也是一樣的想法，他認為，太努力的人經常是太懶惰的人。這個說法是不是很奇怪？不過我完全懂得馬雲的言下之意，太努力的人有時只是看起來努力，其實是懶的，懶在哪裡？

懶於思考工作。

在工作上，這些人的快樂來自被稱讚工作努力，就像孩子被摸頭說好乖會開心一樣。在他們腦子裡，工作就工作，做了就是，為什麼要思考？這應該是愛計較的人想出來的說詞吧！

這樣的人是職場的乖乖牌，而另一種人則是不乖牌。有意思的是，主管喜歡乖乖牌，努力且聽話，管理容易；老闆偏愛不乖牌，好好挑，還真能在這群人中挑到一些寶 —— 能為公司創造高價值，屬於稀缺人才的高績效人才。

不乖牌可以創造高績效，祕密在哪裡？

比起乖乖牌，不乖牌的知識技能不特別強，工作態度不特別好，但人格特質很不一樣。不論做什麼事，最想知道的是做這件事有沒有用，如果沒有用，就會懷疑是否有必要做下去。

因為他們在乎努力，認為付出要有價值，有價值才是績效，沒價值就是蠢事一件，不如不做，寧願去曬太陽。主管若是不了解這種人，就會把他們歸類於討厭的一群，挑工作、愛計較、不配合、意見很多。

當公司交派新任務，乖乖牌二話不說，捲起袖子就幹了，不乖牌不一樣，他們第一件事不是工作，而是提問題，先問why，為什麼要做？接著問how，主管希望我怎麼做？最後問what，公司希望我達成什麼目標？這三個問題構成「黃金三圈」，成為思考工作的起點。

所以當不乖牌接下新任務之後，拒絕蕭規曹隨，反而是動手把工作改了，比如改一個小機制，或是將流程前後順序倒過來，或是著手先把長年存在的問題點解決了……動手清理掉所有障礙，才好整以暇，專心工作。可是乖乖牌不是，就像瞎子一樣，看不見問題，看不見缺點，反正主管交代，做了就是，何必給自己找麻煩？

有一陣子為了提高公司客服人員的工作績效，我坐在他們後面，觀察他們的每個動作，常會發現一些荒謬不合理的事。比如使用的系統有個地方不順暢，只要改一下就可事半功倍，但是從來沒有人提出來，為什麼？

「我沒有想到這是個問題……」

「只是不順，可以提出來嗎？」

「我怕給程式人員找麻煩，會被討厭。」

後來我進行一些改革，包括重新設計工作，接著使用本書提出的「學習迴圈」，來回衡量、回饋、修正、重做，最後讓客服單位的績效大幅拉升，客服人員也很高興，工作順暢方便多了，不再感到倦怠無力。

但是，在不乖牌之中，也有壯烈陣亡的，這又是怎麼了？

這些人應該讀這本書，就知道自己只做了一半，能爭辯，卻不能團結，以及能說服別人，卻不能克服阻力。至於要做到頂尖，還需要找到工作的意義，結合熱情與使命感。

這個年輕世代，工作歲月遠遠比父母長，平均四十年跑不掉，有人甚至活到老做到老，沒有退休的一天，尤其不能傻傻工作，而要聰明工作，不能低績效工作，而要高績效工作，否則怎麼充滿活力，快樂工作到老？因此，不要只是工作，還要思考工作！思考比工作重要。

高績效的祕密，藏在「思考工作」，人人都要思考工作對自己的意義，思考工作對組織的價值，思考工作對於達成目標的必要性，否則就是瞎忙，這才是愈忙愈窮的原因。

（本文作者為yes123求職網資深副總經理）

推薦序

聰明工作，享受人生

謝文憲

陷入學習與工作深淵卻無法自拔與焦慮無比的人，本書將救贖這樣的你。如果你近三年錯過許多有關學習成長、刻意練習、效率工作的書籍，我想說：「看這本就好了。」

寫本篇序文的同時，我正經歷美國旅行半個月後返台，連續十一天工作的深淵，正所謂：「該還的，總要還。」但我並未感受到忙碌工作帶來的苦楚，反而享受自在舒暢的快感。

我能產生工作上的高績效，又能享受好生活，似乎仰賴些什麼，序文撰寫前，我先盤點這十一天的工作：

課程與演講：八天，共計四十八小時上台時間。

廣播與代言主持：五集專訪，共計五小時。

書籍導讀與錄影：十一集，共訪問五位來賓。

會議：兩場。

序文：兩篇。

媒體受訪：一集。

醫院回診：一次。

張學友演唱會：慰勞自己。

今天下午要上課，上午起個大早，泡杯咖啡，看到出版社朋友寄給我的書稿，答案呼之欲出：

1. 雙模的高度專注：選擇我喜歡的道路，而且全力以赴去完成。
2. 重新設計工作：影音錄製與授課，主持與演講，看似無關，綜效卻巨大無比。
3. 學習迴圈：重複且長時間的練習並不適合我，我的過人表現，起因於好的學習迴圈。
4. 強烈的內在動機，結合熱情與使命感：矢志幫助台灣職場工作者快速學習，不論課程、書寫、影音或廣播主持，皆有異曲同工之妙。
5. 能說服他人，也能克服阻力：創業的過程無比煎熬，不僅要能說出影響力，更重要的是面臨阻力，卻能甘之如飴，自我調適。
6. 去除淺薄的團隊合作：「人脈愈廣，朋友愈少」，無效的團隊工作的確曾經拖垮我。判別有價值的工作，才投入時間進行團隊合作，是我近期努力的方向。
7. 審慎選擇高價值協作：我花80%時間釐清問題，只花

> 20%時間解決問題，這是我的工作習慣。我不允許低價值或是看似忙碌卻無價值的工作與團隊協作，進入我的工作排程中。

你發現了嗎？作者韓森提出的核心內容，與我的工作習慣雷同。而且他的書寫方式很適合每個工作者閱讀。

我發現書中內容清晰簡要、tips提綱挈領、數據佐證與研究調查鐵證如山，先說故事與案例，再說道理與研究，再加上作者的管理學大師地位與他在企業界的分量等等，都是我推薦本書的原因。

如果你也想和最厲害的高績效工作者，有一樣的工作模式與思考習慣，本書是你不容錯過的好書。

（本文作者為知名講師、作家、主持人）

推薦序

績效感讓你與眾不同

葛望平

2002年創立歐萊德時所懷抱的勇氣和志向，仍在我腦海記憶猶新，心裡抱持著只要拚就會贏的心態，踏出改變我人生的第一步。我想如果當時有這本書，不單是在早期能事半功倍，在早年追求永續發展的使命時也能更加穩定，不受左右動搖。當時我就跟很多人的想法一樣，以為在工作上只要願意努力，生活品質就會跟著事業的成就一起提升。這想法原本沒錯，但這些年來，在花了不少學費和經驗累積後，我已意識到無論是我自己，還是員工，在辦公室熬夜加班，並不代表能夠交出好成績，而「績效」這兩個字也無法跟「拚命」劃上等號。

那如何確保高績效？又如何確保高品質生活呢？我在這本書找到解答的關鍵。

「工作要更聰明，不要更拚」，我相信大家都聽過類似的話，甚至曾嘗試做得更聰明，但結果事與願違。管理大師韓森為了研究這個問題，費時五年分析、解剖、蒐集相關數據，並在融合實際案例後，整理出職場上的高績效明星常有的特質，並歸類為聰明工作的七種心智。不管你是頭家或員工、對外或內勤，書中內容可馬上導入生活中，幫助你停止無效努力，加入高績效行列。

本書第五章提及結合熱情與使命感，我相信特別能引起許多企業家共鳴。我在創業之初，家父給了我一筆創業資金，正於事業草創階段時期，卻遭逢父親病危，父親臨終前叮囑我：「未來若是事業有成，要記得孝順社會。」

使命感讓我不斷思索如何經營一個好企業，如何回饋環境、社會，開發友善地球與環境的產品，就是這份使命感一直在背後不斷推著我前進，亦是歐萊德堅持永續發展的承諾。

本書不只清楚說明為何高績效者經常出人意表，也指出成功人士的某些性格特質。許多人都以為人生成敗取決於天賦、努力與運氣，但韓森找出更關鍵的因素。他深入採訪五千位工作者，並融合許多關於工作與個人表現的研究，歸納整理出聰明工作的七種心智。這七種心智與個人傑出表現有直接關聯，也跟如何與人一起高效工作有關。從各行各業的頂尖人士身上，韓森發現高績效人士的聰明工作法，有細節也有紀律，不只慎選努力方向，而且對所選專注投入；有熱情，更有明確目標。做得更少、更精，實際完成的更多。

不管你在什麼職位，都需要高績效，但這本書不僅幫助你以更聰明的方法把工作做到最好，更要助你將天賦與潛能推到極限，好讓你把聰明工作省下的時間與精力，拿去過更好的生活。績效感讓你脫穎而出，不需超時工作、成為天才，或靠運氣，透過七種心智 ，就可幫助你讓業績、人生完美達成。

（本文作者為歐萊德董事長）

高績效心智

全新聰明工作學，讓你成為最厲害的1%

Part 1 成為最厲害的1%

Part 2 跟誰都能一起高效工作

Part 3 新時代的工作邏輯

01
解開高績效的祕密

人說過五關、斬六將，當年我可是經過九次面試，才得到這份夢寐以求的工作，在倫敦的波士頓顧問公司（BCG）擔任管理顧問。我永遠忘不了，第一天上班，我穿了一套優雅、筆挺的藍色西裝，配上繫帶牛津鞋。女友還特地買了光澤亮麗的軟牛皮公事包送給我。她說，在金融界上班的人，很多人都提這種公事包。公司辦公室位於德文郡的一棟豪宅，離繁華大街皮卡迪里很近。踏入公司大門之際，當我看著這華麗的門面，心裡不禁戒慎恐懼。

我非常想要有出色表現，好讓公司的人一開始就對我刮目相看。我想到了一個很棒的策略，決定就這麼做：瘋狂工作，以勤補拙。我沒有多少顧問工作經驗；老實說吧，我完全沒有經驗。這是我的第一份工作。

當時，我二十一歲，剛取得倫敦政經學院金融碩士學位。為了彌補沒經驗，我願意超時工作。接下來三年，我的每週工時從60小時，增加到70、80小時，甚至90個小時。

英國的咖啡很淡，我就當水喝，從早喝到晚；我在最上層的抽屜裡擺了一堆巧克力棒，工作到累翻、餓慘時，可以多少補充一些能量。每到凌晨五點，清潔人員會來打掃辦公室，我都叫得出他們的名字了。也難怪，不久後女友就把那個公事包要回去了。

有一天，我為了一個重要併購案傷透腦筋，正巧看到同事娜塔莉做的投影片。我細讀了她的分析，不得不面對一個讓我極度不安的事實。娜塔莉的表現，要比我好太多了，她的分析一針見血，點子讓人激賞，簡報設計得簡潔優雅，賞心悅目又一目瞭然。這份報告看起來真的說服力十足。看到別人的優異表現，我更加焦慮了。

有天傍晚時分，我去找娜塔莉，她正巧不在座位上。我問旁邊的同事，她去哪裡了。同事說，她下班回家了！他還說，娜塔莉從不加班，只有上班時間會在辦公室，也就是早上八點到下午六點。

我不由得一陣心酸。我的才華不比她差，能進這家公司，應該都有過人的分析能力，年輕的她在這一行的經驗也跟我差不了多少，但我做牛做馬，每天爆肝，而她看起來一派輕鬆，工作績效卻遠比我強。我簡直快看不到人家的車尾燈了。

三年後，我離開波士頓顧問公司，回學校念書，準備轉往學術界發展。我先在史丹佛大學拿到博士學位，接著就到哈佛商學院任教。然而，夜深人靜時，當年那個「娜塔莉之謎」，不時悄悄爬上我心頭：為什麼她比我早下班，表現卻比我好？她必然有什麼祕密或絕招？我決定探究這個高績效之祕，但一開始研究焦點是放在企業的經營績效。

我和《從A到A+》作者柯林斯（Jim Collins）從2002年開始合作，花了九年時間一起撰寫《十倍勝，絕不單靠運氣》一書。[1]關於企業如何躍升為卓越的A+企業，這兩本書提供了實際驗證可行的架構。如果你是企業領導人，參考這兩本書可幫助你提升經營績效。但是其他人呢？當年那個娜塔莉之謎仍然未解開。

比努力更關鍵的成功法

在完成《十倍勝，絕不單靠運氣》之後，我決定找出適用於提高個人表現的有效架構。我終於開始著手研究那個令我困惑已久的問題：為什麼從不超時工作的娜塔莉表現得比我好？或從更廣大的層面來看：為什麼有些人的績效卓越，其他人卻望塵莫及？從大學到企業，從西方到東方，我發現這個高績效之謎，同樣困惑著各行各業的專業人士，以及許許多多想要達成學業或熱愛學習的人。

一些社會學家和管理學家指出，有些人天生的資質聰穎、能力過人，所以工作表現出色。你肯定經常聽到有人說，「她是天生的銷售人才」、「他是才華洋溢的工程師」。在《人才戰爭》（*The War for Talent*）這本具影響力的著作裡也提到了企業成功的關鍵，在於招攬人才與留住人才。[2]根據個人優勢分析（StrengthsFinder）建議，你該找跟自己天賦特質相符的工作，然後進一步發揮這樣的特長。[3]

這些基於天賦的詮釋，已深植我們對成功的認知。但是，讓天賦自由就夠了嗎？

有些研究工作表現的專家，就對上述天賦理論提出質疑。他們認為，持續努力才是成功關鍵，甚至比天賦更重要。[4]在加倍努力才能成事的思維下，做法之一是憑藉堅強的恆毅力，歷經長期的磨練，克服重重障礙來獲致成功；[5]另一做法則是以量取勝，透過大量的工作來表現自己的能力，有人因此承擔很多任務，一天到晚趕場開會。我在波士頓顧問公司工作時就是這麼做，幾乎把所有時間都投入工作，只求把事情做好。

我和很多人都相信，努力才是通往成功的不二法門：也許我不是最有天分，但我總是可以做最努力的那一個。不是嗎？但這樣真的有用嗎？[6]

很多人都接受這個論點：人生的成敗取決於天賦、努力與運氣。但我總覺得還有其他更關鍵的因素，至少這三個要素就無法解釋為什麼娜塔莉的表現比我好。不只是我，很多人心裡都有同樣的疑惑，就算同樣努力，一樣有才華，運氣也不差，但表現卻是天差地遠。究竟造成績效差異，甚至導致最後成敗的關鍵因素是什麼？

我決定從不同的角度切入，深入研究績效差異是否和個人的工作方式有關，也就是除了努力，什麼樣的工作方式或學習方法，效能特別高？

我因此開始研究所謂的「聰明工作」（work smart），亦即讓每小時的工作創造最大產值的方法。早已有許多人把「更聰明工作，而非更賣命工作」這樣的話掛在嘴邊，無奈這種說法已變成陳腔濫調。很多人拚死拚活，績效卻慘不忍睹，任誰都不希望做到流汗，卻被嫌到流涎，每個人都想聰明工作，事半功倍，問題是怎麼做。

關於聰明工作，既有建議五花八門。每個工作專家似乎都有自己的一套做法，像是區分輕重緩急、充分授權、善用行事曆、避免分心、設定目標、更好的執行力、發揮影響力、向上管理或向下管理、與人緊密連結、喚醒內在熱情等等，相關的建議少說也有上百個。

儘管職位不同，職責與自主權也不一樣，但不管你在什麼職位，都需要高績效，然而上述專家的建議，都沒能真正解開創高績效背後的關鍵是什麼？如果娜塔莉工作方式比我高明，像她那樣的績效高手是怎麼做到的。他們有什麼祕訣？我決心找出答案。

經過多年不斷追蹤研究，結果不但讓我意外，也徹底顛覆過去我們對高效能人士的種種思維。

創高績效的七種心智

2011年，我開始進行有史以來關於個人工作績效涵蓋層面最廣的一項研究。我招募了一群統計分析專家，建立一套完整架構，亦即建立有哪些特定行為可導致高績效的假設。我參考兩百多篇分別發表在不同期刊的研究報告，也納入我與數百位經理人和企業主管討論的心得。

此外，我與120位專業人士深度訪談，並找了300人進行先導研究。最後，為了測試我們建立的架構，我們找了5,000名經理人和員工進行深入研究（若想進一步了解我們的研究方法，請參見本書附錄）。

由於「聰明工作」涉及的潛在因素龐雜，因此我研究一些學者的看法，把影響工作績效的重要因素加以分類，包括工作特徵（該做什麼工作）、技能發展（如何增進技能）、動機因素（為什麼這樣的工作值得讓人付出）、關係層面（跟誰互動及互動方式）。做好分類之後，我開始深入分析每個因素，並跟以前研究指出的關鍵因素做對照。

列出這些因素後，我和研究團隊隨即著手先導研究，我們設計了一份包含有96個問題的問卷，並挑選了300位企業老闆和員工來做答。我們追蹤每個人的每週工時，比較他們跟其他同事的工作績效。如此一來，我們就可分析工時長短的效果，以及「聰明工作」因素對績效的影響。我們花了好幾個月的時間，仔細分析來自先導研究的統計結果和深度訪談紀錄。經過層層過濾，最後篩選出最重要的七大工作心智。

這創高績效的七大心智，也是促使一個人的表現從平凡到卓越的關鍵因素。為什麼有些人的表現就是比其他人來得好？為什麼有的人成就不凡，而有些人卻始終平凡？長久以來存在我與許多人心中的疑惑終於解開。

我們的研究發現，「聰明工作」的人一定會做這七件事：找出最重要的事，然後全力投入（雙重專注）；追求價值，而非目標（懂得重新設計工作）；不會陷入習慣成自然的機械式重複，再忙也會不斷精進技能（建立學習迴圈）；找到自己有熱情、有使命感的角色（擁有強烈的內在動機）；善於發揮影響力，運用策略爭取支持（能說服人，也能克服阻力）；刻意剔除浪費時間的合作，參與真的能激發腦力的會議（嚴格去除淺薄的團隊工作）；精心挑選跨單位的專案或工作要求，拒絕不具生產力的協作（慎選高價值的協作）。

害你身心疲累的往往不是工作本身，而是你的工作方法。我們提出的七大心智涵蓋絕大多數高績效人士的心智祕訣，有四項是關於個人工作表現，另有三項則是關於如何與他人一起工作，全方面解析頂尖高手的高明之處。

新時代的工作邏輯變了

這七項新的研究發現，徹底顛覆了我們過去對高效工作者的種種思維。

許多成功學大師都強調，要能夠區分事情的輕重緩急，才能高效工作，但在我們的研究中，光憑這一點還無法確保最佳表現。高績效人士一旦決定要事，就會專注一心、完全投入，因此才有最出色表現。

我們研究的高績效工作者或是高成就者，不只是懂得掌握「重要少數」，而且對優先要務專注投入，正因這種雙重專注才帶來非凡成果。傳統成功思維只聚焦在區分優先要務，但在成功方程式中，選擇只占了一半，還有另一半常被忽略，那就是對要事的專注投入。這個發現，讓我們覺得有必要在過去成功學大師強調的要事第一之外，再加上「對要事專注投入」，必須做到雙重專注，否則將前功盡棄。

我們的研究，也顛覆現今主流思維：「做你喜歡的事！」不要以為只要努力就有舞台，找到能讓你展現熱情的角色，就能發光發亮。在做得比別人好之前，你必須先學會做事。我們的確發現對工作熱情的人有過人表現，但也看到有些人雖有滿腔熱情，表現卻差強人意；努力付出，人生卻無進展，甚至被夢想沖昏頭，迷失了自己。盲目的「追隨你的熱情」，很可能害了你。

高績效工作者的做法不一樣。他們會努力尋找對組織和社會有貢獻的角色，使熱情與更大目標結合。讓他們義無反顧的，除了熱情，還有目標，這才使他們的付出創造出最好的結果。

我們的研究，還推翻了另一個常見觀點：「協同合作不只必要，而且多多益善。」許多工作專家都警告過我們，在組織內不要各自為政、搞小圈圈，要破除穀倉效應，多溝通交流、多與人協同合作，以擴大專業網絡與人脈，他們還建議要多利用各種高科技溝通工具，與人緊密連結。但我們的研究發現，這些做法其實會減損而非增進工作表現。

高績效人士比一般人更慎選協作對象，知道有哪些專案或工作要確實把握，哪些該堅決推掉。他們不會被工作牽著鼻子走，也不會讓自己疲於應付各種科技工具。他們對協作抱持精挑細選的嚴謹原則，一天只做最重要的事，把時間精力和資源完全投入在他們選擇的事情上。

我們的研究也驚訝的發現，所謂「一萬個小時定律」[7]不一定正確。比起經年累月的修練，高績效人士更仰賴所謂的「學習迴圈」來快速學習與不斷精進新技能。

事實證明，這些出人意表的洞見至關重要。高績效人士不只懂得聰明工作，他們的做法有細節也有紀律，例如他們不只是把要事擺第一，而且專注投入，有熱情，更有明確目標。

此外，這七種工作心智有個共通點，每一種都涉及選擇。高績效人士會審慎選擇優先順序、工作項目、協作對象、團隊會議、解析觀點、顧客或點子，再決定投入哪些、避開哪些。但要聰明工作，不只是做出選擇就好了，高績效人士還會重新設計工作，以創造出最大價值；他們也會對自己選擇的，全力投入以達成更大目標。

基於這些新發現，我終於可以為這個時代所需要的「聰明工作」下一個新定義：藉由審慎挑選，以及把精力投注在自己所選，使工作的價值達到最大。

頂尖高手都是績效控。如果你也想在工作上有所突破、在生活中有更多選擇，先好好審視你習以為常的工作習慣，跳脫舊的低效模式，調整心智，以全新工作法則，重建更高產值，也更有意義的人生。

全新聰明工作學

為了測試我們的發現，我和研究團隊在各行各業找了5,000名經理人和員工參與我們的研究。我們不只了解員工單方面的說法，也探詢他們的老闆和直屬主管的意見。

調查對象包括銷售代表、律師、訓練員、精算師、經紀人、醫師、程式設計師、工程師、賣場經理、工廠領班、市場行銷人員、人力資源人員、顧問、護理師，以及我個人覺得很有意思的一種行業 —— 拉斯維加斯賭場的發牌員。有些人是高階主管，但大多數是經理人、部門主管或一般員工。這5,000

人來自15種產業和22種職務，男女幾乎各占一半（45%是女性，這七大心智中只有兩項是男女有別[8]）。年齡分布從千禧世代到五十幾歲，教育程度則涵蓋大學以下學歷（20%）、學士到擁有碩士學位或更高學歷（22%）。

我的目標是發展一套全新的聰明工作理論，並以大樣本來驗證且證明可行，然後和許許多多想要突破極限、追求卓越的人分享，讓每個人都能利用這套理論，增進個人績效。

我們利用迴歸分析解讀資料後發現，在我們調查的5,000人當中，有高達 66%的績效差異都和這七種心智有關。[9]比起其他領域的研究，這個發現的影響效應相當顯著。

怎麼說呢？例如我們都知道抽菸會致命，但根據研究，在已開發國家，抽菸能解釋人民預期壽命的變異百分比只有18%。[10]還有我們都認為擁有一份好的薪水，對穩定財務來源非常重要，但根據一項針對18歲到65歲的美國人所做的研究，影響個人淨值差異的因素中，薪水僅占33%。[11]NBA超級巨星柯瑞可說是「三分球之王」，但在柯瑞的職涯中，他的三分球命中率只有44%。[12]

在我們的研究中，工作時數以及學經歷、年齡、性別等其他因素，總計能解釋個人績效差異的比率只有10%。許多人都以為超時工作就等於超前進度，雖然每週工時長短是影響績效的因素之一，但如後面章節將解釋的，工時與績效的關係跟我們想的不一樣，既非一分耕耘就有一分收穫，更有可能是徒勞

圖表 1-1 ｜ 比天賦、努力、運氣更關鍵的成功法

如何從平凡到卓越？
從5,000人的研究發現，
七分靠高績效心智，三分才靠其他。

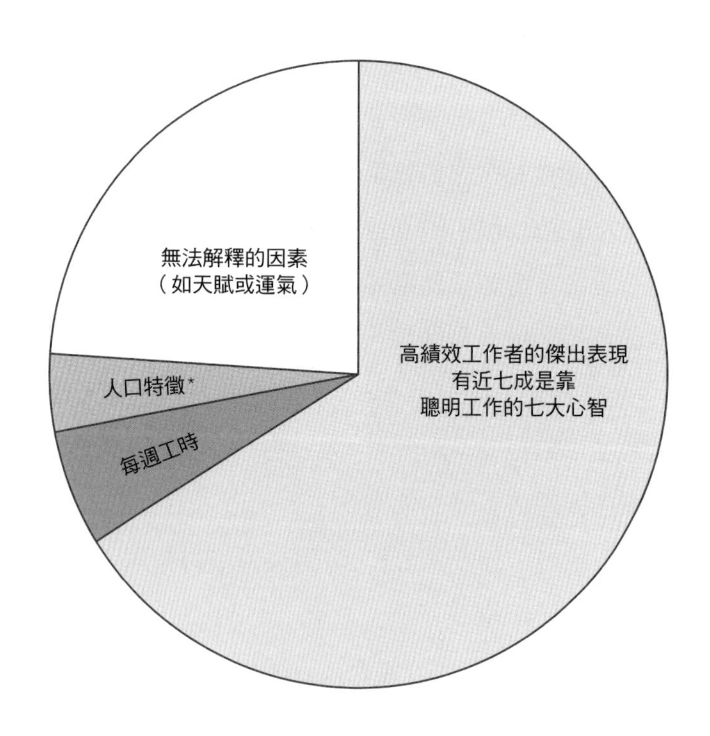

*性別、年齡、教育程度、工作年資

無功，甚至會倒扣。

至於天賦與運氣，影響又有多大呢？在我們的研究中，仍有24%的績效差異無法解釋，或許是和這些因素有關。

總結來說，儘管天賦與努力仍是決定個人表現的要素，但真正能夠讓你的表現從平凡晉級到卓越的關鍵，是七大高績效心智。這是我們利用系統化實證研究，找到可有效提升績效的工作法則，也適用於你，不管你從事何種工作或任何學習。

我終於解開藏在心中已久的「娜塔莉之謎」，了解為什麼有些人表現特別出色，而其他人卻望塵莫及。這也是長久以來許多職場人士與學習者心中的疑惑。

我們從各行各業的頂尖人士身上發現，修練這七大心智，對績效的提升，成效遠勝於天賦、運氣或超時工作。如圖表1-2所示一個人愈積極採用聰明工作的七種心智，工作績效愈好。如果你的績效成績目前居第21百分位數（即倒數第21），你的表現大概乏善可陳（即圖中A點）。然而，如果你努力修練這七種心智，表現就可能提升到第90百分位數以上（如圖中B點以上，超越90%的人，加入高績效行列），成為佼佼者。

截至目前，坊間的工作書還沒有哪一本是以實證為基礎，也還沒有哪一本探討成功學的書能夠全方位解讀高績效人士，找出真正讓個人表現脫胎換骨的關鍵因素，這本書正好彌補了這個迫切需求，不僅幫助你以更好的工作方法創高績效，更要助你將天賦與潛能推到極限，好讓你把聰明工作省下的時間與

圖表1-2 ｜ 七種心智，戰勝工作上各種艱難

為什麼能力差不多，績效差很多？
七大心智總分愈高的人，個人績效愈高。

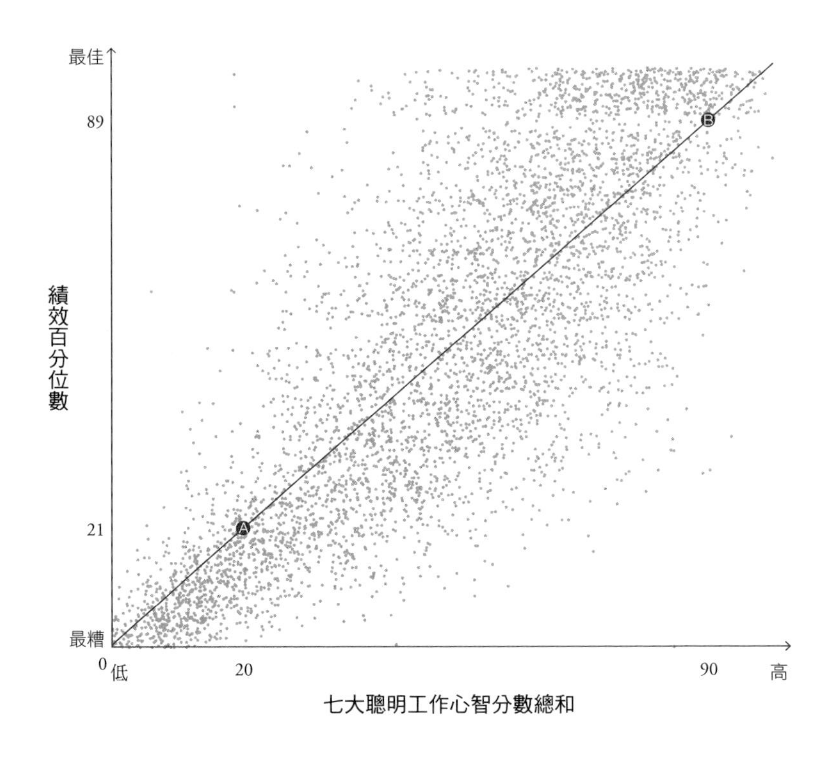

注：這4,964個資料點代表參與本研究的人。這些資料點呈現一個模式：中間那條線代表，以迴歸分析的方式預測實行七大心智的個人績效表現。實踐不力者（圖中A點），績效可能就差強人意；努力實踐者（圖中B點），則很可能績效優異（參看本書研究附錄）。

精力，拿去過更好的生活。我們也發現，這些具備高績效心智的人成功背後的核心思維，不是超越別人，而是超越自己。

管理大師柯維（Stephen Covey）的《與成功有約》曾幫助許多讀者學習高效能人士的七個習慣，然而時至今日，大環境已有極大改變。這本書正是反映今日工作所需，以前所未有的統計分析做為論述基礎，歸納整理出一個簡單易學且確實可行的工作法則，幫助你以更聰明的方式把工作做到最好，不再靠超時工作苦撐，讓你做個「很能做事，也有餘裕能做自己想做的事」的佼佼者。[13]

我將在第二章至第八章分別介紹這七種高績效心智，並提出具體建議，讓你得以運用在自己的工作上。我用「心智」一詞，是因為這七項包含了成長型心態與明智的做事方法，也是為了強調這是你可經由不斷練習，融入每日工作並成為習慣，就像上班前去買杯咖啡、查看電郵和運動一樣；不僅如此，等你熟練到爐火純青，你並不會因為習慣成自然就不再精進，而是與時俱進。對的心智比好習慣重要，後面我們會談到。

為了導引你實踐這些心智，我援引了許多真實故事，讓你了解各行各業的人如何運用其中一種或多種高績效心智，在工作上締造令人驚豔的佳績，並擁有高品質的生活。

例如資深經理人博德沙爾（Steven Birdsall）如何擺脫中年危機與工作倦怠，為思愛普軟體公司（SAP）開創新的業務，並為自己的人生開展新的一頁；飯店禮賓員桂伊（Genevieve

Guay）又如何結合熱情和目標，在工作崗位上做到別人做不到的事。還有高中校長葛林（Greg Green）如何從令人意想不到的地方得到靈感，使一所面臨裁校命運的學校起死回生，成為翻轉教育的典範。

你也會看到一位急診室護理師，用更聰明省事的方式，卻救活更多心肌梗塞的病人。還有一家飲料大廠的執行長在團隊會議中使出絕招，用三張小卡片，竟然就讓員工踴躍講真話，並讓公司營收笑傲全美。

我們研究的高績效人士來自各行各業，有公司老闆、生技工程師、醫師、管理顧問、壽司師傅、銷售員、工廠生產線作業員等等，他們都至少力行一種高績效心智而有突出表現。（為保護個人隱私，本書描述的調查對象，多半以化名出現，事件背景等也做了更改。）

工作愈高績效，生活愈高品質

你肯定想知道，能夠聰明工作的人，是否也能從工作中得到快樂？

在以前那種勤奮努力的工作模式下，高成就者往往要付出很大的代價，他們通常壓力很大，覺得自己燈枯油盡。[14]他們的表現超越群倫，但這些成就往往是犧牲生活品質換來的。我曾在波士頓顧問公司沒日沒夜的工作，深知那是什麼滋味。

然而，我們的研究有個讓人驚喜的發現：這七大心智不僅可以增進工作績效，讓人樂在工作，也能讓人因聰明工作，重拾對生活的掌控。這些擁有高績效心智的人，既懂得不斷擴展自己的能力，一再創造工作的價值，也很能掌握工作與生活的平衡，他們比較不會累積工作倦怠，工作滿意度也較高，而且生活也比較精采。

過去，很多人都以為工作和享受人生不可兼得。為了成為贏家，許多人幾乎把所有的時間都投入工作，埋頭苦幹，放棄工作以外的生活。我們學到的「聰明工作法」五花八門，但都未能真正幫助我們建立以高績效為核心的人生。

但我們現在已有一個明確答案，能夠幫助你擺脫低績效或無效努力的工作方式。你不只能夠達成令人豔羨的工作績效，還能把聰明工作省下的時間與精力，拿來做你想做的事，過你想過的生活。

績效感可以讓你脫穎而出，不論你是即將畢業的大學生，或是已近人生中場，不管你是正擔心工作可能不保，或是迫切想要增進工作表現，你永遠可以選擇你想成為什麼樣的人，並朝目標邁進。從現在起，拋開你對工作的舊觀念，勤練高績效心智，我們將從駕馭個人工作的四種心智開始，然後探討如何與人一起工作的三種心智。

第一部

成為最厲害的1%

02

雙重專注

做對選擇還不夠

不管你做什麼，切記全力以赴，沒有任何保留或遲疑。
——易卜生（Henrik Ibsen）[1]

1911年10月，兩支隊伍競相成為踏上南極點的第一批人。在此之前，地球的各大陸塊都已被征服，只剩這個冰封大陸。

第一支團隊的領導人是英國皇家海軍司令史考特（Robert Falcon Scott）。他是個探險老將，曾經帶隊前往南極洲考察。雖然那次遠征沒能攻下南極點，但英國民眾已認定他是英雄。史考特回國後，承蒙英王愛德華七世在巴爾莫勒爾城堡召見，並獲頒皇家維多利亞勳章。[2]

第二支團隊是由挪威人亞孟森（Roald Amundsen）帶領。他是通過西北航道（Northwest Passage）的第一人；這是大西洋和太平洋之間最短的航道，經加拿大北部北極群島到阿拉斯加北岸。為了締造歷史，他對南極點早已虎視眈眈。

登上南極大陸幾個月後，雙方各自紮營，接受極地之冬的考驗，並準備繼續往南推進。史考特和亞孟森都知道彼此的存在，但不知對方確實位置。他們沒有地圖、沒有通訊工具，也沒有救援。在出發的前一刻，亞孟森在日記裡匆匆寫下：「視線不佳。南方吹來的風極冷，攝氏零下52度。顯然，連狗都受不了。儘管我們身上的衣服都被凍到硬邦邦，卻還是比昨晚好一點，我懷疑天候會變溫和……」[3]想要到達南極點，看來比登天還難，說不定連命都保不住。

這場極地競賽開始了。兩隊都須跨越400哩的冰障，在登上南極高原之前，須攀爬一萬呎的高山。上了南極高原之後，要再前進400哩，才能到達南極點。屆時，他們還得忍耐華氏零下60度的酷寒、吹得人分不清東西南北的暴風雪，以及時速百哩呼嘯而過的狂風。

一開始，亞孟森領先。他和隊友爬上山巔，跨越深不見底的冰縫，在暴風雪中求生，甚至殺狗果腹。52天後，離南極點只剩55哩。亞孟森沒看到史考特的蹤影，一行人繼續向前。兩天後，亞孟森和隊友終於站上南極點，在那裡插上挪威國旗，然後再跋涉1,600哩平安回到基地。

三十四天後，史考特和隊友才終於抵達南極點。他們累到虛脫，餓得半死，卻發現挪威國旗已在風中飄揚。隆冬逼近，得趕緊踏上回程，他們在風雪中忍受飢餓，用最後剩餘的一點氣力前行。但希望終究幻滅。一場暴風雪來襲，他們的屍骨，連同帳篷，都被埋在大雪底下。下一個補給站就在11哩外。

一個傑出領導人和他的團隊締造壯舉，另一支同樣聲譽卓越的團隊卻在極地的寒夜裡含恨而終。是什麼原因導致這樣懸殊的結果？多年來，已有多位作者提出解釋。我和柯林斯在《十倍勝，絕不單靠運氣》中，也曾分析亞孟森的成功關鍵在於步調的掌控和自制力較佳，而其他作者指出的因素，還包括完備的計畫，甚至認為是運氣使然。

但大部分的人都忽略這場南極探險競賽的一個重要事實：雙方資源懸殊。其中一隊不僅船比較大（一隊187呎，另一隊才128呎）、經費較多（一隊有4萬英鎊，另一隊只有2萬英鎊），就連人手也比較多（一隊65人，另一隊只有19人）。[4] 資源少的那一隊怎麼可能贏？這是一場不公平的比賽。

然而，勝出的亞孟森團隊才是資源少的那一隊。

史考特的人手是亞孟森的三倍，經費是亞孟森的兩倍。史考特利用五種交通方式：狗、摩托雪橇、西伯利亞矮種馬、雪地滑板和人力拖拉。要是任何一種出了狀況，就用其他方式做後援。亞孟森則孤注一擲，只用一種交通工具，也就是狗，用狗來拉雪橇。萬一這些雪橇犬耐不住或不肯前進，他的團隊就完了。但亞孟森的狗勇往直前，拖著雪橇，帶他們奔向南極點。為什麼亞孟森的雪橇犬這麼厲害？

不是選擇用狗就贏了，不用狗就輸了，史考特也有用狗。亞孟森會成功，一大關鍵是他只用狗，放棄了其他交通工具。在他越過西北航道那三年，有兩個冬天他和因紐特人學習用狗拉雪橇。要駕馭一群狗可不容易。雪橇犬不好控制，有時會鑽到雪堆裡，不肯拉雪橇。亞孟森從因紐特人那裡學到如何驅策這些狗快跑、如何駕雪橇，以及在雪地裡調控步調。

亞孟森極講究狗的品種。根據他的研究，格陵蘭犬在極地拉雪橇的能力勝過西伯利亞哈士奇犬。因為格陵蘭犬體型更大，也更強壯，腿更長，能越過冰障，在極地高原上奔馳。[5]亞孟森特地到哥本哈根請一個很會挑狗的丹麥人，去格陵蘭北部幫他買狗。他在一封信上說：「就拿雪橇犬來說，我絕對要找到最好的狗。當然，我知道所費不貲。」[6]

他甚至邀陪狗跑步的高手加入他的團隊。雪橇犬訓練大師哈瑟爾（Sverre Hassel）原本拒絕前往，但亞孟森不放棄，不肯妥協去找次佳人選。歷史學家亨特福德（Roland Huntford）說：「為了打動哈瑟爾，亞孟森使出渾身解數，懇求哈瑟爾跟他去南極。亞孟森鍥而不捨，說什麼都不肯放棄，哈瑟爾最後終於同意一起出航。」[7]

反觀史考特卻忙著準備五種交通方式，他不是自己去西伯利亞找矮種馬，而是派他的助手米瑞斯（Cecil Meares）前去。但米瑞斯對矮種馬根本沒研究，他是挑選狗的專家。[8]結果，他幫史考特團隊找來的二十隻矮種馬，拖慢了這趟極地探險的速度。

光是協調各種交通方式，就讓史考特大傷腦筋。由於摩托雪橇速度最慢，所以先出發。七天之後，矮種馬才上路。狗拉雪橇速度最快，因此最後出發。每一組的出發時間和行進速度都得互相配合，但史考特在日記上寫道：「這支隊伍實在是太混亂了。」[9]最後，整個隊伍都被拖慢了。

與此同時，亞孟森只採用一種交通方式，而且一路領先。前八週，他和四個專家隊友組成的小型團隊，駕著四部雪橇，由52隻身強力壯的格陵蘭犬拖行，每日前進15哩。[10]史考特的團隊每天落後至少4哩。當亞孟森抵達南極點時，已超前對手300哩以上。

亞孟森只選擇一種交通方式，但想方設法做到最好。相對於史考特的團隊，他沒有花費較多氣力，但更專注投入，他把所有資源全都投注在他選定的要事上。

嘗試做愈多，實際上完成的愈少

這個南極競賽的故事，挑戰我們對工作的兩大迷思。

其一，不管做什麼，我們都以為更努力準沒錯、多勞才是能者。就像史考特費盡心思準備五種交通工具一樣，我們深信做得愈多，成就愈大。但你肯定早已發現，當你嘗試做愈多，實際上完成的可能愈少，做得愈多，並不保證結果愈好；想以多制勝，通常並非明智之舉。

另一個誤解，則是關於專注，這是愈來愈多人最迫切想要擁有的能力之一。高曼（Daniel Goleman）、柯維等大師都曾說過，要事第一；想要成功須懂得取捨，選擇最重要的去實行，其他的要放下。[11]這個觀點極為重要，但似乎不夠完整，太過強調選擇，並不是選對了就贏了。

你需要的是雙重模式的專注：一方面根據重要少數法則，找出少數幾個對你而言最重要的目標，確立你的優先要務；另一方面嚴格要求自己將注意力集中在你的選擇上，對你所選投入時間，全力以赴，專注投入，才能出類拔萃。

亞孟森先馳得點，不是因為他會挑狗，而是一旦挑選出最好的雪橇犬，就傾注全力訓練。如果他對雪橇犬和駕雪橇的人沒有嚴格要求，認為「夠好」就可以了，在極地的移動速度將會大打折扣，也就無法贏得這場比賽了。

我們在5,000人量化研究中發現，能決定要事，選出重要少數任務，然後傾注全力投入的人，績效高於無法對要事專注一心的人，更遠高於同時承擔多項任務以致忙得焦頭爛額者。

我們先請受訪對象衡量他們要擔負多少任務，各投注多少心力，接著評定每個人在雙重專注心智上的分數，並分析這種心智對他們工作表現的影響。結果，能駕馭雙重專注心智者，比起不善於運用這種心智的人，工作績效排名領先了25個百分等級。[12]

也就是說，如果你表現平平，在所有雇員排行第50百分位數，本來採取的工作策略是以多取勝，每天超時工作，賣力打拚；現在改變策略，以雙重專注心智來工作，結果會如何？

我們發現光是靠改變心智，你的績效就可能由後段班晉升到排行第75百分位數，也就是勝過74%的人。雙重專注是我們研究的七大心智之首，也是對個人績效影響最強大的。

> 高績效人士不只做到要事第一，他們往往能做到雙重專注：首先，決定要事；然後，對這些要事專注投入，力求做到最好。很多人雖懂得區分事情的輕重緩急，但不會一再思索如何才能做得更好。若無法精益求精，到頭來，只是做得更少，但不會更好。

在我們的研究中，有個來自密爾瓦基一家銀行的貸款專員、現年五十幾歲的瑪麗亞。[13]在專注心智上，老闆給她的分數很低。她的老闆說：「她常常忙得焦頭爛額。儘管工作很多，她還是硬著頭皮去做，不願讓他人分擔。」瑪麗亞在專注心智的排名位居第41百分位數。

凱西則截然不同。現年五十六歲的她，在一家生產汽車零件的公司擔任品管工程師。她會依自己設定的優先順序做事，並專注在最要緊的事情上。有一次，凱西根據開工日期，設定好給四家客戶的交貨時間，其中一個客戶卻逼她提早交件。但她並未因此就妥協：「我必須婉拒這個要求。我向對方解釋，我不能這樣做，我必須顧及排在他前面的客戶權益。」

在雙重專注心智上，凱西的老闆給她高分，她的排名是最頂尖的前10%。就績效表現來看，凱西也明顯優於瑪麗亞。單是專注心智，就大幅拉開超凡者與平庸者的差距。

在我們的研究中，許多人都表示在職場上很難不同時進行多項任務，多工是身不由己。在我們研究調查的5,000人中，只有少部分的人真的能做到「不管眼前有多少工作要做、多少事情待處理，都可以專注在最重要任務上」，能在專注心智上獲得高分的人，只有16%，而拿最低分者卻高達26%。

比起中階或基層員工，主管的專注力應該比較強吧？畢竟主管在工作上擁有較高自主權，有權分派任務、安排進度。但調查發現，主管／資深人員中，有高度專注力的比率是17%，和資淺員工的15%差不多；至於專注力差的比率，竟然也差不多，資淺員工為28%，而主管／資深人員為23%。

> 不論什麼職位，每個人的工作都有些彈性空間，讓你可專注在你選擇的優先事項上，差別只在於你怎麼運用。

為什麼雙重專注才能創高績效？讓我們來看看因同時攬下多項任務，而不知不覺變得忙碌起來的人生，如何害我們陷入低品質的工作與生活。

討好每個人，反而裡外不是人

畢夏普是中高階人才仲介顧問，在紐約開了一家小公司。

她為公司擬定的策略是：「靠靈活卓越的執行能力，來擊敗已有深厚基礎的大公司。」她解釋說：「只要客戶來找我們，我們都張開雙臂歡迎，盡可能滿足每個客戶的需求。」[14]

畢夏普認為盡可能讓客戶開心，提高滿意度，就會有更多的客戶上門。就某種程度來說，這麼想沒有錯，來者不拒、有求必應，確實可吸引更多客戶上門，但也多到她應付不了。她逐漸沒有足夠的時間和精力把事情做好。

過去幾年，她帶著團隊跟不少難纏的客戶打交道，所付出的心力和獲得的報酬相比，根本不成比例。她甚至跨出自己熟悉的媒體界，進入不熟悉的產業領域，如金融服務、消費者產品等，她還為此補強這方面的背景知識。但由於她的客戶來自太多不同的領域，讓她做得十分辛苦。最慘的是，公司營收和獲利一直疲乏不振，有幾年甚至特別糟。她的利潤萎縮到15%，只有其他人力顧問公司的一半。

「我的壓力簡直大到爆炸，」畢夏普說，「我覺得有一百股來自不同方向的力量在拉扯我。」在我們的5,000人評估中，她在雙重專注心智的分數屬末段班，也就是最差的20%。[15]

很多人就像畢夏普，不知如何拒絕。在不知不覺間，一項又一項責任堆在自己身上，最後快被工作滅頂。

我們都以為多做一些準沒錯，所謂能者多勞，如果你能多承擔、完成較多的工作，必然能得到老闆的讚賞；接觸更多不同的客戶和不同領域的任務，也就擁有比較多的選擇，取得更多好處。不是嗎？這就是為什麼史考特遠征南極時，安排了五種交通工具，如果摩托雪橇故障，就用狗拉雪橇；狗要是撐不下去，還可以靠矮種馬繼續前進。多方下注，不是比孤注一擲來得高明多了？

但是，任何好處都要付出代價，小心得不償失。

避開複雜化陷阱，先想想這麼做值不值？

首先，你會分身乏術，你的精力有限，難免顧此失彼，或心力交瘁。不管是畢夏普或史考特，都沒有足夠的時間和精力把事情做好。畢夏普想要使每個客戶開心，卻因無法顧全客戶需求而得罪客戶，史考特也沒有盡全力去找到最好的矮種馬。我們的精力是有限的，擔負太多工作，只會被工作壓垮。

正如諾貝爾經濟學獎得主司馬賀（Herbert Simon）所言：「太多資訊只會造成注意力貧乏。」[16]要做的事情愈多，每一項能分配到的時間就愈少，而投入愈少，工作成效就愈差。

其次，事情一多就容易陷入複雜的陷阱。例如史考特遠征南極利用五種交通方式，這幾種方式的速度都不相同，他還要費力設法協調，這趟極地之旅因而變得更加困難。

不同工作之間的協調與切換，往往讓人費心，而且很傷腦力。很多人以為同時處理多項任務，可增加效率，但研究顯示，同時處理多種工作只會降低效率，結果每一樣都做不好。

例如在會議上一邊聽同事報告，一邊看電子郵件，每次你切換注意力的時候，你的大腦就必須放棄原來的工作，才能去適應新的。

有一項研究，調查義大利米蘭的法官審理的58,280個訴訟案件，發現同時審理多個案件（多工）的法官要比一件件審理的法官，需要更長的時間才能把案子審理完，而且效率差異甚大：速度最慢的法官平均398天才能結案，而最快的只要178天（省下一半以上的時間）。研究人員估算，多工情況如增加50%，案件審理天數會增加將近20%。由此可知，同時承擔多項工作，反而會使效率下降。[17]其他研究也顯示，同時進行多項工作，生產力甚至可能下降40%。[18]

許多公司常掉入複雜的陷阱，造成內部嚴重耗損。為了追求成長，我們常會新增更多目標、多出許多優先事項、任務、檢查點，以及增加團隊成員等。如此一來，不僅工作增加，人員間的連結也變多，工作因此變得更複雜，也更難把事做好。

也難怪在我們的研究中，有高達65%的人，強烈認為或完全同意，自己所屬的組織「非常複雜，有許多部門、政策、流程和計畫，經常需要多方協調」，許多時候根本動彈不得，或動輒得咎。

想要有更好的表現，需要的不是做更多的工作，而是更好的工作方式，避免掉入複雜的陷阱。

慎選幾項重要工作，完全專注其中，才能做到最好。

不要再說你身不由己，只要用對方法，大部分的工作或多或少都有彈性空間，讓你自由安排，讓你得以專注在你選擇的工作目標上（本章後面將提供三個策略，幫助你做到雙重模式的心神專注）。以下先讓我們從實例來看，職場上的專注可做到什麼地步。

為章魚按摩

數寄屋橋次郎壽司是一家有五十年以上歷史的壽司老店。現年九十一歲的小野二郎仍在為客人做壽司。這家壽司店就在銀座一間與地下鐵相通的舊大樓地下室，拉開木門就是可容納十位客人用餐的長條原木吧台。用餐空間狹小、素樸。[19]菜單或許也會讓你失望——這家壽司店根本就沒有菜單，全部是主廚調度的料理，視當日在築地魚市場採買到的食材，提供二十貫壽司。沒有餐前酒、沒有天婦羅，也沒有小菜。對了，如果要上洗手間，必須走到店外，利用車站的廁所。

這樣的餐廳，看來沒有成功的希望？

然而，這家店的壽司完美細緻，因此舉世聞名。小野二郎是全世界最厲害的壽司師傅，已連續十年榮獲米其林三星的殊榮。他窮盡畢生之力，就是為了準備這二十貫壽司。他能如此不同凡響，不只是選擇做出什麼樣的壽司，而是他的專注已到出神入化的境界。

2011年上映的紀錄片《壽司之神》，拍攝了小野二郎如何準備當日要給客人吃的壽司。[20]一大清早，二郎的長子禎一就去築地的魚市場選購最好的一塊鮪魚（他已在父親底下工作了三十年，二郎在七十歲那年心臟病發，才不得不把到魚市場採購的重責大任交給禎一）。這塊鮪魚不只是上等貨當中的一塊，而是整個魚市場最好的一塊。如果買不到這樣的鮪魚，他就不買了。要是買不到全市場最好的一塊魚，要如何做出最棒的壽司？

要準備章魚了。為了讓章魚吃起來柔嫩，二郎會用手按摩章魚。但要按摩多久？二郎說，他以前按摩30分鐘，後來發現按摩40到50分鐘，肉質最柔嫩。現在，按摩章魚的工作是由店裡的一個學徒負責。

另一個學徒已在店裡工作了十年，前八年只能擰熱毛巾、刷刷洗洗和準備食材，之後才能學習煎玉子燒。在他做的玉子燒可放在吧檯上獻給客人前，二郎已磨練他許久；每一塊玉子燒背後是苦練了200塊玉子燒的成果。二郎只提供二十貫壽司給客人，每一貫都是他的心血結晶。這二十貫不只是美味的壽司，裡面藏著二郎畢生對完美的追求。

專注與癡迷的表現方式有很多種，視你從事什麼樣的工作而定。例如美國百貨龍頭諾德斯特龍（Nordstrom）的銷售人員為了調到顧客要的毛衣尺寸和顏色，會打電話給其他分店，看他們是否有庫存；調到貨後，會隨即郵寄到顧客家中，還會打電話詢問顧客衣服是否合身。有個房地產仲介人員，會為待售的房屋拍上百張照片，再花一小時細看，挑選出最滿意的一張放在公司網站上。還有個小學老師，即使已教了二十年，上課前一天仍會備課。

這些人都追求卓越的品質。不管是智慧型手機不同凡響的介面設計、百貨公司貼心的顧客服務、一塊軟嫩得令人驚異的章魚壽司，傑出表現需要持續不斷的對細節著魔般的專注。[21]雙重專注，才能突破極限，創造卓越。

> 雙重專注，是一股精益求精的力量，也是創高績效的七種心智之首。創高績效不只是為了創造業績，而是一種創造價值的技能，讓你得以發揮心智的最大力量，創造出最有生產力也最有意義的人生。

四類職場人，績效大不同

許多在工作、藝術和科學上有超凡表現的人，不但是品質的偏執狂，而且是細節魔人。

海明威曾經說：「很多作家或許不拘小節，但我會精雕細琢。」[22]電影「驚魂記」中，最經典的一景莫過於浴室殺人。這個兇殺場景只有45秒，但希區考克拍了七天，前後拍了七十幾次。[23]戴森（James Dyson）總共花了十五年，製造了五千部以上的原型機，才研發出第一款不用集塵袋的吸塵器。[24]

這就是癡迷！

究竟專注到癡迷的工作模式，對工作表現的影響有多大？我們依據專注程度，將研究的5,000人分成四組。結果發現，這四組人的表現有很大的差異。

表現最差的那一組人承擔了很多工作，卻沒有特別努力。他們接受了許多工作，卻抱著順其自然的心態。我們稱這一組為「事多，得過且過型」，這種員工在績效排行中墊底，位居第11百分位數。

表現第二差的那一組，績效排行為第53百分位數，他們能「把心力放在最重要的事情上，卻不夠努力」。我們稱這一組為「事少，不給自己壓力型」。他們很懂得區分事情的輕重緩急，但不夠認真投入。如生產力專家所言，你知道把焦點放在哪裡，也許你能達標，但離頂尖高手仍有一大段距離。

表現次佳的那一組，績效排行為第54百分位數，僅比第三名好一點點而已，但他們承擔很多任務，對每一項都卯足全力去做，讓自己每天忙得團團轉。他們在專注上得分很低，但在努力方面得分很高。我們稱這一組為「事多，壓力破表型」。

前面提到的人才仲介顧問畢夏普就屬於這一組：她招攬了太多客戶（在工作安排與選擇方面，她只得到3分），但她非常努力（在這方面，她得到滿分7分）。請注意，這一組人的績效排行和「事少，不給自己壓力型」那一組其實差不多。

也就是說，比起那些會將要事放第一、但不會精益求精的

圖表2-1 ｜ 專注、努力與績效的關連

能做到雙重專注的人，績效遠高於其他人；
而做事賣力、但不分輕重的「壓力破表型」，
工作績效並沒有比「不給自己壓力型」高出多少。

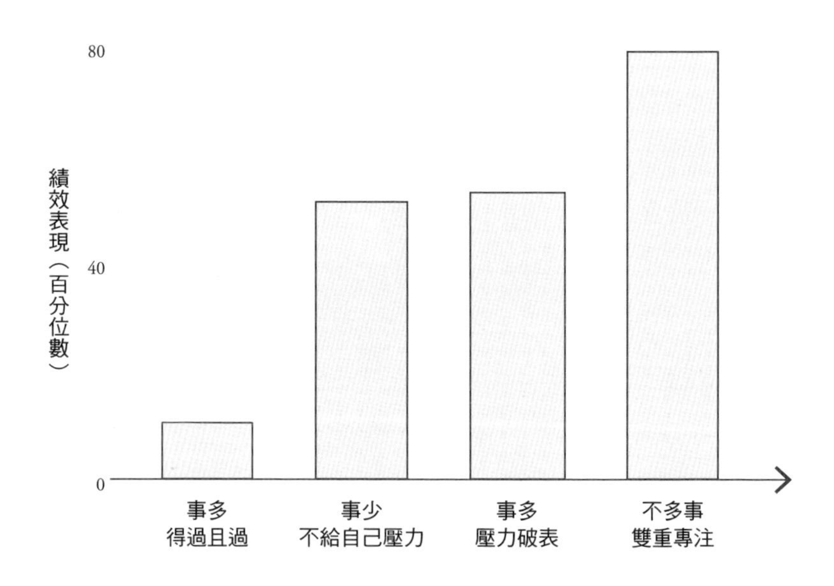

注：這樣的估算是根據修正後的迴歸分析。此分析涉及兩項變數：一項是能否區分事情的輕重緩急（不管工作量多大，有多少件事情要做，都能把焦點放在最重要的事情上），另一項變數則是努力的程度（在工作上投入多少時間和心力）。接著，我們把這兩個交互作用項納入迴歸分析，算出績效表現的百分位數。

「不給自己壓力型」，做事很賣力、但不分輕重的「壓力破表型」，工作績效並沒有高出多少。事實上，這兩種人的績效都只略高於平均值（亦即只比第50百分位數好一些）。

表現最傑出的那一組，績效表現位居第82百分位數，比起次佳那一組，足足高出28個百分等級。我們稱這組人為「雙重專注型」（能掌握重要少數，然後專注投入），就像小野二郎或亞孟森，他們知道如何設定目標，先找出最重要的優先要務，然後投入時間，傾注全力、完全專注，才成為頂尖高手。我們只看這一組人利用雙重專注心智所創造的績效，另外六種心智尚未納入考量，就已發現他們的表現與一般人有很大的差異。

你屬於哪一型？我承認我屬於「事多，壓力破表型」。我經常承擔太多工作，然後顧此失彼，把自己搞得焦頭爛額。但這一章的發現改變了我。我開始更常對別人的臨時要求，或是會讓我分心的事物說「不」，每天提醒自己把精力與注意力放在少數幾件最重要的事情上，過心神專注的高績效生活。

想要擁有這種雙重專注的能力，就必須了解有哪些因素會減損我們的專注力？我們詢問參與這次研究的人，為什麼他們無法將注意力集中在少數重要事情上？[25]我以為大多數人的回答是自己太容易分心。我們常看到探討專注力不足的報導，現代人溝通太多、花在社交媒體的時間太多，許多人喜歡成為那個「最連線的人」，患有恐懼錯失新訊息的FOMO症候群（fear of missing out），簡訊、電郵、即時通訊通知聲一響，就急著查

圖表 2-2 ｜ 為什麼我們無法專注？

除了工作太多、誘惑太多之外，
工作時讓人無法專注投入在要事的原因還有，
老闆希望你更忙一點。

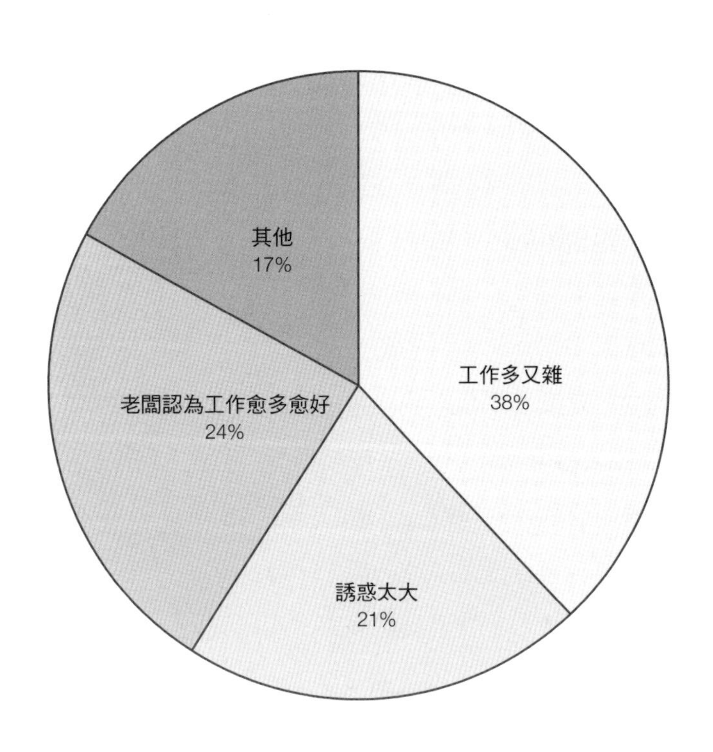

看，深怕自己錯過了什麼。

但我們的研究發現，容易分心只是問題的一部分。

許多參與我們研究的人指出，他們無法專注有三大原因：工作太多（包括開不完的會、任務太多）；誘惑太多（來自別人的引誘或自己本來就容易陷入的誘惑）；還有老闆認為工作愈多愈好（老闆因缺乏方向，常設立太多目標）。

從各行各業頂尖人士身上，我們找到三種策略可用來因應這三個問題，幫助你提升你的雙重專注心智。

策略1：祭出奧卡姆剃刀

首先，來看看如何縮小工作範圍，解決工作太多的問題。

今天，如果你心臟病發，緊急被送到醫院，躺在床上的你抬起頭看著醫師，可能會想：「謝天謝地，我及時趕到了！」然而，若是你在2005年發病，被送到美國中西部一家醫院，姑且稱之為天際醫院，也許你沒這麼幸運。這家醫院救治心肌梗塞病人的成效不彰，尤其是最嚴重的ST波段上升型心肌梗塞（STEMI）。這是一種嚴重的急性心臟病，冠狀動脈已完全阻塞，一旦發作，心肌就開始壞死，需要立即搶救，分秒必爭。心臟科醫師必須盡快將導管插入心臟，做氣球擴張術，以撐開冠狀動脈阻塞之處。萬一拖太久，很快就會死亡。

究竟拖太久是多久？根據涂尚德（John Toussaint）和杰勒德

（Roger Gerard）在《精益醫療》（*On the Mend*）書中描述，搶救心肌梗塞的黃金時間是九十分鐘，也就是從病人進入醫院到施行氣球擴張術清除血栓，必須在九十分鐘之內完成。九十分鐘似乎綽綽有餘，但診斷與手術的準備往往耗掉很多時間。

在天際醫院，碰到心肌梗塞的病人，醫護人員在黃金時間之內把病人搶救成功的比率只有65%，遠不如表現最好的醫院。換句話說，如果你因心肌梗塞被送到這家醫院，在九十分鐘之後，成功清除血栓的機率只有三分之一，死亡的風險比到其他醫院治療要高很多。[26]參與我們研究的急診護理長安妮在接受我們訪談時，提到她對這個糟糕成績感到沮喪。她已在急診工作多年，看過多起治療延誤的結果。她相信急診部門一定能改進績效，及時拯救心肌梗塞的病人。但是要怎麼做？

安妮和急診部門的成員，包括急診科主任等人，開始檢討胸痛病人的處理流程。首先，檢傷護理師為病人檢查，認為可能是心肌梗塞，隨即為病人做心電圖檢查等重要檢驗。接著，急診醫師來看病人，說道：「看起來像STEMI。」

他們做了更多的檢查。之後，第二位醫師，也就是心臟科醫師來會診，確定是STEMI。如果心臟科醫師很忙，不能立即前來，等到他來急診看病人，確立診斷，可能要花二十分鐘。最後，護理師和醫師開始準備心導管介入的手術。

安妮回憶說：「我們討論了每一個步驟。我們問，是不是每一步都非做不可？」接著，這個團隊提出一個瘋狂的點子：

不要找心臟科醫師來會診。

心臟科醫師對此幾乎無法接受。既然疑似心肌梗塞，為何不找心臟科專科醫師來確立診斷？你們是不是瘋了？安妮說：「心臟科醫師認為急診醫師的診斷可能不正確。」他們也考慮過多聘請一位心臟科醫師，以加快診斷速度。但他們還是放棄這個做法。他們把焦點放在急診醫師：如果急診醫師看到病人就能迅速診斷出STEMI，就不需要請心臟科醫師來會診。他們問道：為什麼要診斷兩次？

後來，雙方的僵局因一次造訪終於有了突破。急診團隊到一家醫院參觀，這家醫院早已省略會診心臟科這個步驟。這次的參觀訪問，讓安妮的團隊增進互信互賴的關係。「沒想到同車四小時後，我們變得非常熟稔。」安妮說。後來，心臟科醫師同意不來會診，但他們有個條件：急診醫師必須在看到病人之時，就能正確診斷出STEMI。

急診團隊於是擬定計畫，請心臟科醫師教導急診醫師如何診斷STEMI。開始啟用新流程之後，急診團隊和醫師、護理師和技術員開了好幾次會議，定期檢討診斷表現，以提高診斷正確性。不到一年，這家醫院急診部門在黃金時間內把病人搶救成功的比率已達100%。只要是STEMI的病人都能診斷出來，沒有漏網之魚。只有少數幾個偽陽性，亦即急診醫師診斷是STEMI，其實並非這種病症（這是正常的，表現最佳的醫院也會如此）。

請想想這種驚人的轉變。跳過一個診斷步驟，安妮的團隊反而大大提升工作績效。他們既沒有多聘請一位心臟科醫師來幫忙，也沒購買昂貴的儀器來加快診斷速度，甚至還讓心臟科醫師少做一點事，卻有脫胎換骨的傑出表現。

天際醫院的急診團隊不知不覺運用了700年前聖方濟各修士、哲學家、神學家奧卡姆（William of Ockham）提出的一項原理：如無必要，勿增實體。最簡單的解釋往往比複雜的解釋更正確。這就是所謂的奧卡姆剃刀。[27]把這樣的理念運用在職場上，就是：任務愈少愈好，能割捨的都得盡量放下。

因此，不要問自己每小時可以做多少工作，你必須問：如果要有出類拔萃的表現，能再放棄什麼？天際醫院的急診團隊就是把「先診斷，再確診」流程，改成「只診斷一次，但力求正確」。

在工作上運用奧卡姆剃刀，並不是說你該把所有的步驟簡化到一個，而是說你要懂得精挑細選：指標愈少愈好、目標愈少愈好、步驟愈少愈好。如小野二郎的餐館只提供二十貫壽司，除此之外，沒有別的。你得盡全力把挑選出來的少數幾件事做到最好。

> 正如法國作家聖修伯里所言：「所謂的完美，不是沒有什麼可加的，而是沒有什麼可以再減的。」[28]

你可運用奧卡姆剃刀來簡化任務，縮小工作範圍。不管是目標、客戶、指標、步驟、優先事項、任務、電郵內容、會議、需要多人簽署同意的表單或決策等，能砍就砍，減到無可再減的地步。

人才仲介顧問畢夏普就是面臨這種問題，對客戶要求有求必應，嘗試做愈多，實際上完成的卻愈少。要扭轉劣勢，她得拿出奧卡姆剃刀，捨棄一些客戶，專心服務少數優質客戶：[29]

- 她在媒體深耕已久，只要掌握媒體界的客戶就好，應捨棄金融服務業、消費產品和零售業的客戶。
- 她應該只幫客戶物色高階主管，因為高階主管仲介服務費50,000美元起跳。
- 她應該拒絕急件，而且客戶付的薪資必須合乎業界水準才接這筆生意。
- 她應該拒絕要求不合理的客戶。

根據這四點，她的客戶範圍縮小成只為媒體界找尋高階主管，而且提供高品質的服務。儘管她的服務範圍變窄了，但她能投注在客戶的時間和精力變多了。

你也可以把奧卡姆剃刀運用在小事上。我每次演講前，總會準備許多幻燈片，才覺得安心。有一次，我要和歐洲一家大公司的執行長開會，討論我們一起進行的領導力發展計畫。但他的幕僚長在開會前跟我說，只要準備一張幻燈片就好。

「只要一張？」我不可置信的問道。

「是的，只要一張。」

天啊！我如何把十五張幻燈片濃縮成一張？

然後，我自問：「重點在哪裡？」我運用奧卡姆剃刀原則刪掉大部分的幻燈片，只留一張，也就是這次領導力計畫的時程圖。我專注在這張圖的每一個細節。之前，我用三張幻燈片來講解這個計畫的三個主題。我發現，我可以利用三種顏色標示出時程圖上的三個主題。如此一來，更加一目瞭然，執行長就可迅速掌握整個計畫的流程。

從此之後，我再也不準備那麼多張幻燈片了。那次，我和執行長花四十五分鐘深入討論那個計畫。完成時，他讚嘆說，這次會議成果豐碩。

奧卡姆剃刀的效果強大，但為什麼大多數的人不這麼做？那是因為我們都喜歡有更多選擇。《誰說人是理性的！》作者艾瑞利（Dan Ariely）與他的同事辛志望（Jiwoong Shin）透過一系列的心理學實驗，發現了人常會緊抓著選擇不放，儘管有些選擇沒有價值。[30]

艾瑞利說：「我們總有非理性的衝動，希望選擇之門永遠為我們開啟。」[31]想要提升你的表現，你得透過紀律，刻意去除那些只是讓你心裡覺得舒服、但無實效的選擇。

拿出剃刀的時機

但也有兩種情況，選項多一點比較好。

第一種情況是你需要有很多想法的時候。當我們著手一項新任務時，常常不知道最好的選擇是什麼。在這個階段，研究人員建議最好能有很多想法。如華頓商學院教授格蘭特（Adam Grant）在《反叛，改變世界的力量》一書中說的：「很多人沒有創意，因為他們的點子太少。」[32] 在某些時刻，你必須先有許多想法，然後去蕪存菁，最後集中全力在最有成效的一個。

我和柯林斯在寫《十倍勝，絕不單靠運氣》時發現，最能創新的公司會先有很多想法，接著剔除不好的，然後專注在幾個最好的點子上。[33] 你也可以把這樣的原則運用在工作上。

第二種情況是你知道你有很多選擇，但還不知道該選擇哪一個。我曾在加州大學柏克萊分校主持一個主管教育計畫，參與這個計畫的一個經理說，她的團隊曾為了一種產品設計了兩種技術方案，他們不知道哪種方案在市場上比較有利，直到後來，他們終於對其中一種生出信心，才決定放棄另一種。她說：「要是太早做出決定，就慘了。因為我們可能會選錯。」[34]

策略2：把自己綁在桅杆上

在我們的研究中，有21%的受訪者認為，誘惑和分心是專注的最大殺手。因此，提高專注的第二種策略就是隔離那些會讓你分心的事。

我在寫這本書的時候，就運用了這種策略。我知道寫作不容易，卻又常常不敵誘惑，導致進度拖延。因此，我買了一部筆電，刪除網頁瀏覽器，不安裝電郵信箱、即時通軟體等，只留下文書軟體。我每天帶著這部陽春電腦到星巴克，點一杯深烘焙黑咖啡，寫作兩小時。日復一日，我都去那裡報到。儘管有時心癢難耐，想打開電郵信箱，但我不能上網。於是，只好專心寫作。

我採用的是奧德修斯抗拒海妖誘惑的策略。奧德修斯是希臘神話中的英雄人物。一天，他即將行經海妖賽倫出沒之島。賽倫是半人半魚的傳說生物，有妖嬈的外貌和甜美的歌聲，經常媚惑經過的航海人，致使船隻觸礁沉沒，船毀人亡。於是，奧德修斯命令船員用蠟塞住耳朵，還要他們把他綁在桅杆上。他下令說，無論他如何哀求，都不能解開繩索。當他們的船經過賽倫身旁時，奧德修斯聽到絕美的歌聲，懇求船員放了他，因為他迫不及待想衝到賽倫身邊。但船員依他先前的命令，把他綁得更緊。奧德修斯因此逃過一劫。

身在二十一世紀的我，為了寫稿，使用不能上網的筆電，就像奧德修斯命令船員把自己綁在桅杆上，才能對誘惑「視而不見、聽而不聞、定而不動」。

抗拒誘惑的一個關鍵是，事先計畫並做好心理準備，因為你必然會面對難以抗拒的誘惑。

就在畢夏普知道該拒絕哪些客戶，並立下明確的原則後，不久她就聽到海妖賽倫的歌聲。可口可樂有兩年時間都是她最重要的客戶，她的公司營收有10%（約200萬美元）就是靠這個大客戶。現在，可口可樂想跟她簽新合約，他們願意支付高達250萬美元的仲介費用。她能拒絕這筆大生意嗎？可口可樂不屬於媒體業，畢夏普曾明白告訴員工，他們今後只接媒體業的案子。她要如何拒絕可口可樂呢？

畢夏普左思右想，苦惱了好幾個星期。由於她早已向員工立下規則，也就等於把自己綑綁在桅杆上。在跟可口可樂開會時，她重申自己的原則。她回憶說：「我膝蓋緊緊併攏，手心一直冒汗。我跟可口可樂的人說抱歉，我無法跟他們簽約。日後，如果他們需要找媒體相關主管，才能為他們服務。」那兩名可口可樂的代表聽得目瞪口呆，難以相信竟然有人會拒絕這麼好的生意。

如果畢夏普未在事前立下原則，就無法這樣壯士斷腕了。在刻意修練專注心智之後，她在這方面的表現從墊底的20%，躍升到表現優異的前25%。在堅持紀律下，她的專注功力與工作表現都提升了。

畢夏普的公司在整頓之後，業績漸漸有了起色。後來，他們接下英國一家知名媒體公司委託仲介高階人才的案子，公司表現更加亮眼。她說：「我們不再浪費時間，接一些低價的案子。」她把所有的心力投注在媒體人才的仲介上。之後，其他大型媒體公司也開始找她合作。她的人才搜尋功力愈來愈好，也更符合客戶所求。她的公司營運蒸蒸日上，營收與利潤都大幅增加。

在我們的研究中，只有20%的人可以做到排拒誘惑。究竟是哪些關鍵行為，幫助他們明快捨棄其他選項，將注意力集中在優先要務上呢？

他們之中有很多人的共同點是，在工作時，會刻意將干擾降至最低。有些人會提早一個小時到辦公室；還有一些人會找一個安靜的會議室，戴上耳機，在那裡工作個幾小時，或是工作時把手機放在別處。

在今天的開放式辦公空間，很難阻隔來自同事的干擾，這些做法格外重要。

為了提高專注，有人還有更激進做法。有一家飲料公司的員工為了全神貫注的工作，在辦公隔間入口綁上釣魚線，並在上面掛上衣服充當門簾，用此方法讓自己跟人隔離。還有一家建築公司的員工，有個非常獨特的做法：如有人戴上橘色臂套，就表示請勿打擾。[35]

把自己綁在桅杆上的方法很多，關鍵在於你必須事先確立

圖表 2-3 ｜ 如何避免分心？

「這樣我才不會每兩秒就要看一下手機。」

規則或建立某種儀式，來幫助你進入不間斷的專注。減少動用意志力來抗拒誘惑或容易讓你分心的事物，因為意志力是有限的，以嚴厲的紀律規範自己不浪費時間，成效更佳也更持久。如此一來，即使想分心也很難。

策略3：如何對老闆說「不」

讓自己保持專注的第三個策略，就是做好向上管理，尤其當你的老闆認為工作愈多才愈好。在我們的研究中，24%的人認為他們不能專注都要怪老闆缺乏方向或公司組織過於複雜。如果你的老闆了解雙重專注對工作表現的重要，那麼你要掌握要事，力求專精就會比較容易；萬一不是，你有必要做好向上管理。在我們的研究中，很多績效卓越的人都會要求老闆給予清楚的方向、明確的目標，並確定優先事項。

萬一你的老闆迷信能者多勞，丟了一大堆工作給你，你該怎麼辦？其實，你不像自己想的那麼軟弱無力，你還是有可能向上管理，對老闆說「不」。[36]

詹姆斯是一位管理顧問。他說，有一次，有個上司要他幫忙一個產品宣傳的案子。[37]他對上司說：「最近我正為了一樁重要的併購案忙得不可開交，就快趕不上期限了。」他不是不願意幫助，只是他分身乏術。他該怎麼做呢？

「你就不能同時做嗎？」上司說。

「如果要把事情做到最好，就不能同時做，」詹姆斯說，「接下來的三個星期，我得把全副心力放在併購案上，絕不能拖延；最要緊的是呈現最好的品質。如果這個案子一定要我幫忙，我們就得另找幾個人來進行這個併購案。」

詹姆斯心想，上司應該會很不高興，因為他動不動就罵人

圖表 2-4 ｜ 你的老闆是什麼樣的人？

請勾選符合你老闆（或你自己）的描述

	賣命工作型	雙重專注型
目標和策略是否明確？	設定太多目標或目標模糊。例如：「只要有客戶上門，我們都張開雙臂歡迎，盡可能滿足每一個客戶的需求。」	設立明確的目標，並在事先言明哪些事不做。例如：只幫客戶物色高階主管（仲介服務費50,000美元起跳），且客戶支付的費用須合乎業界水準。
是否可區分優先事項？	優先事項一長串，還一直加上去。例如：「老闆有很多要求，甚至那些要求之間是相互衝突的。」	優先事項只要幾項，除非絕對需要，才會添加。例如：「老闆把他對我的期待說得很清楚，完成期限和目標都能有合理的安排。」
溝通與表達是否明確？	說一大堆或寫一長篇，但別人依然一頭霧水。例如：「我們真的認為，你可以看出，目前這個產業的補貼計算方式在短期內就會有很大的變化。」（AT&T執行長）[1]	以簡單、清晰、具體的方式說明。例如：「我不該買進Tesco股票。這是我的一大錯誤。」（巴菲特）[2]

1. Lucy Kellaway, "And the Golden Flannel of the Year Award Goes to . . . ," Financial Times, January 4, 2015.
2. Warren Buffett, "Tesco Shares 'A Huge Mistake'," bbc.com, October 2, 2014, accessed June 6, 2017, http://www.bbc.com/news/business-29457053.

「沒用的傢伙」。沒想到他竟點頭說：「我想，你說的沒錯。」後來，詹姆斯提議請另一個剛完成專案的同事去幫他。

首先，你必須讓老闆明白你並不是想偷懶，而是事有輕重緩急，你必須把所有精力投注在他先前交付的最重要事情上；你可以問老闆，是否要重新調整優先事項，把決定權交給他。

你知道自己必須對要事專注投入，才能把事情做到最好，所以不能讓老闆迫使你去做其他事，以致所有事情都沒做好。溝通清楚，讓老闆了解你的優先考量，並給他選項與決定權。

如果你的同事們各個都拚死拚活，想要多承擔一些工作，而你卻要少做一點，只想專心做少數幾件事，的確需要膽識。但是，你可以從小地方開始練起。

利用奧卡姆剃刀砍掉一些不必要、對生產力沒有幫助的事。看看什麼樣的技巧有助於「把你自己綁在桅杆上」，讓你專注在你立定的目標上。如果你承擔多項責任，可以請老闆列出優先順序，你才知道該專注在哪裡。

關於專注，有個重要問題，我們還未討論到，也就是：你該專注什麼？專注在錯誤目標上，等於走向毀滅之路。

如果亞孟森是用馬來做交通工具，不管他多專注，都不會成功，因為馬在極地的行進速度遠不如格陵蘭犬。若畢夏普把目標放在金融服務業的客戶，而非她熟知的媒體業，業績恐怕還是難以拉抬。

在下一章，我們將探討該專注在哪裡的問題。

未來，什麼人最搶手？

工業時代的觀念，以忙碌代表生產力，愈長時賣力工作、承擔愈多責任的人，代表他表現愈好、成就愈高。但是在今日世界，這種對生產力的定義已過時。每天超時工作，努力做得更多，加總起來並不會變成高績效。

我們從研究中找出的工作新思維是，要想成為新時代的贏家，必須採用能真正創造高價值的工作方式。我們研究來自各行各業的超級明星，他們的共同點是能夠保持雙重專注，他們不只是選擇最值得努力的方向、目標，在選擇之後，還會專注投入其中。

懂得如何「掌握重要少數，然後專注投入」，是新一代高績效人士擁抱的工作哲學。

新工作法則就是你的新機會

在我們的研究中，能選擇少數幾件重要的事，並傾全力去完成的人，比起做一大堆事的人，工作績效平均多出25個百分等級。因此，雙重專注是本書七大心智之首。

不分輕重，承攬太多工作，會落入兩種陷阱：第一種是分身乏術，沒有足夠的心力去做好每件事，最後落得心力交瘁；第二種是複雜的陷阱，你得勞心勞力去協調不同工作之間的問題，既浪費時間，成效又差。

保持雙重專注的三個策略：

- 祭出奧卡姆剃刀：去除不必要的任務、表單、會議、流程、指標和程序。把所有力氣都放在最重要的事情上。問自己：如果我要有出類拔萃的表現，能再放棄什麼？切記：任務愈少愈好，能割捨的都得盡量放下。
- 把自己綁在桅杆上：事前確立規則或建立儀式，最能幫助你有效隔絕誘惑、抗拒分心。
- 對老闆說「不」：向老闆解釋，給你太多工作會影響你的表現。不是討老闆喜歡、取悅老闆，就能踏上成功之路，你要有勇氣對老闆說「不」，把心力投注在最重要的事情上，才能脫穎而出。

03

重新設計工作

找出價值缺口

不管人生給我們什麼，重新創造之後，就能變成詩。

——內娥米．希哈．奈（Naomi Shihab Nye）[1]

2010年，一個舒爽微涼的春日，葛林（Greg Green）開著一部老舊的小廂型車，進入位於底特律郊區的克林頓戴爾高中（Clintondale High School）。當車子開進學校停車場時，他不禁惶恐起來。[2]他是這所學校的校長，再過幾個小時，就會收到學生最近一次考試的結果。依學生過去的表現來看，這次成績恐怕還是慘不忍睹。

這幾年來，儘管葛林已盡全力，學生成績依舊沒有起色。該州一方面提高畢業門檻，另一方面縮減學校預算，葛林因此面臨嚴峻挑戰。長期的人口結構改變，加上2008年金融危機，使美國經濟陷入困境，這所高中的學生有80%是來自經濟弱勢家庭，學生午餐全靠州政府補助；當地失業率超過10%，整個市區蕭條得像一座鬼城。大多數的人生活困苦，學生根本無法好好做家庭作業或準備考試，對他們來說，有更要緊的事，像是在父母外出工作時幫忙照顧弟妹，或是打工賺錢。

那天上午，葛林收到考試成績的電郵通知，學生成績果然如他所料，在全密西根州敬陪末座，為全州學生的倒數5%。該州州政府教育局已通過一項「衝向巔峰」的提案，興學優良的學校可獲得較多的經費補助，而學生的考試成績就是重要的評鑑項目之一。為了提升教育品質，密西根首府蘭辛的議員已擬出一張清單，準備把辦學不力的校長撤換掉。葛林雖然還沒被列入，但由於這次學生考試成績很差，他的校長地位已岌岌可危。

那年，從春天到夏天，葛林一直在想辦法，希望扭轉學校的命運。他們那個學區赤字已高達500萬美元，既沒錢招募新老師，也沒錢投資新的教育計畫。老師們已心力交瘁，為了讓學生更認真在學業上，能試的辦法都試過了，包括威脅學生，如學業成績不佳就不能上體育課等等。他們還找家長來開會，也寄了措辭嚴厲的信件給家長，要求嚴格管教孩子。

但是，沒有任何辦法奏效。

學生對未來愈來愈沮喪灰心，因此出現更多的行為問題。過去二十週，這所高中的學生就出現700多次違反校規行為。老師們焦頭爛額，束手無策。我們去該校參觀訪問時，葛林告訴我們：「這所學校已失控了，我不知有多少夜晚都為此輾轉難眠。」

到了2010年8月，情況更糟了。學區督學告訴葛林一個壞消息：有關當局已把克林頓戴爾高中列入整頓名單，即將斷然採取行動，有可能會廢校，把該校改為特許學校，極有可能會撤換校長。葛林心想，自己恐怕再過一個月就要失業了。

然而，葛林最後不僅保住了工作，而且兩年之後，克林頓戴爾高中學生成績奇蹟式的大躍進，畢業人數創下歷史新高。葛林搖身一變成了教育界名人，不時接受電視台訪問，甚至成為《紐約時報》特別報導人物。

這一切是怎麼發生的？葛林受到命運之神的眷顧，承蒙來自華盛頓的高官出手相救？還是哈佛研究出最新的教學方案，派人來指導，使這所學校得以脫胎換骨？以上皆非。

葛林其實是在絕望中，從意想不到的地方得到教學靈感。

幾年前，葛林在兒子的棒球隊擔任教練。他從YouTube找到一些棒球教學影片，影片中還有棒球基本規則圖解。他在接受我們訪問時，向我們解說：「你可以清楚看到每個守備位置上的球員要做什麼。」葛林不但要球隊孩子們觀看那些影片，還特別為他們製作教學影片。孩了們在家先看了這些影片，到球場練習時，就知道自己要做什麼。葛林回憶說：「我發現，這樣我就不必一再為孩子講解。每個星期來到球場練習之前，孩子已在家透過影片仔細研究過了。」

葛林念大學時曾打過棒球，他為孩子們總共製作了將近200部教學短片，包括防守（高飛球或一、三壘有人時該怎麼做）、投球（投擲臂旋轉上、下集）等等，孩子們都很愛看這些影片。有了這些影片輔助，每個星期在球場上練習的那幾個小時，葛林就不必浪費時間跑到每個守備位置為孩子講解了。孩子們透過反覆觀看影片，已知道如何掌握動作要領，等到了球場，就可直接實戰演練。結果，他們的球隊連連獲勝。

葛林開始思考，是否可以把這樣的學習與練習模式，運用在更重要的地方。

在知道學校被列入整頓名單後，葛林隨即把所有老師找來開會。他打開電腦讓老師看他做的棒球教學影片，提議道：「我們來為每堂課製作教學影片，每段影片約10分鐘，將老師平時在白板上演示或講解該課程單元的內容錄製起來，上傳到YouTube，讓學生可隨時利用電腦或手機上網觀看、學習。」

這在當時，真是個瘋狂的點子。

他打算讓學生在家或坐車時，觀看這些教學影片，然後在課堂上做家庭作業。如此一來，老師上課不再只是講課，而是像教練一樣輔導學生做作業。他們翻轉了傳統課堂：學生在家看影片上課，在學校做作業。

對於這樣的翻轉，老師們一開始都搖搖頭。心想，校長是不是瘋了？

為了證明這個辦法可行，葛林拿出成果給他們看。幾個月前，他聘請一位社會課老師謝爾（Andy Scheel）來進行翻轉課堂實驗。謝爾曾當過橄欖球隊教練，也是科技達人。葛林要他帶兩個班進行一個教學實驗。

謝爾對兩班學生使用完全相同的教材和作業，但教學方法不同。其中一班的學生成績很糟糕，再爛下去就不能畢業；另一班的學生功課比較好。「對功課較好的那一班，照傳統方式上課；對功課很爛的那一班，則採用創新教學法。」所謂的創新教學法就是翻轉課堂，在家看教學影片，到學校時則在老師輔導下做功課。葛林說：「反正再怎樣，都不會更慘了，所以我們索性豁出去了。」

謝爾實驗了幾個月後，當葛林查看兩班學生最近一次段考成績時，他心想這成績是不是算錯了？

原本可能畢不了業的翻轉班學生，段考成績竟然勝過傳統教學班。翻轉班最低的成績是C，以前這一班的學生，很多人因不及格必須留級。現在，翻轉班的不及格率竟大幅下降。事實上，不及格率是零。全班學生都及格了。

這怎麼可能呢？

葛林猜想，翻轉班的學生成績能突飛猛進，可能要歸功於老師在課堂上的作業輔導。這些學生放學後，通常很難專心讀書，家裡亂糟糟的，社區治安又不好，而且父母常需要他們幫忙做家事。如果作業有問題，父母愛莫能助，根本找不到人協助。然而在翻轉教學模式下，學生只要運用零碎時間，不論在公車上、在自己家裡，或是在打工的地方，都能觀看教學影片學習；到教室上課時，則可專心做作業，一碰到不懂的，就可馬上問老師或同學。

最初的實驗結果好得教人驚奇，但參加翻轉學習的，只有一個班級。也許，這是僥倖？如果葛林想要推廣到全校，未免太冒險。再者，很多老師反對這樣的做法。畢竟，這和他們所受的訓練相牴觸，等於是要推翻已有三百年歷史的教學模式。我們拜訪克林頓戴爾高中時，一位行政人員告訴我們，起先他甚至懷疑葛林動機不單純，是以翻轉課堂為藉口，打算以科技取代人師，替財務窘迫的學區節省教育經費。

葛林坦白告訴所有的老師，為了讓學生成績起死回生，不得不下重藥。他們必須重新思考教書這件事，重新設計教學的方式，用創新的做法來教學生。葛林對老師說：「如果學生不做作業，規定一堆回家作業，又有什麼用？」

舊的教學模式已經失效。

葛林說的很有道理，但一開始只有少數幾個老師願意支持他。該學區的一個官員對葛林的翻轉課堂就很不以為然，甚至不客氣的跟他說：「不管你怎麼做，克林頓戴爾高中都不會從整頓名單中消失的。」

就衝著這句話，葛林決定拚了。他曾是好勝心極強的運動員，怎麼可能這樣就認輸？他準備放手一搏，讓所有唱衰他的人刮目相看。他打算翻轉整個學校。

葛林向密西根州議員解釋他的計畫。他們答應給他兩年的時間，讓他實驗這個新的教學模式。葛林於是繼續奮戰。2010

年秋天，在第二階段實驗中，他們翻轉了九年級的四種課程，包括數學、閱讀、科學與社會，都採用翻轉課堂。結果，學生不及格率大幅下降。葛林說：「這是茅塞頓開的一刻，我開始確信這種方式真的可以成功。」

不必更費力，成績卻更好

葛林認為，翻轉課堂成功的關鍵，在於老師與學生，以及學生與學生之間的互動變多了，而且學生可依自己的學習步調不斷進步。

以前，上課時間有80%都是學生聽老師講課，剩下20%的時間才用來替個別學生或小組解決問題，現在倒過來（變成了20%時間講課，80%時間輔導）。老師再也不用提著一大袋作業回家批改，與家人相處的時間變多了；但由於他們能給個別學生的時間也變多了，更能了解哪些學生有什麼問題，並及時協助他們解決。

其他學校也紛紛仿效，開始在幾個班級實驗翻轉課堂，但沒有人做到葛林接下來所做的。2011年1月，葛林成為全美第一個翻轉整個學校的校長，全校總計有700個學生，全都採用翻轉課堂的模式來學習。到了下一個學年，從秋季到翌年春天，全校一整個學年都實行翻轉課堂。

克林頓戴爾高中的學生成績突飛猛進。在翻轉前，有35%

圖表3-1 ｜ 葛林校長的翻轉課堂績效

學生成績不及格率下降了

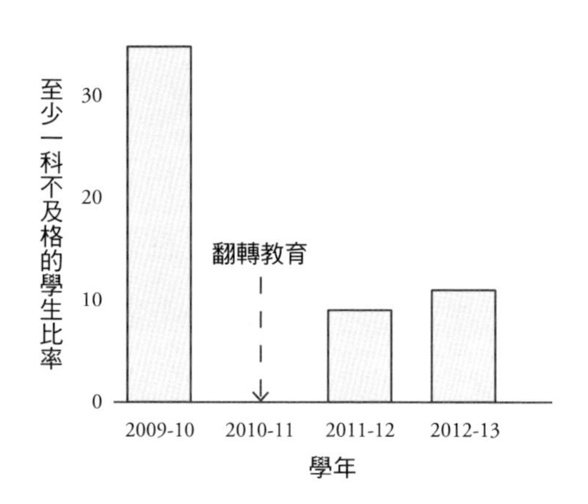

學生順利畢業的比率上升

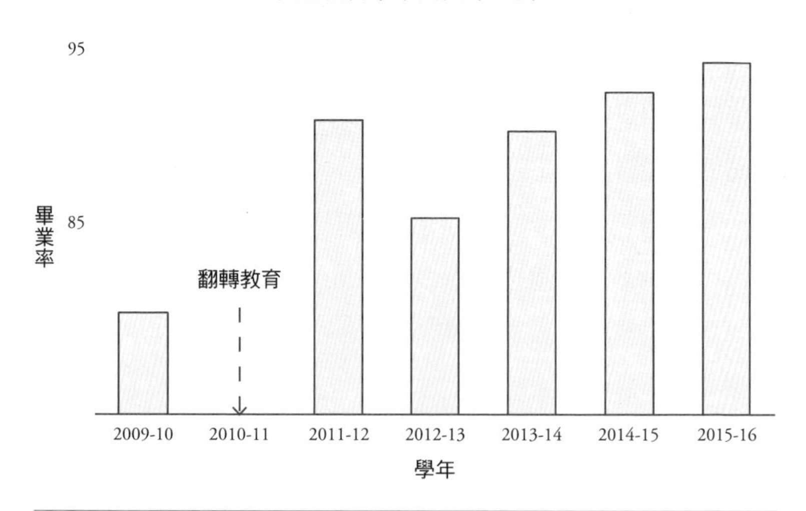

的學生至少有一科不及格；翻轉後，至少一科不及格的剩下不到10%。能順利畢業的學生比率，翻轉前為80%，到了2016年則上升為94%。2011年，該校畢業班學生升大學比率為63%，到了2014年，有81%都能進入大學就讀。

為了扭轉學校的命運，葛林校長可以強迫老師花更長的時間在學生身上、處罰不做作業的學生、逼學生接受更多考試，或是學生成績不理想，就扣老師薪水，把學校變成高壓鍋。但這麼做只是逼迫人賣力的一再重複舊的無效模式，跳不出低效勤勞陷阱。葛林選擇重新設計工作，改變教學方式，最後找到了一個不必花費更多氣力，卻可大大提高績效的方式。

從克林頓戴爾高中的故事可知，只要用對教學方法，學習成效就能大躍進。我們從5,000人的研究也發現同樣的結果。為了評估一個人重新設計工作的能力有多強，我們詢問受訪者是否能做到以下幾點，包括「創新工作，增進工作價值」、「創造新機會，如新活動、新計畫、新的做事方法」、「開創新領域，做出真正了不起的事，而且能發揮影響力」等等。

結果發現，在重新設計工作表現獲得高分的人，工作績效也遠高於其他人。想要有更好的表現，與其用舊方法更加賣力工作，跳不出低效勤奮陷阱，不如學葛林：勇於創新，嘗試用全新方法做事。

超時工作，績效反而下滑

在探討如何用不同方法工作之前，先來看看另一種做法。

如果不創新，如何增進績效？你可以選擇投入更多時間，用同樣的方式，更賣力的做。很可能你已經這麼做了，但效果如何呢？

根據哈佛商學院教授培羅（Leslie Perlow）與研究人員波特（Jessica Porter），於2009年針對1,000位專業人員所做的調查，發現有94%的人每週工時超過50個小時，而將近50%的人每週工時，甚至超過65個小時，如以每週工作五天來算，每天工時高達13個小時。[3]

管理學者惠立（Sylvia Ann Hewlett）與魯思（Carolyn Buck Luce）也針對高所得者做了一項研究調查，發現有35%的人每週工時超過60個小時，其中有10%每週工時超過80個小時。[4]相形之下，一般每週工時40個小時的全職工作有如兼差。

然而，工作時間愈長，表現就愈好嗎？

我們在研究中，分析了每週工時和績效之間的關係。[5]如圖表3-2所示，一開始工時愈長確實績效愈好，但超過某個程度就不靈了。如果你每週工時在30至50個小時之間，工時增加的確可提升績效。但一旦每週工時多達50至65個小時，工時增加帶來的效益會開始遞減。若是每週工時超過65個小時，工時增加反而減損整體表現。[6]

圖表3-2 | 別掉進低效勤奮的陷阱

每週工時一旦超過65個小時，
工時愈長，表現愈差。

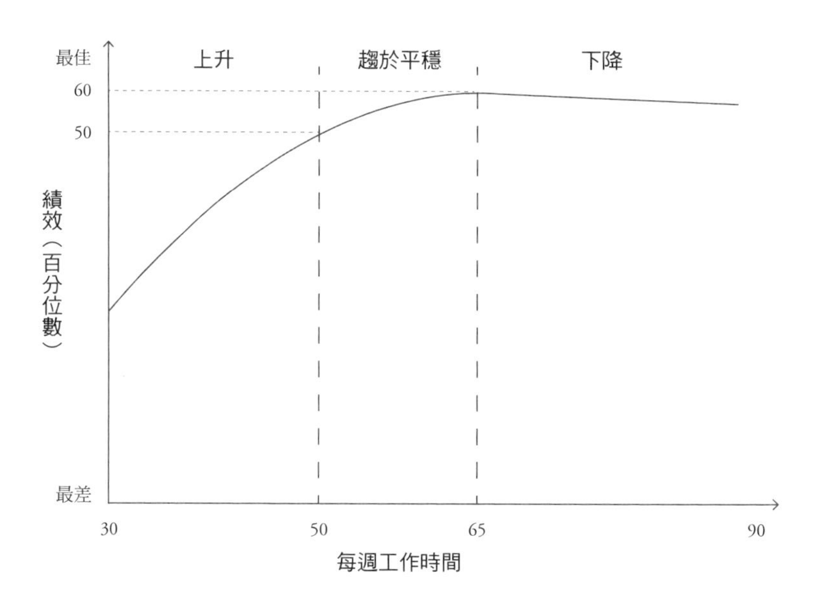

注：這是4,964人的迴歸分析。細節請參看研究附錄。

其他研究人員也發現這種倒U曲線。史丹佛大學經濟學者潘卡維爾（John Pencavel）研究1914年英國一家兵工廠工人的工作績效，發現當每週工時到了64至67個小時，工人的工作績效就開始下降，績效曲線因而變得平坦。[7]各行各業都有這種現象，超時工作到某個程度，績效反而下滑，只是曲線下降點和高峰期略有不同。

這就像榨橙汁，一開始可擠出很多汁，但如果一直擠，就算用力到手指關節發白，也只能再擠出一、兩滴。再到某個程度，就算怎麼用力擠，也擠不出汁了。工作也是一樣。如果你一週已工作50個小時，就別再做了。反之，你該問自己：「除了更賣命的工作，如何更聰明的工作？」

你這樣做事到底值不值

重新設計工作，不是要你延長工時，而是改變你的工作方式。然而，並非將工作重新設計過，就一定能有更好的結果。在我們的研究中，有一位經理人每十二個月就會重新調整組織結構，組織績效反而變差。還有一家藥廠的銷售代表一直修改廣告宣傳稿，業績也依然慘淡。

怎樣重新設計工作，才能見效呢？

我們從研究發現，有成果的重新設計都有個共同特點，亦即創造價值。好的創新不必更費力，卻能帶來更多價值。問題是：什麼是價值？

你的工作價值有多高？你必須考量別人的觀點，而不只是從你自己的角度來衡量，只看自己是否完成任務和目標，卻不管做這些是否真的能帶來益處。你的工作價值，必須視別人能從中獲得多大益處而定。

很多人都不曾認真檢視或懷疑自己所做的事，是否真的能產生價值，只是一股腦的按照要求或原來的方法去做，自認把事做完就對了，即使是高階主管也一樣。

我在惠普進行研究時，有次打算與該公司在科羅拉多棕櫚泉辦公室的一位資深工程師進行訪談。我自我介紹之後，他就趕我離開，他說他很忙，那個星期他得向總部提交一份很重要的季工作報告，沒時間跟我談。我離開後，他就和以前一樣趕工且及時交出了報告。目標達成了，不是嗎？沒錯，但據我所知，而他不知道的是，惠普在加州帕羅奧圖的研發部門已不再使用這些季工作報告了。他排除其他工作，花了許多心力寫的報告，被擱在電子郵箱深處，根本沒有人要看。

他確實達成了工作目標，但這樣的目標卻毫無價值。

聰明人工作時會自問：做這些事，能帶來什麼助益？他們不認為著眼於目標就對了，他們會著眼於價值，並朝目標邁進。

為什麼很多人就像那位惠普工程師一樣，把焦點放在幾乎沒有什麼價值的事情上？答案是：衡量指標有問題。

在我們的研究中，有位客戶訂單處理人員很自信的說，他寄送出去的貨品，有高達99%，都能順利送達企業客戶手中。這樣的表現看來似乎很不錯，但他的老闆調查客戶意見後，卻發現有高達35%貨品，未能在客戶指定的時間送達，因此客戶滿意度並不高。

那位訂單處理人員只看貨品是否根據他指定的時間從倉庫出貨（由內而外的視角），而不管貨品是否依據客戶需要的時間到貨（由外而內的視角）。

另一個問題是，我們以為做的事情愈多，成就愈大。

醫院以醫師看診人數的多寡來評估醫師績效，而不是診斷的正確率。律師為客戶處理案件，不管服務品質為何，是按小時計費。銷售人員不管販售產品是否能讓顧客受惠，都能領到一定報酬。有人攬了很多工作，用誇耀的語氣說自己有多忙，以為忙碌等於產值。然而，工作量如開多少會、加入多少工作小組、接多少顧客來電、拜訪多少顧客、出差或飛行哩程總數等等，都不必然會增加你的工作價值。

忙碌並不等於成就。正如我們在研究中看到的，很多人能增加工作的價值，是懂得從別人的角度來看，把焦點放在如何讓別人受益。

紐奧良一家食品包裝工廠的生產技術員泰瑞，負責標籤機和罐頭裝箱的流程。[8]公司老闆是以罐頭裝箱數量，來評估他的績效。但泰瑞關心的不只是產出量。

在罐頭裝箱完成後，隨即會被送到倉庫，工人再把一箱箱的罐頭堆在棧板上，準備出貨。泰瑞跟我們說：「有一天，我去倉庫，問說：『有什麼地方需要改進的嗎？』」倉庫的同事告訴泰瑞，箱子從機器出來的時候，雖已封好了，但因角度不夠方正，他們得多花點時間，才能在棧板上把箱子堆整齊，如此一來就會延誤到卡車出貨的時間。

於是泰瑞重新設計包裝過程，讓箱子出來時都是方方正正的。這樣後端倉庫就能加速出貨，讓卡車準時發車。泰瑞大可不管其他部門，只從自己的角度來看，只求達到老闆設定的目標就好了，不是嗎？但他著眼於價值，不只完成分內工作，也讓同事受惠。在我們的研究中，就重新設計工作而言，泰瑞的表現非常亮眼，勝過85%的人。

所以，何謂價值，我們利用傳統的生產力來做對比，就更容易明瞭。傳統生產力的等式如下：[9]

個人生產力＝工作產出／投入時數

查爾斯聽打逐字稿的速度為每分鐘60個字，而碧雅翠絲的速度為每分鐘120個字，她的產量是查爾斯的兩倍。但如果從價值的角度來看工作：

圖表3-3 ｜ 你該追求的不是目標，而是價值[10]

追求目標 vs. 創造價值

職業	把焦點放在目標（內在指標）	把焦點放在價值（有益他人）
人資專員	在時限內，完成70%經理人的年度績效評估。	使70%的經理人都能得到有助益的回饋意見，知道如何改善。
物流人員	85%的貨品都能依照進度從倉庫發貨。	85%的貨品都能在顧客指定時間送達。
服飾零售銷售人員	說服每位顧客加買一件衣服。	顧客真的需要多買一件時，才會推薦商品給顧客。
小學老師	教完三年數學，取得終身職。	使90%的學生，數學到達精通的水準。
醫師	一月份看診人次達160人。	診斷正確率達80%，並給予病人適當的治療。
律師	第一季工作總時數中，有80%能列入帳單，向客戶收費。	在第一季的案件中，80%都能幫客戶解決問題。
大學教授	五年內，在知名期刊發表12篇論文。	發表3篇論文，使自己的研究領域能有開創性的進展（且被引用次數很多）。
社服顧問（政府部門）	在2017年完成200例個案／客戶諮詢。	使70%接受諮詢的個案／客戶都有好的結果。（就業諮詢或住宿申請。）
電話客服	每小時處理10位顧客來電。	讓第一次來電的顧客，90%都能解決問題。

一個人的工作價值＝為他人帶來的助益×品質×效率

價值等式取決於三個要素。第一個是你的工作能為他人或你的組織帶來多大助益。因此，你聽打逐字稿一分鐘能打多少字不是唯一重點，重要的還有這份逐字稿是否有助於他人。如果這份逐字稿一點也不重要，效益是零，價值也等於零。這份逐字稿要是沒人要看，打再快也沒用。

對他人有益，意指你能為你的同事、團隊、部門、公司、顧客或供應商（甚至你居住的社區及環境）帶來貢獻。而助益也有多種形式，如增進他人的工作效能、協助同事開發新產品、設計更好的工作方法等等。就像泰瑞，並非老闆下令，但他主動設法增進倉庫同事堆貨及出貨的效率。

第二個要素是工作品質，包括正確性、洞見的新意及產出的穩定。例如聽打逐字稿最好完全沒有錯誤；葛林校長的翻轉課堂教學品質能提高。

最後一項是工作效率，如聽打逐字稿，衡量的是速度，每分鐘打多少字。在價值等式當中，速度也很重要。如果你在聽打時，為了百分之百正確，速度變得很慢，每分鐘只能打10個字，工作價值就會受影響。

> 要能兼顧效率與品質，並為他人帶來助益，你的工作產出才會有最大價值。

有了價值等式，我們現在就能好好討論上一章結尾提出的問題。如果你希望有最佳表現，集中心力在少數幾件最重要的事情上全力以赴，也就是實踐「貴精不貴多的專注心智」，那麼哪些事情值得你這麼做？如果你只能選擇少數幾件事，就絕對不能出錯。我們的研究發現是：你必須重新設計你的工作，然後找出最有價值的事情並專注投入。但究竟要怎麼做？

敢於提出質疑，價值是創造出來的

如果你住在歐洲，你購買的手機或電視很可能是中國製造的。這些商品經由直布羅陀海峽運送；直布羅陀海峽位於西班牙和摩洛哥之間，分隔歐、非兩洲的狹窄水道，是全世界最繁忙的水道，也是全球貿易的樞紐。來自世界各地的貨輪裝載了幾百萬個貨櫃，都需要在碼頭上的貨櫃場停泊、卸貨，裝載到其他貨輪或貨車上，再運送到其他地方。丹麥航運巨人馬士基集團（Maersk）在全球有五十多處專用貨櫃場，其中一個就位於摩洛哥北端的丹吉爾（Tangier）。[11]

德國人高瑞茲（Hartmut Goeritz）剛執掌丹吉爾貨櫃場時，該處獲利情況並不突出。由於高瑞茲已是老手，在其他貨櫃場工作了三十年，如安哥拉、葡萄牙、法國和象牙海岸等，在他看來，丹吉爾貨櫃場的地理位置很好，但表現並沒有特別亮眼。高瑞茲在接受我們訪談時表示，這個貨櫃場「雖然具有關鍵地位，但營運架構有一些問題」。[12]

為了提高丹吉爾貨櫃場的績效，高瑞茲決定先砍掉營收表現平平的業務項目。每年，在這個貨櫃場裝卸、轉運的貨櫃約有90萬個。[14]為了提高營收，先前的經營團隊提供拆櫃服務，也就是在貨櫃抵達後，把貨櫃裡的貨物（如汽車零件）卸下，再裝載到大貨車上。他們還有貨車過磅服務。雖然經營團隊希望藉由這些服務增加營收，可惜增加的收益有限。

高瑞茲因此祭出「奧卡姆剃刀」，不再提供拆櫃和貨車過磅服務。如此一來，員工就能把時間和精力集中在一項能帶來最高價值的服務：提供更迅速且更省錢的貨櫃裝卸服務。

馬士基集團在摩洛哥丹吉爾的貨櫃場[13]

精簡業務後，高瑞茲及其團隊就能專精在最重要的事項，並進一步檢討工作流程。一天，高瑞茲到貨櫃場查看，發現了一件怪事：有些貨車是空的。他說：「他們從貨輪把貨櫃載到貨櫃場的一角卸下，然後開著空車到貨輪旁載運下一個貨櫃。」多年來，這些貨車都是如此運作。高瑞茲心想，這根本是一種浪費。他靈機一動，想到當貨車開進貨櫃場，把貨櫃卸下後，應該可以就近載運要運送出去的貨櫃到貨輪，這樣就不會開空車回去了。

如此一來，整個貨櫃場的運作，就能更有效能，而且不會增加營運成本。

高瑞茲要員工試著執行這個點子，在貨車到貨櫃場卸了貨要開回碼頭時，詢問同事是否需要貨車順便載運待運的貨櫃。不久，團隊成員就利用無線電對講機互相通報，是否有貨櫃待運出海。接著，他們利用更好的訊息傳遞系統來顯示待運貨櫃狀態，就像計程車行利用智慧派遣系統撮合駕駛與乘客一樣。他們的標語就是：絕不空車而回。

高瑞茲透過簡單的重新設計工作，即雙循環法，使得貨車司機的載運效率幾乎提高為原來的兩倍。

高瑞茲及他的團隊還想出其他新做法，包括重新規劃貨櫃場、重新調度大型起重機的使用等等。不僅如此，他們把腦筋動到全世界貨櫃場都會有的問題，如交通堵塞、罷工、天候不佳等，會讓營運停滯的情況。

高瑞茲心想，萬一碰到這樣的問題，是否該讓貨輪停泊在其他碼頭的貨櫃場？他和同事仔細研究了之後，發現可透過事先計劃，讓貨輪停在集團旗下的另一個碼頭。例如，如果丹吉爾出了問題，高瑞茲就會彈性調度，使貨輪改開到位於西班牙南邊的阿爾赫西拉斯（Algeciras）貨櫃場。這個調度網絡光是在2015年，就讓客戶省下7,300萬美元，也為集團創造額外的高額獲利。

馬士基集團因這個靈活調度，一方面得以向客戶收取額外費用，另一方面由於事先計劃，馬士基集團旗下貨櫃場存放貨櫃的效能大增，貨櫃搬運次數也縮減了，因而省下不少成本。

高瑞茲的重新設計成果斐然，丹吉爾貨櫃場的營運績效大幅提升。在短短四年間，丹吉爾貨櫃場的資源與規模沒變，但每年處理的貨櫃數量卻增加了33%，亦即120萬個貨櫃。2014年，高瑞茲的團隊榮獲總部頒發「年度最佳貨櫃場」的殊榮。高瑞茲也高升到集團總部，負責監督多國貨櫃場的業務，包括馬來西亞、阿曼、埃及、荷蘭和摩洛哥。他的重新設計在許多人的協助下，創造出之前經營團隊想像不到的價值。

高瑞茲說：「我會敢於質疑工作流程，不斷尋找做事的新方法。我希望看到脫胎換骨的改變。」他因此可以把焦點放在最有效益和最有價值的事情上，亦即貨櫃裝卸服務。他的選擇完全正確，也就是做對的事情。接下來，他又帶領團隊重新設計工作流程，看怎麼做能做得更好、更快、更省錢，也就是把事情做對。[15]

高瑞茲對丹吉爾貨櫃場的流程改造，可說是組織營運上的大變革。然而，能發揮高效能的重新設計，也可從小處做起。

找對支點，就能發揮槓桿效益

多年來，耶魯紐海文醫院的醫護人員都是在半夜幫病人抽血。他們闖入病房，把病人叫醒，然後拿著針筒刺入病人手臂。這樣，醫師在早上巡房時，就能看到檢驗結果。

但病人並不喜歡半夜被吵醒，醫院裡有人開始質疑這種做法，該院負責改善病人就醫經驗的醫務主任班尼克（Michael Bennick），查看聯邦醫療保險調查該院病人經驗的報告書，其中一個問題詢問病人，晚上病房是否足夠安靜。結果，大多數的病人都對此極不滿意。

為了改善這種情況，班尼克告訴住院醫師：「如果你們為了抽血檢查，有必要在凌晨四點把病人叫醒。請你們下次也把我叫醒，讓我看看必要性在哪裡。」[16]結果，沒人敢叫醒他。後來住院醫師把抽血時間改到病人清醒的時候，該院在病房安靜程度的滿意度排行，也從末段班的第16百分位數，躍升到第47百分位數，而且絲毫沒有減損醫療品質。

班尼克醫師從病人的角度來看（由外而內的視角），而非從醫師方便的角度來看（由內而外的視角），讓病人的睡眠不

圖表3-4 ｜ 創造價值的五種方法

主要問題	增進價值的方法	實例
你做對事情了嗎？	1.**減少沒價值的事**：如果事情沒多大價值，就別做了。	沒人讀的惠普經理人報告；丹吉爾貨櫃場的拆櫃和貨車過磅業務。
	2.**多做對的事情**：把時間花在價值大的事情上。	高瑞茲把焦點放在貨櫃吞吐量。
	3.**更多讓人驚豔的表現**：運用能帶來價值的創新做法，讓人讚嘆。	高瑞茲重新規劃貨櫃場的路線。
你把事情做對了嗎？	4.**五星評等**：找出能夠增進品質的新方法。	葛林以翻轉課堂提升教學品質。
	5.**更迅速、更省錢**：以更有效率的新方法，完成任務。	高瑞茲利用「絕不空車而回」的策略，提高貨車的載運量。

被打斷，因此為病人帶來更多的價值。從這個例子來看，儘管是小改變，病人的住院滿意度卻能大幅提升。

在職場上，儘管只是小小的重新設計，也可能帶來很大的影響。你希望開會時間更短、效率更高嗎？你可以想辦法讓人要言不繁，不再喋喋不休。不妨試試這個點子：把會議室裡的椅子全部搬走，要大家站著開會。研究發現，比起坐著開會，站著開會的時間可減少34%，而且決策成效絲毫不減。[17]

想增進電話客服中心的績效嗎？你可實行員工訓練計畫，或在外地舉辦團隊共識營。如果不想這麼麻煩，也可以讓員工在一起喝杯咖啡，這樣腦力激盪一樣有效。

這個點子是麻省理工學院人類動力學實驗室主任潘特蘭德（Sandy Pentland）想出來的，在一家銀行試行後成效良好。這家銀行主管讓電話客服中心的人員一起休息，喝杯咖啡，團隊成員因此發展出更好的關係。[19]員工因此變得更敬業，客服人員處理一通顧客來電的時間平均減少了8%，原本績效不佳的團隊在一起喝過咖啡之後，處理來電時間竟大幅減少了20%。

> 重新設計工作，關鍵不在改變幅度，而是能創造多大的價值。小改變，也能帶來大影響。[18]

小改變，卻能帶來大改善的例子，讓人想起古希臘數學家阿基米德的名言：「給我一個支點和一支夠長的槓桿，我就能撐起地球。」你要如何搬動後院的一塊大石頭？當然，你可請五個壯男鄰居幫忙，請他們同心協力把大石頭舉起來。然而，儘管你只有一個人，也可利用一支槓桿和支點，輕而易舉的把大石頭移走。

聰明的重新設計工作，就是要找到那個支點，並以聰明的方式來利用它。這就是聰明工作，如此一來才能事半功倍。

重新設計工作，你也可以

當然，你可能會說，重新設計工作聽起來很棒，但或許是主管或老闆才能這麼做，畢竟他們是少數可以訂立規則的人。是否職位較高的人才能重新設計工作？其他人呢？我們的研究發現，其實大多數的人都做得到。根據我們的調查，不論職位高低，或是資歷深淺，重新設計工作的能力都不相上下。

我們都以為新人因為剛進公司，應該還沒有足夠的自主權可以重新設計工作。然而，我們的資料卻顯示，年資小於三年的人在重新設計工作的表現，與年資大於十年以上的人相比，毫不遜色。

我們原本設想，大公司因為科層體制的緣故，往往會制定較多的規則，阻礙人員對工作的重新設計。其實，並非如此，不管是在中型公司或大型公司，有重新設計工作能力的人比例相當。

另一個誤解是，我們以為某些較能發揮創意的工作，例如市場行銷人員，重新設計工作的能力應該比較強。與其他工作相比，行銷與業務人員中能重新設計工作者比例確實較高。但我們也發現，就算是看起來較沒有創意的工作，如顧客服務、物流和製造人員，也有一些人能夠展現重新設計工作的能力。

整體而言，各行各業的人都能夠重新設計他們的工作。當然，資淺的人能重新設計的空間較有限，主管階級能改變的範圍較大。

二十九歲的珍妮特是餐旅業培訓師。她為了指導櫃台接待人員和餐廳服務人員，提升顧客服務的水準，她在三個工作坊利用「翻轉模式」指導學員。學員在參加小組討論之前，必須先觀看教學影片，到了小組討論時，再一起討論並解決問題。她利用翻轉模式上課，不需要取得主管同意，自己就可以決定，但她的權限也僅限於主持工作坊時運用翻轉模式，而前面例子中的葛林校長，卻是翻轉了整個學校。珍妮特在權限內做到最好，在重新設計工作的表現，獲得7分，排名前20%。

當然不是每個人都像珍妮特那樣有工作自主權，也不是所有的工作都需要重新設計，工作中也總有你必須去做的事（例如數學老師必須涵蓋某些課程內容），但我們發現，儘管如此，絕大多數的工作都賦予你一定程度的自由來決定要做什麼，以及怎麼做。重點只在於，怎麼改變最能創造價值？我們再來看看兩個重新設計工作的實用技巧。

找出痛點

要尋找重新設計工作的機會，你可以從「痛點」下手，也就是困擾很多人的棘手問題。

四十五歲的卡門是商業分析師，在總部位於紐澤西的壽險公司工作。[20]她必須處理公司保險代理人的薪資，而這些保險代理人分布在全國各地。多年來，她協助這些保險代理人處理所謂傷病的第三方賠償，其中涉及很多繁瑣的步驟和稅金的申報。卡門幾乎每天都會接到來自保險代理人的抱怨電話，整個申報過程對他們來說就像迷宮一樣，文件常常就這麼卡住，因而火冒三丈。

這就是一個痛點。

有一天，卡門覺得實在忍無可忍，於是請公司電腦程式設計師幫忙簡化申報流程。後來，「我們把這個複雜系統簡化，變成單一使用者介面，讓使用者只要點擊幾下就完成了，系統就會自動分類。」現在，保險代理人登入這個系統，只要幾分鐘就可完成申報作業。卡門在重新設計工作方面的表現獲得最高分（7分），在我們研究的5,000人中排在前15%。

正如卡門的故事所示，痛點真的讓人苦不堪言。痛點讓人感覺爛透了，但在矽谷，創投家心目中的千里馬，就是那些能解決痛點的新創公司；這些新創公司能把痛點轉化為顧客想要的快樂點。

Google創辦人布林（Sergey Brin）和佩吉（Larry Page）知道不正確的搜尋結果有多煩人。PayPal的創辦人則解決了匯錢給陌生人的苦惱，讓你得以安心使用他們的系統，在線上直接支付交易款項給賣家。在矽谷流傳的一句諺語：「賣阿司匹靈，要比賣維他命來得容易。」[21]

你在工作時，看到什麼樣的痛點？同事一再抱怨的事情是

圖表3-5 ｜ 你也可以重新設計你的工作

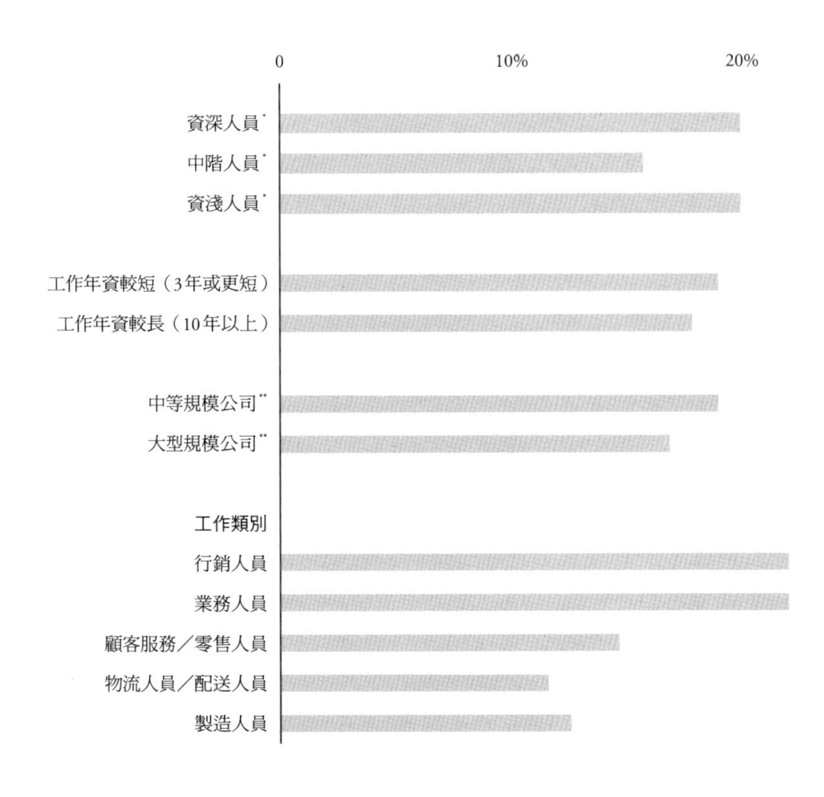

注：此表中的百分比是在我們問卷調查題目得分為7者（完全同意）所占的比例。該題目為：「他／她能在工作創造新機會，包括新的活動、新的計畫或是做事的新方式。」在我們的評量中，有關重新設計共有五題，這只是其中的一題。

*資深人員＝執行長、總裁、高級副總裁、副總裁、總經理和部門經理。 中級＝主管、辦公室經理、行政人員。資淺人員＝非主管的工作，包括銷售人員、技術員、顧客服務人員、工廠工人等
** 中等規模公司＝2,000至5,000名員工；大型規模公司＝10,000名員工或更多。

什麼？什麼事會讓人覺得困惑、沮喪，不由得開罵說：這實在爛透了？工作往往在哪裡陷入泥淖？

尋找痛點，似乎跟我們的直覺背道而馳。當聽到同事抱怨時，第一個反應是他們太愛發牢騷；對來電抱怨的保險代理人，卡門或許會覺得這些人很煩。但她並不怪他們，反而去找程式設計師來積極解決問題。

如果你能發現痛點，幫助同事、顧客和供應商解決讓他們深感苦惱的問題，你的工作就能創造很大的價值。人愈痛苦，就會叫得愈大聲。一旦有了解決辦法，讓人得以離苦得樂，你創造的價值就愈大。

> 聽人抱怨或許很煩，但有個好處，有助於你找到痛點。

問笨問題

有時，我們因陷在某個既定的想法或方法中，因此想像不出重新設計工作的好點子。我們都認為鐵錘是用來把釘子釘到牆上的，這就是鐵錘的用途；學校教室是教學的地方，而老師則是站在教室前面講課的人，而非像教練一樣幫助個別學生。但真的是這樣嗎？

如平克（Dan Pink）在《動機，單純的力量》一書所言，我們很容易陷入「功能固著」的心理，因為受制於先前經驗，自覺或不自覺的認定某種東西只具有特定功能，因此會固著於以前的做事方式，無法跳脫束縛、解決問題。[22]

我們必須甩開熟悉的枷鎖，用新的眼光來看為什麼事情要這麼做，以及是否有更好的做事方式，才能重新設計工作，並帶來更大的效能。要怎麼做呢？從問「笨問題」開始：

為什麼飯店要有住宿登記櫃台？

為什麼報告要用很多投影片？

為什麼要在星期一早上開會？

為什麼孩子要放兩個月的暑假？

為什麼我們要報帳？

為什麼病人術後得在醫院待兩天？

為什麼我們要進行年度績效評估？

一旦你養成問笨問題的習慣，就會常常思索「如果這樣，會怎樣」的問題。如果我們讓孩子只放一個月的暑假，另一個月做社區服務，會怎麼樣？病人是不是能夠術後就回家，由醫護人員遠端監測病人在家復原的情況？如果在會議中報告一律不得使用投影片，而是提出問題供大家討論呢？問笨問題加上「如果這樣，會怎樣」的思索，就能讓你破除習慣的束縛、突破思考的盲點，想出重新設計的妙點子，提升績效。

今天，很多人的工作方式依然和工業革命之初無大差別。令人生懼的績效評估出現於1940年代或更早，源於二十世紀初美國效率提升運動領導人泰勒（Frederick Taylor）的科學管理理論。[23]工作的倫理守則及其他職業行為規則的源頭，則是在十九世紀現代專業開始成形之時。[24]

然而，現在科技正在顛覆工作的傳統思維，有愈來愈多人不想像過去一樣工作，並質疑該怎麼做才能更不費力，成效卻更好。在這個不斷變動的時代，一家公司只有藉由產品和服務的創新才能超越其他公司。個人也一樣，必須藉由工作創新，才能有突出表現。

> 問笨問題，找出痛點，不要認為你只是一名小員工，每個人都是自己工作的創新者。

重新設計工作的人，會努力做對的事，並把事做對。在我們的研究中，表現最傑出的人都知道關於改變的基本道理：不能一件事還沒做完，就急著進行下一件。但一旦你做了改變，就必須堅持下去，精益求精。

葛林校長知道翻轉課堂只是一個起點。之後，他和全校老師必須學習在翻轉模式下如何做得更好，每天都得有進步。問題是，你要如何與時俱進，不斷學習精進，又能專注在工作上把事情做好？這就是我們接下來要探討的主題。

未來，什麼人最搶手？

傳統觀念認為，工時愈長，表示愈努力，績效也會愈好；只要達成既定目標、任務與指標，就是表現良好。

但最新研究的工作新思維是，如果你每週已工作50個小時以上，工時愈長不會讓你表現得更好，甚至可能變得更糟。想要有令人激賞的結果，請重新設計你的工作。敢於質疑、打破成規，自己設定新的任務、目標和指標，才能讓你的工作有最大的價值。

新工作法則就是你的新機會

根據我們的統計分析，有能力重新設計工作的人表現較佳。每週工時50個小時以內，增加工時，績效愈好，若超過50個小時，工時愈長，效益會開始遞減。超過65個小時，做愈久，績效不增反減。因此，想以超時工作來取勝，並不明智，請改採其他策略吧。

高明的重新設計工作，能為別人帶來好處，創造更多的價值。就目標、任務與指標的設定而言，由外而內的視角和傳統由內而外的視角，會得出不同結果。如果你只是以自己的角度來看，你可能達成目標，而且看起來生產力很高，但你創造的價值卻是零。

價值等式取決於三個要素，如果你希望你的工作有很大的價值，就得兼顧效率和品質，而且要為他人帶來很大的好處。

工作創新、創造價值的五種方式：

- 減少沒價值的事：如果事情沒多大價值，就別做了。
- 多做對的事情：把時間花在價值大的事情上。
- 有更多讓人驚豔的表現：創造有價值的新做法。
- 五星評等：找出能增進品質的新方法。
- 更迅速、更省錢：以更有效率的方式完成原來的工作。

要從哪裡開始重新設計工作？你可從尋找痛點，解決痛點開始做起，而且不怕提出笨問題。

04

學習迴圈

比一萬小時更好的練習

成功的傲慢就是你認為你昨天做的，已足以應付明天。

——波拉德（Willian Pollard）[1]

2010年，住在奧勒岡州波特蘭的麥羅林（Dan McLaughlin）為了成為職業高爾夫球選手，決定放棄商業攝影師的高薪工作。三十歲的他計劃每天勤奮的揮桿練球，並靠過去五年的積蓄撐過這段沒有收入的日子。

但沒有收入，只是其中一個問題。

在這之前，麥羅林連一場高爾夫球賽也沒打過，甚至只去過幾次高爾夫球練習場。雖然他認為自己不是那種愛躺在沙發上看電視、常坐著不動的人，但他除了高中時，曾練過一年越野賽跑之外，並沒有參加過任何運動比賽。儘管如此，他評估以自己的運動實力，有希望接近牙買加奧運田徑好手「閃電」波特（Usain Bolt）。

麥羅林是不是瘋了？

這個高爾夫球學習計畫，是麥羅林的一個實驗，「想要向自己和他人證明，學習一種新東西，永遠不會太遲。」[2]他讀了葛拉威爾（Malcolm Gladwell）暢銷全球的著作《異數》，知道在任何領域要達到精通的地步，至少必須花一萬個小時練習。於是他擬定計畫如下：每週練習高爾夫球30個小時，七年後就能達到一萬個小時。

但四年之後，麥羅林僅僅花了5,200個小時，就已經有相當亮眼的表現。他的差點指數為2.6。所謂差點指數，是指高爾夫球手的水平桿與標準桿之間的差距。任何高爾夫球手都可以告訴你，差點指數愈小愈好，2.6已是高手等級。[3]男性高爾夫球手的平均差點為14.3[4]，麥羅林的成績在全美近二千四百萬的高爾夫球手中已排行前5%。[5]不管麥羅林能不能成為職業選手，他已證明一點：只要花四年的時間，潛心修練，就能出類拔萃。

麥羅林是怎麼辦到的？

他集結一個支援團隊來幫他，成員包括一個職業高爾夫球教練、一個肌力訓練教練、一個個人教練和一個脊椎按摩師。當然，他練得很勤，每天都在球場上練習，日復一日，不管豔陽高照、傾盆大雨，或是凍死人的天氣。正如許多父母和師長的教誨，要精通任何技能，都必須練習不輟。所謂熟能生巧，就是這個道理，不是嗎？

錯了！麥羅林的成功祕訣，不是重複練習！

任何技能只要花一萬個小時苦練就能精通，這種說法其實會讓人誤解。如果你用相同的方法反覆練習十年，是難以達到完美的。

佛羅里達州立大學教授艾瑞克森（K. Anders Ericsson）與普爾（Robert Pool）研究音樂、科學和運動等領域後發現，只有一種練習方式能使你成為佼佼者。他們在《刻意練習》一書指出，要精通任何事須有兩個關鍵因素：一個是重複練習的時數，另一個則是他們所謂的「刻意練習」。如果你能透過精細的評估結果、從卓越標準獲得回饋意見，然後從回饋意見中努力改善每個小瑕疵，就能成為進步最多的人。[6]採用這種有目標、用腦分析的練習，就能進步神速。

麥羅林就是潛心於這樣的刻意練習。對擊球和球的落點，他的衡量極為精準。不是「洞口左側再過去一點點」，而是「洞口左側11英尺處」。他知道他的球落在球道上（發球台與果嶺之間）的比率（40.9%），以及落到球道左、右兩邊的比率（各是31.0%、28.1%）。他追蹤每一回合的開球準確率，而且將救球的表現繪製成圖表（果嶺外回救能力為41.5%，沙坑救球率為23.5%）。[7]

他甚至請亞特蘭大一家公司把他的動作掃描、繪製成3D立體圖形，然後把這樣的資料給教練看，以獲得精準的回饋意見和具體建議（教練可能會說：「下次擊球，兩腳分開的距離再多個一英寸」）。而且麥羅林用一種關鍵表現指標，來追蹤自己的進步程度：差點指數。

如果依據模糊指標、一次又一次的揮桿練習，進步就不會這麼快了。我們在研究時，與麥羅林進行訪談。他說，在球場上遇見很多一味蠻幹、只會埋頭苦練的球手，他發現他們往往不夠專注，進步也不大。

麥羅林認為，練習的每一分鐘都很珍貴。他重視的是練習品質，而不是重複練習的次數，如此才能在短短四年間，締造差點指數2.6的傲人成績。

不管是運動、音樂、西洋棋或拼字比賽，表現傑出者都會利用刻意練習來精進，你也許認為職場上的人也能用這樣的練習法來增進工作技能，但事實上大多數的人並不這麼做。

每天忙工作，如何培養新技能

長久以來，企業都是運用六標準差（每百萬次只有3.4次瑕疵的品質水準）和組織學習等做法來提高製造、物流、客戶訂單處理和顧客服務的品質。[8]然而，這些做法只限於組織流程，而非個人。在工作場所放眼看去，像麥羅林這樣強化技能的人可說少之又少。每天忙工作，被時間追著跑的我們，不管是主持會議、做簡報或是招攬客戶，大都是依照既定做法，只求過關，只要夠好或能生存下去就行了。

在職場上，想要增進工作技能的人往往會碰到幾個問題。

首先，似乎還沒有人提出如何把刻意練習這樣的持續學習技巧，運用在每日工作上，甚至大多數的組織設計或老闆，並不支持這種學習法。

以績效評估為例，如要刻意練習，每天都必須給經理人或員工有用的回饋，但大多數的人只有在年度評估時才能獲得這樣的意見。試想，關於發球技巧，如果網球天王費德勒一年才能聽到一次教練給他的意見：「我觀察你發球一年了，我認為明年你發球該往左一點。」這豈不荒謬？然而，這正是我們身處的工作現況。

我們每天都在跟時間賽跑，哪有時間刻意練習？在運動或藝術領域，所謂練習是指一次又一次的排練，直到爐火純青，才能上場表演或比賽。但看看在職場上的我們，天天忙到火燒屁股，怎麼可能放下工作去練技能？再者，運動員有比較明確的衡量指標來評估結果，而一般員工並沒有。

像麥羅林，每個揮桿的動作或球的每次落點都可以追蹤、解析，但就工作來說，舉凡安排任務的優先順序、構想行銷文案與介紹產品、處理客訴、撰寫能發揮效益的電郵、在會議聽同事報告與進行腦力激盪……這些技能的品質要如何評估？

也因為這個原因，有些專家並不推薦在工作上利用刻意練習來增進技能。就連《刻意練習》的作者艾瑞克森都說，只有績效指標明確，刻意練習才有幫助，亦即個人可以把技能拆解成多個步驟，再根據指標，一步步改進才有效益。他在書中論道：「刻意練習不適用於哪些領域呢？今天，職場上很多工作都不適合，例如經理人、教師、電工、工程師、顧問等等。」艾瑞克森提出的觀點很好，但我認為刻意練習也能在職場上發揮很大的效益，只是無法完全套用。

我們從研究得知，如要把刻意練習運用在職場上，必須經過巧妙的轉化，也就是透過「學習迴圈」來達成。

在我們的研究中，高績效人士增進技能的策略，與一般的刻意練習不同，他們不能像表演藝術家或運動競技者一樣，熟練了再上場，他們是透過學習迴圈，在每日工作實務中，不斷學習與精進。

在這些頂尖高手看來，開會或做簡報等工作實務都是學習機會。此外，他們每天會花幾分鐘檢討自己的表現，就像音樂家或運動員練習幾小時後的效能評估。他們很注重來自同事、下屬和老闆的回饋意見，即使只是幾句話，都可做參考。他們也會花心思衡量自己在職場上的軟技巧（如個人儀容、待人態度、語言表達能力、解決問題的能力和態度、人際溝通等）。本章後面將詳細解說職場人士如何透過六個策略來掌握學習迴圈，以建立與精進新技能。

在我們的5,000人研究中，採用學習迴圈的人，工作績效遠高於其他人。[9]我們做了一張學習迴圈分數卡，包含六個項目：「為了改進而做出改變」、「嘗試新方法」、「從失敗中學習」、「好奇心」、「認為自己不是了解最多的人」、「常常實驗」。結果發現：學習效能高的人要比學習效能低的人，平均超前15個百分等級。[10]也就是說，如果一個業務員的業績本來在公司所有業務員中排行前20%，透過學習迴圈，可以爬升到前5%，成為頂尖的超級業務。

在我們的研究中，頂尖學習者不是靠賣命練習或養成習慣來增進技能。這些人每週平均工時為48小時，只比學習表現平庸者多了一個小時，然而他們非常懂得如何聰明工作，專注於每個學習迴圈的品質。他們是怎麼做到的？來看看我們的一個研究個案如何透過經常檢討、從失敗中學習來增進技能，最後成為排行前10%的佼佼者。

大忙人主管如何學習新技能

布莉塔妮是加州拉荷亞施貴寶紀念醫院負責營養膳食部門的主管。她才開完會回到辦公室，電話就響了；上司打來跟她說，有位病人對醫院午餐品質極度不滿。布莉塔妮心想：「噢，又來了。」這是一家有432病床的醫院，病人、員工、家屬和訪客的餐點，都由她的團隊供應。在廚房和後方庫房工作的第一線員工有22人，供給全院所需的食物。

然而，這幾個月來，供餐團隊的表現糟透了。病人滿意度愈來愈低，但她的團隊卻沒有任何改進。幾乎每個星期，布莉塔妮都得到病房，為供膳品質不佳，親自向病人道歉。[11]

布莉塔妮擔任主管已一年半。部門表現不佳，讓她懷疑自己是否可勝任這份工作。她在大學主修的是營養學，並不是管理。儘管處於劣勢，她仍然想把事情做好。她希望善盡主管職責，找出改進部門績效的方法。在管理方面，她目前急需突破的，就是提升團隊解決問題的能力。她的團隊成員似乎都抱著「做一天和尚敲一天鐘的心態」，滿足於現狀，不求進步。「沒有人想要創新或構想新點子。」身為主管，布莉塔妮不知道如何促使團隊成員提出改善意見。就像很多經理人，她總是等到問題發生了，再自己想辦法解決。

布莉塔妮亟需學習一項新技能，也就是有效率的和團隊成員進行腦力激盪，提出問題，讓團隊成員開口，然後提出具體可行的改善方案。

她第一次主持會議（名為「跨越障礙」），結果一點進展也沒有。她問大家：「在工作上，你們覺得有任何地方需要改進嗎？」結果，員工只是盯著她，大家大眼瞪小眼，或是咕噥的說：「沒有。」

布莉塔妮不知道該怎麼問，才能讓大家打開話匣子，集思廣益。她參加了醫院的主管訓練課程，並且開始運用她學到的策略。2015年2月有天早上，她和團隊成員再次召開跨越障礙會議，她改用另一個方式提問。

以前她會問大家：「你們有什麼想法？」現在則改問：「關於病人膳食服務，你們認為我們可以如何改善？」

她的教練史蒂夫和瑪麗絲建議她，利用一些小改變就足以引發大家提供點子，以收拋磚引玉之效。果不其然，有個員工提議：「送餐時，如果先敲門，向病人自我介紹說，我們是營養供膳服務人員，這樣是不是比較好？」這的確是個可以衡量成果的做法，終於有人提出點子了！

布莉塔妮回應說：「嗯，很好。」然而，接下來又變得鴉雀無聲。糟了，這就不妙。那天稍晚，布莉塔妮向教練史蒂夫回報結果，她說她實在想不出接下來要怎麼問。兩人研究了一番後，終於想出更好的問題。

藉由再度提出問題，布莉塔妮完成了第一個學習迴圈。

她以新的方式提問（做）、評估提問的結果（衡量）、從教練那裡得到建議（回饋），然後知道如何提出下一個問題（修正）。這就是行為學習模式的基本步驟，但本質上和麥羅林練高爾夫球並不相同。

布莉塔妮希望擁有的新技能，要比麥羅林精進球技來得抽象多了（團隊集思廣益vs.揮桿動作），不僅想要的結果較難衡量（團隊成員是否提出好點子vs.球落在洞口左側11英尺處），也較難獲得有效回饋（重新提出問題vs.擊球時兩腳分開的距離再多1英寸）。

布莉塔妮和麥羅林的刻意練習不同，在工作中學習本身就具有一些特別的挑戰。她把抽象技能轉換成某一種具體行為（提出好問題），而且用兩種指標來衡量自己的行為（提出多少

圖表4-1 | 學習迴圈的四個基本步驟

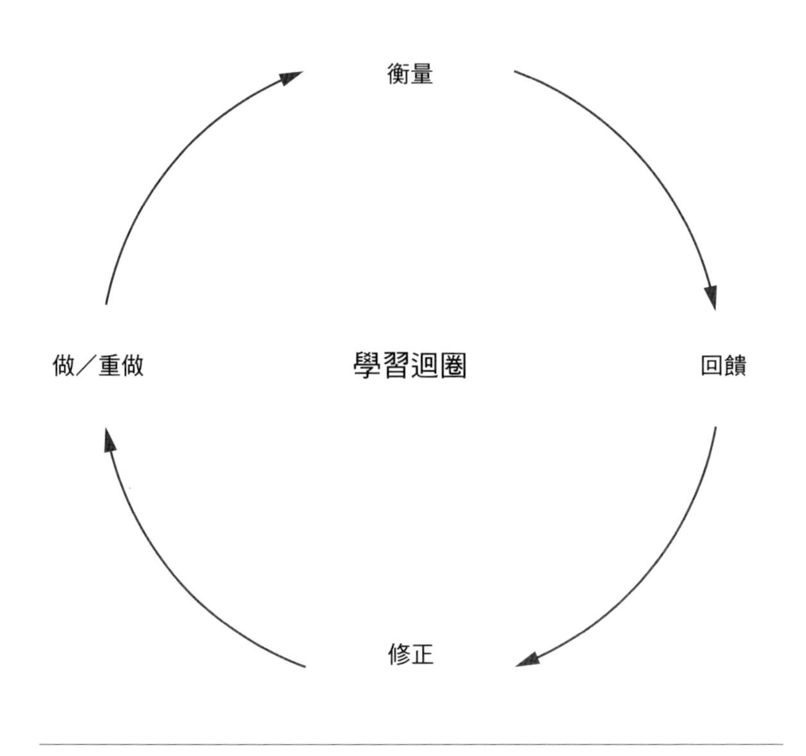

點子，並付諸實行）。她跟教練密切合作，藉此獲得有效的回饋，她也從自己的團隊獲得回饋。她平均每天只需花幾分鐘，專注在學習新技能上。

在接下來的一星期，布莉塔妮再次召開跨越障礙會議，並在會中提出這樣的問題：「關於病人膳食服務，你們有什麼改善的點子？」一個員工建議說：「送餐後，我們可以問病人，是不是還有我們可以加強服務之處？」布莉塔妮說：「很好，那麼我們什麼時候可以開始這麼做？」另一個員工咕噥著說：「什麼時候都可以啊。」團隊討論又在這裡卡住了。會後，她找教練瑪麗絲討論，瑪麗絲建議她，應該要求每個人都提出意見。布莉塔妮於是根據教練的回饋，再度修正計畫，完成了第二個學習迴圈。

一星期後，布莉塔妮再找團隊來開會，問道：「關於病人膳食服務，你們有什麼改善的點子？」員工不再死氣沉沉，踴躍提出建議，例如：「我們何不透過更好的計畫，以避免食材缺貨？」布莉塔妮說：「嗯，這個意見很好。我們在這個星期的小組會議再討論怎麼做，好嗎？」後來，他們落實了改進做法。布莉塔妮大有進步，繼續跟教練討論如何精進。在第三個學習迴圈，她終於知道如何引導大家提供意見，而她的團隊也保證會努力做好。

接下來，布莉塔妮透過幾十個學習迴圈解決了許多問題。她的上司有時也會來參加他們的跨越障礙會議，並給予回饋意見。會議時間寶貴，布莉塔妮較少宣布事情（學習迴圈的執行細節），也不常提到數據，而是花較多的時間解決問題（啟動另一個學習迴圈），並問員工還能如何協助他們（啟動另一個學習迴圈），追蹤先前討論過的點子（啟動另一個學習迴圈）。

布莉塔妮在整個學習的過程中展現謙虛的精神。就學習表現而言，她的上司給她高分。布莉塔妮也知道如何從失敗中學習，這是她得以進步的關鍵。在「從失敗中學習，避免犯同樣的錯誤」這個項目，她的上司勾選「完全同意」。在我們的研究當中，只有17%的人得到高分，幾乎有半數的人得低分或非常低分，顯然許多人都該更能從失敗中學習，並精進自己。

我們觀察布莉塔妮的進步，發現她能做得愈來愈好是因為學習迴圈的品質佳，而不是迴圈數目多。試想，如果她一再嘗試卻沒能從失敗中學習，沒有回饋，也沒有進行修正，又會如何呢？她很可能付出很大的心力，卻幾乎沒什麼進展。

布莉塔妮在乎自己的付出，並尋求回饋，追蹤成效，才使得她的努力有了非凡成果。我們請她的上司，為她在運用學習迴圈前後的表現評分。一開始，上司認為她的表現在同儕中排行前30%，但在運用學習迴圈十八個月後，她的表現進步到前10%，晉升到傑出等級。

她帶領的團隊，績效也有明顯改進。在十三個月的期間，團隊成員共提出104個改善方案，實施了其中84個。這些改善每週都張貼在該部門的公告板上，包括：

- 在垃圾桶底部墊東西，垃圾桶就不會塞得太滿、過重，可避免員工清運垃圾背部受傷。
- 在庫房地板堆疊食材時按照一定程序，讓食材存貨一目瞭然，缺貨則盡快補上，以應付不時之需。

- 調整從冷藏庫取用牛奶的流程，才能在餐盒組合好前，使牛奶保持低溫，以免影響口感。

布莉塔妮發現：「改變的關鍵，在於提出問題的方式。」用不同的方式提出問題，能幫助團隊成員想出新點子。他們實施的84個改善方案都對績效有重大影響，病人對膳食溫度、食物品質和服務態度的滿意度都提升了。每週缺貨品項從22種降為6種；員工背部受傷事件則從五件減少為零；員工敬業分數則從63分進步為98分。布莉塔妮不再懷疑自己能不能當一個好主管，她已證明她能夠做到。

在工作技能的增進上，布莉塔妮得到上司和教練的支持。但不是每個人都能如此幸運，如果你得不到這樣的支持，又該怎麼辦？我們發現，在得不到支持的情況下，你仍然可以利用學習迴圈。我們從很多實例發現，採用以下六個策略，你也可以從工作中不斷學習與精進。

> 一萬個小時的練習法則並不適用職場。要在工作上有過人的表現，最有效方法是透過學習迴圈不斷精進。

迴圈策略1：每天擠出15分鐘

看到布莉塔妮的技能發展，你或許心想：「天啊，這種學

圖表4-2 ｜ 運用學習迴圈提高工作績效

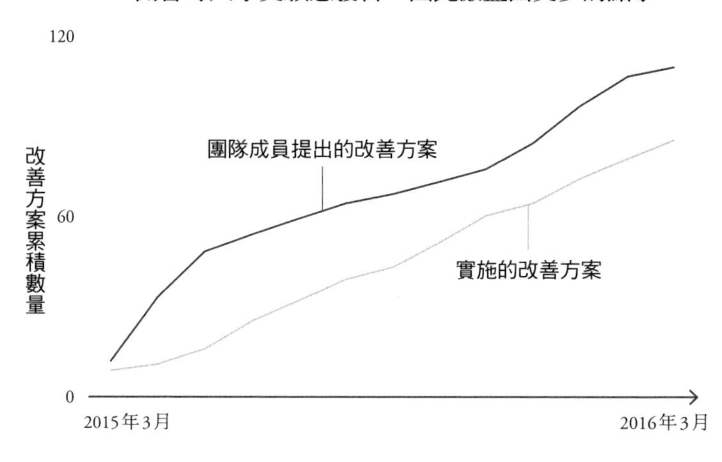

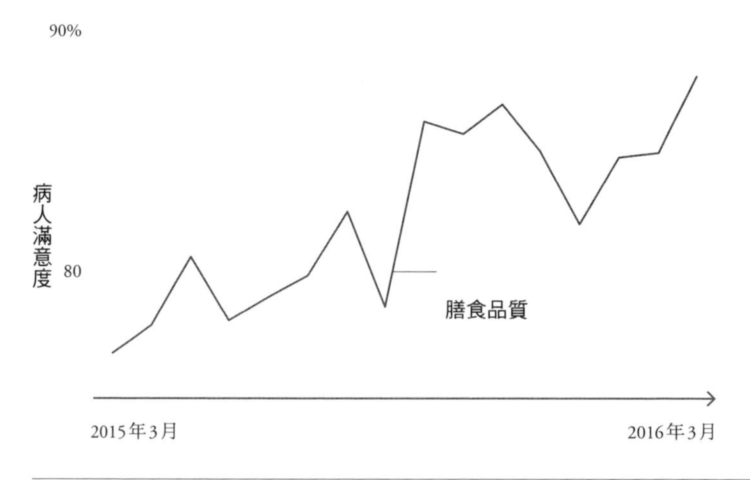

習真辛苦。我根本沒有時間這麼做。」沒錯，學習迴圈需要付出心力。關於學習迴圈的評分，布莉塔妮的上司給她高分，因為她符合這樣的陳述：「經常檢討工作情況，努力改變，力求改進。」在我們的研究中，只有11%的人獲得這樣的高分，而有三分之一的人得到最低分。

布莉塔妮是在每天工作中學習，而不是透過正式訓練。她帶領團隊進行跨越障礙會議，把會議中想出來的改進方案付諸實行。接受教練指導與建立學習迴圈，沒有花她太多時間。她接受教練指導一次是30分鐘，但不是每天都有。因此利用額外時間增進技能，平均一天約15至20分鐘。

我們的研究發現，每天只花約15分鐘，就可藉由學習迴圈增進某項技能。我就曾利用這個方式提升我的演講能力。

發表專題演講，對我的工作很重要，為了了解我的演說品質，我會請人錄下整場演講，在搭機前往會場或返家時自我檢視一番。我也會請人看個10分鐘，並請對方給我回饋意見。因此，每次專題演講，我大約花30分鐘研究，去程和回程各15分鐘。雖然投入的時間不多，但每次我都這麼做，透過一次次的學習迴圈，精進了我的演說能力。

每天只花15分鐘，就能有很大的進步，但需要掌握「專一法則」：一次只發展一種技能。如果你要同時發展十種技能，就無法專心做好一種。如果你一早進辦公室就想：「今天我得學會排定優先事項，找到更有價值的任務，將熱情貫注在工作上，激勵同事，早上開會時要促使大家踴躍發言。」你根本不能在短時間內面面俱到。

你得問自己：哪一項技能最能夠提升你的工作表現？然後從那項技能開始，每天花15分鐘精進。是的，只要15分鐘就夠了。

迴圈策略2：將一項技能拆解成數個微行為

在職場上，想要增進某項新技能，既無法像運動員或音樂家一樣，技巧練熟了再上場，又往往難以速成，最好的方法是把這個技能拆解成數個可衡量的小技能來進行練習，我稱此為「微行為」(micro-behavior)。

所謂微行為是每天可練習的具體小行動，而且必須取得行動回饋，檢視成果並提出改進做法，每天不超過15分鐘，就能讓自己每天都能進步一點，假以時日就能練就一項新技能。

布莉塔妮把她必須增強的技能（讓團隊成員一起集思廣益）拆解成幾個微行為，包括：「提出問題，請團隊成員提出新點子」、「在下一個問題，請團隊成員提出更具體的意見」、「讓團隊成員保證會努力做好」等。

我在練習專題演講時，把這項技能拆解成幾部分（開場、結尾、演講的手勢或動作，以及為每張投影片想一個哏），然後運用「專一法則」，一次練習一項技能。

以「演講的手勢或動作」為例，我特別練習「像松樹一樣挺立」（而非在講台上走來走去，像籠子裡的老虎）、「如有必要走動，走幾步就停住」、「與聽眾中的一人眼神接觸，然後把眼神轉移到另一個聽眾」、「伸出雙手，以在台上展現氣場」等。這些似乎都是微不足道的小動作，但每次我上台演講，都會特別注意做好其中一項。藉由這些具體可行的做法，我有計畫的增進自己的上台技術。

我也曾為挪威施伯史泰德媒體集團（Schibsted）主持一個領導力發展計畫。我們的挑戰在於，如何讓公司的經理人每天都能表現出卓越的領導力。很多公司都很注重這樣的領導力，但大多數的人都做不到。

施伯史泰德將領導力拆解成十二項，包括「做事的速度和靈活度」、「沒有藉口，貫徹執行」、「基於事實的決策」等。所謂知易行難，儘管經理人都了解為何要這麼做，但還是需要把這些原則轉化為每天實行的具體行動。

為了協助他們，我們把每一項領導力拆解成十個可以每天練習的微行為。經理人則透過360度評估找出努力的目標，再運用「專一法則」挑出其中一項，然後致力於這方面的改進。

例如三十一歲的魏肯是挪威線上訂閱部經理。他要努力的目標是「沒有藉口，貫徹執行」。星期一上午八點，他一踏入辦公室，手機就會出現這樣的練習通知：「今天，你必須找出比較不會安排優先要務的員工，跟他們談一下，確保他們知道最重要的任務是什麼。」於是，魏肯下午利用10分鐘找兩個下屬來談話，讓他們知道現在最緊要的事，也就是留住線上訂閱客戶。

在五週內，關於執行力的貫徹，魏肯又接收到九次的練習通知，例如：「做好一項任務之後，再進行下一項，查看任務列表，看哪一項任務很快就能完成」；「不要因為你的拖延而使他人受到影響，立刻查看訊息，看哪一個同事正在等待你的回覆」等。藉由這樣的練習，魏肯得以把貫徹執行的抽象概念轉化為具體的每日練習，他的工作能力也因此增強了。

迴圈策略3：檢討微行為的成果

你在減肥的時候，會注意自己吃什麼，每天都會量體重。艾瑞克森的刻意練習研究也是，大致是以可衡量的技能為例。他和普爾在《刻意練習》一書，描述有個記憶高手如何透過刻意練習，背誦一串長達82個數字的隨機數字。我連10個數字的手機號碼都背不起來 —— 天啊，82個數字要怎麼背！

這個記憶天才是怎麼做到的？他會檢討每次練習的結果。如果他能正確重述所有的數字，下次練習時，艾瑞克森就再增加一個數字，如有錯誤，則減少兩個。不管對或錯，當下就知道結果。然後，透過一次又一次的練習，不斷增進記憶能力。

但職場上的軟技巧，如開會時傾聽同事發言、安排優先要務等等，這些都很難具體衡量成果。為了解決這個問題，高績效人士會把軟技巧，拆解成數個可以衡量的微行為。

儘管布莉塔妮很難衡量團隊討論的整體品質，還是可以衡量下列微行為，例如問團隊成員：「你們有什麼樣的點子？」而非「你們有點子嗎？」她也能夠衡量這些微行為的結果，如計算團隊成員總共提出多少點子，以及是否確實執行等。

在大數據時代，衡量軟技巧的成果已變得比較容易。我們會上評價網站Yelp，給自己的醫生、水電工、律師評價。如果你是皮膚科醫師，想改善看診服務品質，有很多數據可以參考（當然，有些意見是偏見）。我們也處於一個自我量化的時代，可以利用很多工具來衡量自我表現，像健身或工作績效。問題是，我們可能被太多數據給淹沒，而無所適從。照傳統工作模式來看，如果你想改善工作效能，必須努力蒐集所有的數據，但這是錯誤的。

你應該問自己：追蹤哪一、兩項指標最能提升工作績效？然後，針對這些要項努力精進。以布莉塔妮為例，她特別注意團隊成員提出的改善方案，並追蹤實行的情況。

迴圈策略4：盡快獲得回饋意見

有人常把評量和回饋意見混為一談。請注意：回饋意見的品質很重要。任何人都可上Yelp網站，給一家中餐廳四顆星的評價，特別推薦他們的左公雞。有用的回饋，應該提到一個人做得多好並建議如何改善，和簡單的給予評等大不相同。正如《金融時報》專欄作家凱樂維（Lucy Kellaway）所言：「稱讚我『寫得好！』或是『你說得對極了！』對我的寫作一點幫助也沒有。即使有人批評我：『真不敢相信，你寫這種無聊文章，還能領錢！』我也不在乎。」[12]

同樣的，只是發牢騷說「什麼爛會議」，下次開會並不會變得更好。反之，如果是這樣的評論：會議上的辯論只是意氣之爭，下次最好提出明確一點的問題。不只是批評（表示會議進行得不理想），也提出改進辦法，就有改善的可能。

要有最好的結果，專家（可能是教練、老闆或主管）必須仔細觀察員工的行為，且立即給予回饋意見或改進建議。然而，職場畢竟不像運動場或是音樂學院，很難依賴專家。在一般公司，大多數的正式回饋意見都很少（以年度考績為主），而且很少聘請教練。如果你的公司不像布莉塔妮服務的醫院會請教練來協助，你要上哪兒找教練？

你可以利用科技工具。我們為施伯史泰德媒體集團開發的app，讓他們的線上訂閱部經理魏肯可從同事那裡獲得簡明的回饋意見（60個字以內）。他不但提醒部屬把留住訂閱客戶當成第一要務，每週還會打開app，查看部屬給他的回饋意見。

他問部屬和同事：「我希望我交代的目標夠明白。這樣有幫助嗎？怎麼做會更好？」問題送出後，當天他就得到這樣的回饋意見：「溝通很清楚，就看能不能說到做到了。」另一個人回覆：「這樣顯然有改善，但你必須花時間和團隊討論該做什麼和衡量結果。」

他的團隊成員會透過app，很快給他誠實且有建設性的回饋意見。每個成員只需要花一分鐘，就可與其他人分享意見或建議（不需要教練）。魏肯評估他們的回饋意見後，知道自己有虎頭蛇尾的毛病，透過回饋意見，他知道自己該花多一點時間協助團隊徹底執行最重要的任務。

除了使用app，你也可以利用電子郵件或簡訊來獲得回饋意見，甚至不妨走到同事辦公桌前，請他花幾分鐘說明，他對剛才會議的意見。

迴圈策略5：用困難來磨練能力

不孕症醫師可以篩選病人，拒絕接較難懷孕的個案，如三十五歲以上、卵子數量少，或是已試過試管嬰兒，但沒成功的婦女。不孕症醫師如剔除困難的、專挑容易的個案，成功率（病人接受治療後得以懷孕、生產的比率）會比較高，醫師的名聲也就比較響亮。拒絕難纏的病人，醫師就能提升「績效」，但這麼做有個問題：如果你不接受困難的挑戰，就學不到新東西，長期而言，就會在原地踏步，不進則退。

倫敦大學學院教授史丹（Mihaela Stan）與倫敦商學院教授

佛蒙倫（Freek Vermeulen），蒐集自1991至2006年英國116家不孕症醫療機構，治療30萬名婦女的資料。[13]他們發現有些醫師只挑簡單的病例，有些則願意接受困難懷孕的個案。只挑簡單病例的醫師宣稱其成功率比其他醫師高10%（這點不讓人意外），以吸引更多的病人。

但是，長期下來的結果呢？

如果你選擇治療難纏的病人，短期內你的績效會下降，這是因為這樣的病人真的很不容易懷孕，你得耗費較多的心力和時間。但是，你的知識也擴展了。

正如史丹與佛蒙倫研究中的一位醫師論道：「如果是難纏的個例，病理方面比較複雜，你得改變平常做法，仔細研究各個參數，嘗試新方法，調整藥物的劑量和順序，看怎麼做效果最好。」從複雜病例的治療，你可以獲得寶貴的經驗和洞見。如果只挑簡單病例，就不會有這樣的收穫。正如那位醫師說的：「你從複雜病例學到的，可運用在簡單病例上，但反過來就不可能了。」

的確，研究人員發現，時間拉長後，結果有了逆轉。接受困難病例挑戰的醫師，成功率提高了。

例如有一家診所的醫師收治的前100個病人都是簡單病例，醫治成功率確實較高，但在100個病例之後，願意收治困難病例的醫師則有急起直追之勢，進而超過只收治簡單病例的醫師。這就是從複雜病例學習產生的效益。累積病例達400例時，願意收治困難病例醫師的成功率，超過收治簡單病例醫師3.3%，但他們還是繼續學習。

這些醫師因採用一次次的學習迴圈，使他們有非凡表現。

有些公司實行品質管理的措施，要員工改正缺點和浪費，以免表現不穩定，時好時壞。但這種措施容易使人挑軟柿子，畏懼挑戰，害怕失敗。這實在是很大的錯誤。要學到新東西，就必須容忍變異，願意嘗試新點子。願意接受困難的挑戰，才能有更多學習的機會。

在以困難磨練能力的學習迴圈中，我們發現短期內績效會下降，這是因為接受挑戰，得多花點心力實驗各種解決問題的方法，但經過一段時間之後，就能有更大收穫。在這過程中，你要面對的挑戰，就是學習忍耐短期的失敗。

在研究中，我們發現，高績效人士往往能以健康的心態來面對失敗。

達拉斯一家保險公司的財務分析師克麗絲蒂說：「我犯的錯誤愈多，糾錯的能力就愈強，知道到底是哪裡出了問題。」[14]每次當她碰到新的問題，就更知道該從哪裡下手解決問題。如果你只看眼前成果，專挑簡單的病例，就沒有機會接受複雜病例的挑戰。

在商場上，面對新客戶也一樣，對客戶簡報也是，你會因為害怕失敗，而不敢大膽發揮創意。你會想：「萬一出錯該怎麼辦？」如此一來，就會壓抑自己的成長。

在我們的5,000人研究中，願意實驗的人不多。針對這個問題：「我願意嘗試新方式，看是否能夠奏效」，有32%得分很低，只有11%的人獲得高分。[15]

我們從研究發現，實驗精神與卓越表現之間，有強烈關連；願意冒險，能夠容忍短期失敗的人，日後往往能有優異表現。

在試驗新做法或新點子時，有聰明的方法，也有笨方法。如果一開始就冒太大的風險，一旦失敗，可不是績效下滑而已，你甚至可能會掉入深淵。這就愚不可及了。

聰明的方法就像前一章所述，葛林校長在克林頓戴爾高中實驗翻轉教育，一開始只以兩個班級的社會課做為實驗對象，一班採用翻轉課堂，另一班則使用傳統教學方式，然後比較兩班的學習成果。這就是所謂的A／B測試：在A組嘗試新點子，B組為控制組，再比較兩組的表現。如果實行翻轉課堂那班表現不佳，就放棄這個點子。

經過進一步實驗之後，葛林校長證實翻轉課堂具有神奇的學習力量，因此決定全力投入，翻轉全校每個班級。葛林校長最初進行小實驗，風險較小，有了實證後，再全面顛覆傳統教育做法，積極推動翻轉課堂。

迴圈策略6：超越停滯點

卡爾森（Magnus Carlsen）不是普通的西洋棋棋手。

他在挪威一個小鎮出生、長大，八歲開始認真學棋，十三歲就成為全世界第二個獲得西洋棋大師的神童，十九歲那年更成為史上最年輕的西洋棋棋王。兩年後，他更創下西洋棋有史以來的最高分（2,882分），超越俄羅斯西洋棋冠軍卡斯帕洛夫（Garry Kasparov）。2013年，23歲的他奪得世界西洋棋冠軍的頭銜，翌年及2016年皆衛冕成功，第三度蟬聯世界冠軍。

卡爾森是個典型的神童，天賦異稟，世界冠軍總是手到擒來，完全不費功夫似的。對信奉不斷練習就能有偉大成就的人來說，這種人格外刺眼。就連其他西洋棋大師都說他是天才，即使我們練習十萬個小時，也都差他遠得很，更別提練一萬個小時了。

但卡爾森不只是個天才棋王而已。不僅一般人欠缺他那種超級才能，就連才華洋溢的西洋棋大師，也輸給年輕的卡爾森。我們研究卡爾森的棋手歷程，發現他和其他西洋棋大師有個不同點，除了過人天賦，他還有個值得我們關注之處，也就是他有一種非常特別的學習態度。

2013年，他榮獲世界冠軍。他的感言是：「西洋棋極其廣大深奧。我再怎麼努力學習，還是有很多不了解的地方。這正是我繼續努力的動機，我想更了解西洋棋的世界，讓自己更上層樓。」[16]真的嗎？你已是全世界最厲害的棋手，竟然說你還有很多不懂的地方？這孩子真是謙虛到家了。

卡爾森顯然深諳史丹佛教授大學杜維克（Carol Dweck）的心態致勝理論，即使他可能沒讀過她的著作。以杜維克的理論，你能進步多少，與你認為自己是否擁有天賦（固定心態）無關，如果你相信天賦是可塑的（成長心態），加上努力，就能出類拔萃。[17]

卡爾森的成長心態讓他得以繼續努力向前，不會沉溺於過去的光芒，掉進一個常見的陷阱：成長停滯點。

當你發展某項專長或技能時，歷經不斷練習後，你可能可以做得很好，甚至有優秀表現；但接下來可能會遇上瓶頸，進步停滯。根據北卡羅萊納進行的一項大型研究，老師從開始教書到有兩年的經驗，這段時期會大幅進步，之後就會陷入停滯。[18]如果以學生的英數兩科進步成績來衡量，已有二十七年教學經驗的老師（四萬個小時以上的練習）[19]和只有兩年經驗的老師相比，教學績效其實差不多。

由此看來，一萬小時法則顯然失效。

每個人都會追求進步，但到了某個程度之後，就會感到自我滿足，接著停下腳步，因為認為自己已經夠好了。諾貝爾經濟學得主司馬賀稱此為在有限理性行為下所做的滿意決策（satisficing，這是結合satisfying與sufficing，創造出來的新字），意指追求「滿意的」或「夠好的」，而不是追求「最佳

圖4-3 ｜ 超越成長停滯點

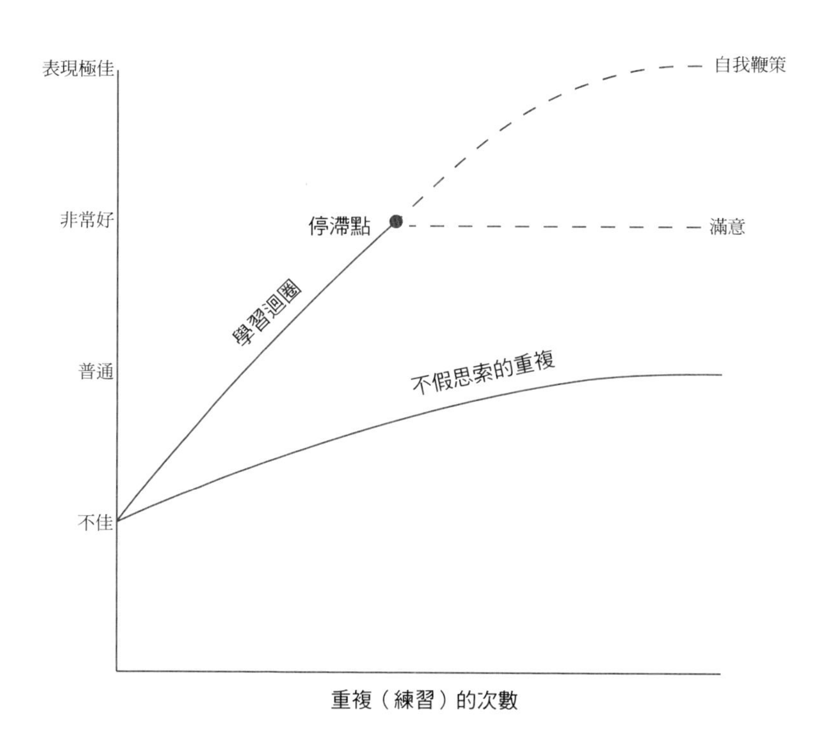
比起一再重複相同的練習，
學習迴圈的成果更能超越極限。
表現極佳
非常好
普通
不佳
自我鞭策
停滯點
滿意
學習迴圈
不假思索的重複
重複（練習）的次數

的」。[20]

為什麼很多人只要覺得自己「夠好」，就不再力求進步？研究人員發現，很多人會讓技能自動化，也就是習慣成自然後，就覺得不必再精進了。[21]

當你第一次對客戶推銷，你會費盡心思，戰戰兢兢。假以時日，歷經千錘百鍊，你不僅做得很好，甚至變成習慣。一旦習慣成自然，在工作時就不會每做一步都要想半天，所謂熟能生巧。但是，一旦某個行為變成自動化，除非你能像卡爾森那樣，不斷鞭策自我，就算站上巔峰成為頂尖好手，仍不自滿，否則熟能生鏽，學習就此停滯。

我們從研究發現，各個領域的佼佼者有高達74%的人，會經常檢討自己的表現，不斷學習，以求改善，都像卡爾森一樣永不自滿。反之，工作表現平平的人，只有17%會這麼做。[22]

高績效人士或高成就者從不停下腳步，他們會繼續學習。壽司之神小野二郎即使已高齡八十五歲，仍不斷督促自己。他在紀錄片中說道：「我的心願就是做出更好的壽司。我雖然每天都做同樣的事，但我希望每天都有進步。即使我已做了幾十年，垂垂老矣，我仍認為完美遙不可及。」

為什麼不想被淘汰，卻又不想學習？

在本章和前一章，我們討論你如何透過重新設計你的工作和學習迴圈來增進績效。你必須不斷進步，唯有這樣才能適應職場上的變化。

在很多產業，新科技帶來創新的工作方法和自動化。[23]例如電腦圖形使用者介面使排版打字業慘遭淘汰；語音信箱和智慧型手機取代了很多祕書工作；線上旅遊網站搶走傳統旅行社的生意；很多工廠作業員也被機器人取代。世界不斷在改變，許多工作被搞得天翻地覆，很多技能可能在一夕之間被淘汰。

要保住工作，就得與時俱進，創新你的工作方式，讓自己成為不可或缺的人才。

當職場出現遽變，頂尖高手不會怨天尤人、坐以待斃，他們會重新設計工作和利用學習迴圈來適應。哈佛商學院教授艾德蒙森（Amy Edmondson）、波默（Richard Bohmer）與皮薩諾（Gary Pisano）長期追蹤多個手術團隊適應新科技的歷程。他們發現有些團隊的適應力很強，能以內視鏡微創開心手術（MICS）取代傳統開心手術，有些團隊則適應不良。[24]

成功適應的團隊積極學習這種創新做法，因為他們了解微創手術和傳統開心手術截然不同（內視鏡微創手術不像傳統開心手術，不用切斷任何肋骨和胸骨，也不必使用機械式的傷口撐開器，暴力地撐開肋骨和傷口，因此可把病人身體所受的傷害降到最低）。反之，適應不良的團隊則把這種新的術式看成是舊術式的延伸，一直無法突破瓶頸。

此外，成功團隊還會透過學習迴圈不斷精進技術。在病人

圖表4-4 ｜ 哪些因素阻礙了學習？

障礙	可運用的迴圈策略
我每天忙工作，根本沒時間接受訓練與學習。	**迴圈策略**#1：每天擠出15分鐘，專注在你要增進的某一項技能（專一法則）。
我不知道從哪裡開始，有些技能涵蓋範圍很廣，要增進很不容易。例如：怎麼安排優先事項？	**迴圈策略**#2：拆解成微行為，把你想增進的某項技能拆解成幾個每天都可練習、精進的微行為。
我不知道如何衡量一件事情的成果；如開會時是否能更專心聽同事報告。	**迴圈策略**#3：追蹤微行為的改善。例如：開會時你是否專注聆聽並看著正在報告的同事。
在我需要的時候，沒人可及時給我回饋，年度績效評估來得太晚，幫助有限。工作上的及時回饋太少了。	**迴圈策略**#4：尋求簡短的回饋，即時從同事那裡獲得簡要、非正式的回饋意見。用不著正式、大規模的調查。
因為擔心失敗，我害怕嘗試新的工作方式。我認為我目前做的還可以。	**迴圈策略**#5：進行小規模的實驗，以了解有何風險或缺點，成功之後再擴大實施範圍。
我對自己目前工作情況很滿意，覺得維持現況就可以，不必再花費心力求進步。	**迴圈策略**#6：超越「停滯點」，不要讓自己因習慣成自然，而不再精進。

身上進行手術之前，他們不但利用動物實驗來學習，也積極從團隊成員那裡獲得回饋意見。適應不良的團隊則疏於這樣的訓練，也不積極尋求回饋意見。

我們的研究也有類似發現。在「重新設計工作」和「學習迴圈」這兩項獲得高分者，績效排名位居第83百分位數，而獲得低分者，則是居第23百分位數。[25]兩者表現懸殊。

如果你想在變化多端的職場脫穎而出，首先必須面對這樣的事實：不要活在過去的榮耀，卻忽略現實，對新科技嗤之以鼻，或者認為那只是一股流行風潮。如果你是老師，不要否認線上學習系統有顛覆傳統教學的力量，從每天的工作開始順應改變的潮流。然後，你可運用學習迴圈，讓自己每日精進。

發揮顛覆式創新的精神，進入學習迴圈吧。

當然，要持續努力下去需要很大的動力。頂尖高手如何保有旺盛的精力和追求完美的熱情？為什麼他們能夠日復一日、年復一年力求精進，努力不懈？這就是我們即將在下一章探討的重點。

未來，什麼人最搶手？

舊觀念告訴我們，要精通一項工作技能，需要投入一萬個小時的練習，不厭其煩的練習，一遍遍的重複，最後就能臻於完美。

但我們從研究中發現的工作新思維是，成功關鍵不在於你練習多少小時，而是你如何學習。在職場上，無法像運動員、音樂家那樣練熟了再上場，你得利用學習迴圈一次次的精進。建立學習迴圈，最重要的是每次練習的品質是否有提升，這一次是否比上一次更好，而非著眼於花了多少時間反覆練習。

新工作法則就是你的新機會

我們的5,000人研究，顯示能運用學習迴圈的人，表現遠比其他人優秀。

要成為職場上的學習高手，必須克服一些重大挑戰，這樣的挑戰和駕馭運動、音樂、西洋棋、記憶力等領域不同（這些領域屬於刻意練習研究範圍）。

透過學習迴圈，從工作中學習：你可以先從小地方開始嘗試新做法（如練習在會議中如何提出問題）、衡量新做法的成果、盡快獲得簡短的回饋意見，再基於回饋，修正做法（例如用另一種說法提出問題）。

你可在工作上運用以下六個學習迴圈策略：

1. 每天擠出15分鐘。
2. 將一項技能拆解成幾個微行為來練習。
3. 衡量與檢討微行為的成果。
4. 盡快獲得回饋意見。

5. 用困難來磨練能力。
6. 超越成長停滯點，別讓習慣害了你。

高效能學習者會把一項技能拆解成若干個微行為，也就是透過小而具體的行動來練習。如果你每天練習，就能增進技能，做這個動作並檢討的時間不該超過15分鐘。如果你每天都能這樣做，這項技能就會有明顯的進步。

隨著科技創新顛覆職場，有些傳統工作技能已瀕臨淘汰，想要立於不敗之地，就要結合學習迴圈與重新設計你的工作，才能不斷精進。

05

結合熱情和使命感

善用生命，創造最大價值

生命的意義不僅僅是我們活過，更重要的是，
我們為別人的人生帶來什麼樣的轉變。
—— 曼德拉（Nelson Mandela）[1]

2008年在加州帕羅奧圖一個陽光燦爛的日子，歐普拉來到史丹佛大學為畢業生演講。她細數自己從小記者變成媒體女王身價億萬的經過時，特別提到了熱情與傾聽自己內心的重要，她說「選自己所愛，並愛自己所選」。

她對聚集在禮堂上的兩萬五千人說：「如果你做的是自己想做的事，就會感到如魚得水，不管拿多少薪水，每一天都會興高采烈。」接著，她說：「把快車道拋在腦後吧。如果你想飛翔，就展開熱情的翅膀，傾聽志業對你的召喚。每個人都有自己的志業。相信你的心，成功必然會降臨。」[2]

從激勵演說家、勵志大師、成功企業家、人資主管到品牌專家，大家都在談熱情的重要性。你或許因此相信，要有最佳表現，最核心要求就是熱愛自己所做的事。如西南航空的廣

告詞：「我們以熱情飛翔。」[3]或是如維珍集團執行長布蘭森（Richard Branson）所言：「既然人生八成的時間都在工作，就從你熱愛的事開始做起吧。」[4]《赫芬頓郵報》的一個部落格總結說，在這個時代，成功的護身咒語就是：愛你所做的。[5]

但是，熱情真的是成功之鑰嗎？

當熱情撐不起現實

洛杉磯有很多不得志的演員會告訴你，熱情是通往失業之路。像歐普拉這樣成功的故事十分激勵人心，但也容易誤導。史丹佛大學不會邀請不成功的人或時運不濟的校友登上講台，他們只會邀請成功人士，對著迷的聽眾說：勇敢追隨你內心的聲音吧！

矽谷創投名人安德森（Marc Andreessen）曾在推特上說：「問題在於，跟著熱情下地獄的人也不少。只是我們聽不到這些人的聲音。」[6]熱情或許是歐普拉成功的原因之一，但也有無數的人被熱情蒙蔽，以致人生苦無進展。

如果自由撰稿人索貝爾（David Sobel）也在史丹佛大學的畢業典禮上聽歐普拉演講，很可能根本就不會鼓掌。他在網路雜誌《沙龍》（*Salon*）發表的一篇文章寫道，他原本在一家知名社會政策研究機構任職，多年來都窩在一間沒有窗戶的辦公室裡撰寫研究報告。四十二歲那年，索貝爾偶然聽到經濟學教授史密斯（Larry Smith）在TED演講「追隨你的熱情」，決定轉換生涯跑道。他辭去收入穩定的工作，投入他熱愛的事。他說：「我決定展開新生活，投入廣告文案寫作。」

不料，他就此失業，接連好幾個月都找不到工作。就算他想找份餬口的差事，也沒辦法。為了付醫療保險，他只好動用退休金，並拉下臉跟父母要生活費。他好不容易找到一份幫人遛狗的工作，沒多久就被主人辭退。他陷入絕望，甚至跟父母說他想跳樓，父母不得不送他到精神病院接受治療。他在一篇文章中寫道：「我和一群吸毒的人參加團體治療。」最後，感嘆的說：「我真是被夢想害慘了。」[7]

但真是這樣嗎？他究竟缺少了什麼？追隨熱情，讓熱情主宰，熱情叫你做什麼，就義無反顧的去做，這可能很危險。那把熱情放一邊，為了一份薪水，勉強自己接受無聊、空虛的工作，然後日復一日？這是更好的選擇嗎？喜劇天王金凱瑞在瑪赫西管理大學（Maharishi University of Management）畢業典禮演講時，提到父親原本有機會成為才華洋溢的喜劇演員，但因為害怕失敗，於是選擇走上一條安全穩當的生涯之路，也就是做個會計師。但沒想到，在金凱瑞十二歲那年，父親被公司解雇，全家因此陷入愁雲慘霧。他說，他從父親身上學到的寶貴教訓之一就是：「就算你勉強自己去做不喜歡的事，最後還是可能一敗塗地。那不如從一開始，就選擇做自己熱愛的工作！」[8]他苦著臉述說，父親不但失去熱情，且窮愁潦倒。

對於工作熱情，顯然我們每個人的想法都不盡正確。

有些人認為，不管成功率多高，都該追隨熱情，義無反顧才不枉此生；也有些人認為，該找份有穩定薪水的正當工作，是否有熱情無關緊要；有更多人則是卡在中間，在時間洪流中隨波逐流。

選擇，不庸碌一生

是否還有其他選擇？我們從研究發現，你可以懷抱熱情，同時將潛能推到極限，讓自己過得更好，工作表現也更傑出。我們研究中的頂尖人士，都善於結合熱情與明確的使命感，在工作中竭力貢獻所長、為人服務，在發揮影響力的同時，也讓自己發光發亮。

我們也發現，頂尖人士對熱情與使命感的定義，跟一般人不太一樣。他們認為，當你對所做的事充滿熱情時，你會感到興奮，樂在其中，並充滿動力；也有些人說，熱情是一股能讓人沉靜下來、不易動搖的滿足感。[9]

至於使命感，許多學者和勵志專家都指出，我們應該做對社會福祉有益的事；但這種觀點，可能太狹隘了。對我們研究的高績效人士來說，為組織創造價值，同樣能帶來使命感。

我們因此對使命感下了一個更寬廣的全新定義：你做的事，對你來說深具意義，對他人（個人或群體）或社會也有貢獻，而且不會傷害到任何人。

使命感和熱情有何不同？熱情是「做你所愛」，而使命感是「做有貢獻的事」。有熱情的人會問：「這個世界能給我什麼？」有使命感的人會問：「我能為世界做什麼？」[10]對美好人生與工作表現來說，兩者缺一不可，而且要能不斷增長。

你可能對你的工作有強烈的使命感，但沒有發自內心的熱情，也可能滿懷熱情，但沒有那種為人服務的使命感。在我們的研究中，四十歲的泰瑞莎是生物醫學工程師，在波士頓一家大型骨科醫療器材公司已工作十年。[11]她的工作主要是測試產品是否符合食品藥物管理局的規定。

泰瑞莎認為這份工作對社會有貢獻，讓她有使命感（滿分7分，她得了6分），但她說自己對這份工作，並沒有多大熱情（只得到2分）。她覺得自己做的事對社會有貢獻，但她並不是發自內心喜歡這份工作。

瑪麗安娜則是一家消費電子公司的經理，負責執行精實六標準差的黑帶計畫。她熱愛這份可有效提高生產線品質與速度的工作，但她並不覺得這個工作對社會有什麼卓著貢獻。她在熱情方面得分很高（6分），但在使命感僅得1分。

根據我們的研究，能結合熱情與明確使命感的人，在工作表現上，比缺乏其中一種（或兩者皆缺）的人要好太多了。

本書提出的高績效七大心智中，結合熱情與使命感是第二重要的，比起少了熱情或使命感的人，績效排名領先了整整18

個百分等級。[12]不管是有熱情卻沒使命感，或有使命感卻欠缺熱情，績效分數都偏低。如能結合熱情與明確的使命感，那泰瑞莎和瑪麗安娜的工作表現都可大幅提升。

因此，創造高績效的一大關鍵是，對你的工作投入熱情與使命感，兩者缺一不可，而且我們的研究發現，熱情與使命感會隨時間改變，但頂尖高手懂得如何不斷提升。

少了熱情或使命感，工作績效差很大

為什麼結合熱情與使命感，就能帶來這麼大的效益，少了一樣就差很大？

這是因為有熱情又有使命感的人，比較願意超時工作嗎？畢竟，樂在工作的人，不是比較願意早點進辦公室，即使很晚才下班也不在意？我們的研究證明，事實並非如此。

參與我們研究的5,000人當中，在結合熱情與使命感方面獲得高分的人，每週平均工時為50個小時，相較之下，得分低者的每週平均工時是43個小時。兩者差距7個小時，並不是懸殊差距。

對工作投入熱情和使命感，並不會讓人變成工作狂，讓他們一週投入工作70、80個小時；[13]我們從研究分析也發現，就算每週工時增加7個小時，對績效的提升也相當有限，只有1.5%。[14]

因此，究竟是什麼原因，讓這些對工作投入熱情與使命感的人績效大增，超越其他人？為了得到答案，我們再深入進行個案研究。

桂伊是加拿大魁北克五星級飯店聖安東尼酒店的禮賓員，她也參與我們的研究。桂伊總是盡可能協助賓客，滿足他們的需求，例如為他們介紹當地餐廳、代購電影票，或是分享當地必買特產等等。2010年一個冬日早晨，來了一位客人，她是位紀錄片攝影師，希望在當地拍攝一些特殊的人物和景點，以呈現當地文化。桂伊能幫上忙嗎？

為了幫助客人完成拍攝任務，桂伊認真的在魁北克找尋各種珍奇之物，她最後找到了白雪貓頭鷹和兩個熊掌（左、右各一）的標本、一個留聲機喇叭、一面古董鏡子、一條木刻魚和一棟玩具木屋，甚至還有一隻天蠶飛蛾標本。這是一種巨大、美麗的蛾，翅膀有鮮豔的橘紅色線條；為了它，她打了好幾通電話，最後連絡上拉瓦爾大學（Laval University）的一位研究員，那位研究員答應出借這個標本。

桂伊為何如此賣力？她說，可以跟不同的客人互動，滿足他們的需求，讓她得到很大的成就感，因此樂此不疲。對她而言，這不只是工作，「我喜歡與人接觸，幫助別人。這份工作讓我可以跟來自世界各地的人相遇，幫助人，看到別人快樂，我也覺得欣喜。就算是推薦餐廳這樣簡單的事，我也希望客人能因此得到難忘的回憶。」我問桂伊，這份工作對她有何意義？她形容說，就像「談一場很棒的戀愛」。

她說：「我在乎我的客人；因為在乎，我充滿幹勁。客人自然會感受到這樣的能量，並回饋給我。」

很多飯店人員都把這份工作當作職涯過渡期，時間到了就離開了。但對桂伊來說，幫助客人就是她的志業，她在工作中投入熱情與使命感，讓她的人生更好，工作表現也更好。

她在接受我們訪談時，已當了九年的禮賓員。她的老闆晉升她為禮賓部主任，對她的工作績效打了最高分。她的專業表現也獲得肯定，因為她致力於「完成不可能的任務」，進入了國際金鑰匙協會，躋身全球最優秀的旅館服務人員之列。[15]對飯店工作人員來說，這是一項了不起的成就；為了獲得協會的認可，她必須接受一連串考驗，包括接受六位神祕客的評鑑。

桂伊有熱情（「喜歡與人互動」），也有使命感（「願意協助、關心客人」），是我們研究中少數能發現工作魔力，並在工作崗位上發揮所長的人。

熱情與使命感促使她在魁北克冬日清晨仍一片漆黑，寒冷刺骨下，有動力爬出被窩，神采奕奕的去上班；她讓客人感受到她的用心，努力讓他們在入住飯店期間，能留下美好難忘的回憶。的確，她可能有天賦，也願意投入時間在工作上，這兩點都有助於她成功，但真正讓她出類拔萃的主要原因，還是她對工作投入了熱情與明確的使命感（而且缺一不可），才讓她在工作崗位上發光發熱。

> 熱情加使命感，讓人感受到一股動力（或魔力），在工作上展現幹勁。你不會只想做完就好，而是想要做得更好。如果欠缺熱情或使命感，要你付出更多時間、更賣力工作，只會讓你覺得累，結果犧牲生活，工作表現也難有突破。

我們透過數據分析，發現努力的強度，跟熱情與使命感結合有密切關聯。我們利用「結構方程模型」（structural equation modeling，一種融合因素分析和路徑分析的多元統計技術）區分兩種努力類型：一種是每週工時的總數；另一種則是在工作時間內的努力表現（包括更專注、更投入等）。

結果發現，結合熱情與使命感的人，在工時內的努力表現非常顯著，而非每週工時特別長（詳見研究附錄）。

其他研究也有類似結果。研究人員曾以一家保險公司的509名員工做為研究對象，發現對工作充滿熱情與使命感的人，會在工作時間之內投入更多心力，更專注（「在工作時，會完全沉浸在工作之中」），也更注意關鍵細節。[16]因更投入、注意力更集中，因此有更好的績效表現。[17]

如果你愛你的工作，你就會展現較大的熱忱與幹勁；如果你有強烈的使命感，希望貢獻己力，幫助別人，就會有更強的動機去做好這些事。兩者結合下，你自然可以把你的心力放在你瞄準的目標上。

圖表5-1 ｜ 結合熱情與使命感

有了熱情與使命感，
工作就像「談一場很棒的戀愛」，
讓你想要成為更好的人。

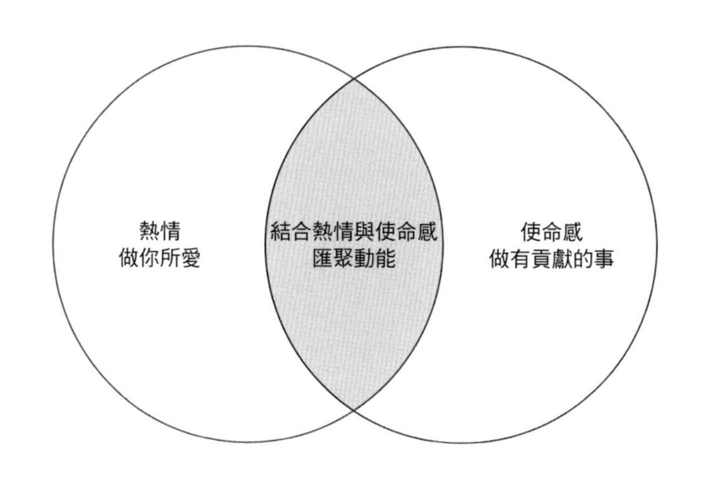

從我們的研究得知，這些正面積極的感覺，例如：快樂、興奮、驕傲、鼓舞、希望等，都能給你更多的動能。於是，你在開會時，會更專心聽別人報告，你也會更積極跟同事及顧客互動、更注意細節、有更多的新點子。你在各方面的表現，都會愈來愈好。

卡住你的不是工作，而是你的工作方式

有許多人都覺得自己的人生卡在無聊、沒意義的工作裡，無法像桂伊那樣對工作充滿熱忱。桂伊是少數幸運兒嗎？如何找到可讓人投入熱情和使命感的工作？是否有哪種工作特別能讓人充滿熱情與使命感？

我們的研究發現，幾乎在各行各業都可找到對工作投入熱情與使命感的人。並不是一般人以為的某些工作特別能讓人有熱情和使命感，而自己只是入錯行。

以熱情為例，圖表5-2顯示各行各業的人對工作的熱情程度。當然，有些行業的人對自己的工作有較大的熱情，在熱情方面獲得最高分的比率高於其他行業，例如醫護人員普遍來說對工作的熱情大於建築工人；銷售人員的工作熱情大於策略規劃人員。但我們也發現，不管哪個行業，都有對自己的工作充滿熱情的人，而且比率不低，都超過10%。也許你很少聽到店員、卡車司機或客服人員說自己對工作充滿熱情，但資料顯示，這樣的人其實不少。

此外，很多人都以為，比起在小公司工作，在大公司工作較難讓人產生熱情；也有不少人認為，在一個工作崗位上做得愈久，熱情愈可能被磨光了。我們的研究顯示並非如此，工作熱情跟公司規模、年資都沒有多大關係。

一般人對工作使命感也有很多誤解。許多人以為，比較無

聊或勞力的工作很難讓人有使命感。的確，有些研究顯示，很多人表示低薪的服務業工作實在很沒意趣。[18]但有研究證實，這個說法不一定是對的，即使從事勞力、低階的工作，還是有不少人對工作充滿使命感。

耶魯管理學院教授瑞斯尼斯基（Amy Wrzesniewski），就曾以醫院工友做為研究對象，發現有些工友對自己的工作充滿了使命感。對他們來說，他們做的不只是把地板清掃乾淨，他們也關心病人，樂於在病人家屬需要幫忙時伸出援手。[19]

我們從研究中發現，一個人是否認為自己的工作對社會有貢獻，各個行業之間可能有很大的差距。例如在醫療產業裡，約有40%的人認為自己的工作很有貢獻，然而在製造業或服務業工作的人，只有3%的人這麼認為。

儘管如此，從研究中也發現，有些人的工作儘管表面看來沒有特殊意義，但工作者本身仍有強烈的使命感。以建築業為例，有28%的人認同這樣的陳述：「我覺得我的工作不只是一份收入來源，對社會也有貢獻。」這些人有的是建造住宅，有的則是建造醫院、學校或公共建築。

我們的研究透露一個好消息：不管你從事什麼樣的工作，你都可以從中找到熱情與使命感。你不必為了追尋它們而辭去工作，事實上，根據我們研究各行各業頂尖高手的做法，即使你留在原來的工作，也可利用三個步驟來培養與擴展你對工作的熱情和使命感。

圖表5-2 ｜ 各行各業都有充滿熱情且表現傑出的人

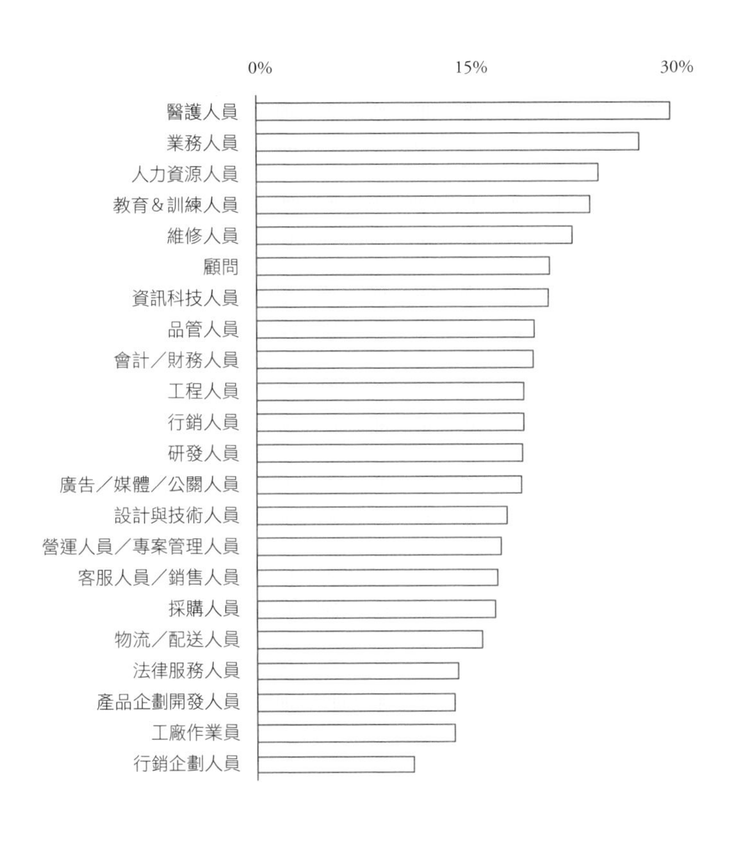

注：調查樣本來自我們研究的受訪者，共4,964人（參看研究附錄）。

步驟1：走出框架，找到自己的新角色

2001年，博德沙爾（Steven Birdsall）進入德國軟體業龍頭思愛普（SAP）工作，他在這家年營收達200多億美元的公司一路晉升到高級主管，直到2011年夏天，他開始有騷動不安的感覺。[20]

曾在多個部門擔任主管的他，雖然被晉升為總公司的業務營運長，但他總覺得少了什麼。一年之後，他開始認真考慮換工作。當然，他可以選擇繼續這樣工作下去，然後尋求改善；或者回去做區域主管，在第一線推銷思愛普的軟體，因為業務一直是他的強項。

然而，博德沙爾這次想要挑戰自己，希望找到自己最有感覺的工作。他知道他喜歡坐下來跟客戶談話、幫忙找出他們最需要的產品，跟他們商議、談笑，為案子成交雀躍，並以貼心卓越的售後服務讓客戶滿意，跟他們建立長遠關係。

除此之外，博德沙爾還有別的熱情。他很渴望從零開始，發展一項新事業，然後一手促成它成功。以前在自動櫃員機製造商迪堡（Diebold）擔任業務人員時，他曾把公司產品推廣到銀行之外的商業市場。博德沙爾回憶說，這種開疆拓土的任務讓他興奮不已。他對目前的主管職務和傳統的業務工作，都沒有這樣的熱情。

這一年來，他一直有被卡住的感覺。

圖表5-3 ｜ 你對工作的使命感有多高

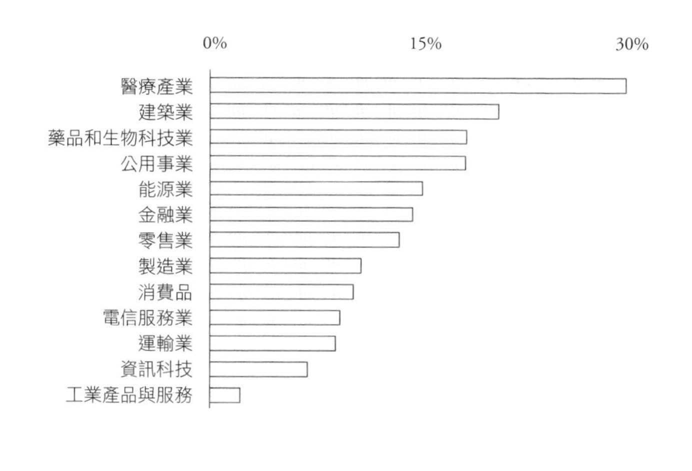

注：調查樣本來自我們研究的受訪者，共4,964人（參看研究附錄）。

他無法在思愛普找到同時掌管業務和開創新事業的機會。如果貿然離職，像歐普拉說的「追隨你的熱情」，到新創公司去工作又太冒險。但若留在原來的工作崗位，他又已失去熱情和衝勁。這兩個選項都不符合他的心意。

博德沙爾為了此事，苦思了許久。他不斷思考各種選擇，希望能找到一個最好的新出路。有一天，他靈光一現：何不在思愛普發展新事業？

那時，思愛普的軟體系統動輒上千萬，而且需要好幾年的時間才能上線。客戶希望有更便宜又能快速上線的產品。儘管思愛普已有符合此需求的產品，亦即既有系統簡化版本「快速部署解決方案」（RDS），客戶也有需求，但業務部門一直沒有好好的推廣。博德沙爾認為，自己就是開發這個新業務的最好人選，他深信能有一番作為。

雖然一度懷疑自己是否該放下全球營運長的職位，但深思之後，他決定放手一搏。他在接受我們訪談時說：「老實說，我對這樣的事業懷抱熱情。一想到可以從頭開始，把產品推到市場，發展新事業，我就興奮不已。仔細想想，我從高中時期開始，就一直是這樣的人。」

博德沙爾終於下定決心，結束這段日子以來的苦思。他向董事會報告推廣RDS的計畫。取得公司同意後，他正式掌管RDS部門。卸下營運長的職務，博德沙爾開始為RDS卯足全力。他招募了一批有經驗的業務尖兵，和他一起到世界各地招攬客戶，兩年半之後，這個新事業在他力拚下快速成長，表現超乎任何人的預期，業績極為亮眼，年營收高達13億元。

你也可以像博德沙爾一樣，在原來的公司找到新機會，讓熱情與使命感結合。但你也要有心理準備，這並不容易。

博德沙爾的生涯轉變看起來似乎順理成章，但仍讓他苦思很久。他考慮了種種選項，最後才找到最適合自己的；直到找

圖表5-4 ｜ 熱情與使命感，都是可以擴展的

熱情會退，堅持會累，
中年主管如何找到新未來？

結合熱情與使命感	留任	傳統業務	到新公司	發展新事業	自我評估*
使命感：是否有價值和貢獻？	是	是	不確定	是	對現職有使命感？
熱情： 與客戶互動？ 創業精神？	 否 否	 是 否	 是 是	 是 是	對現職有熱情？
是否結合熱情和使命感？	否	有部分	否	是	有熱情也有使命感？

*此圖表是以中年主管博德沙爾為例，最後一欄為自我評估。

到可讓他投入熱情與使命感的事，才決定放手一搏。

很多人都認同，如果能像博德沙爾那樣，找到最適合自己的角色，工作起來才有熱情或使命感（或兩者兼備）。有項研究指出，有高達70%的在職人士表示，只有找到最適合自己的工作，才會有工作熱情。然而，他們忽略了很重要的一點，熱情或使命感是培養出來的，而且可以不斷壯大。

我們的研究發現：只要用對方法，每個人都可以對目前的工作產生熱情或使命感。[21]讓我們看看如何在原來的工作崗位上找到熱情與使命感，並讓兩者有更好的結合。

步驟2：六個面向，擴大你的熱情

對於這個陳述：「我對工作懷抱熱情，每天都樂在其中」（對工作本身的熱情），你給予自己幾分？7分表示完全同意；6分是非常同意；5分是有點同意；4分是既不同意，也不反對；3分是有點反對；2分是非常反對；1分是完全反對。

我們從研究發現，有些人把熱情和工作本身劃上等號，他們不在乎工作做得多好，認為能夠從工作獲得快樂最重要；這就是學者所謂的內在動機。遺憾的是，這並不常見。在我們的研究中，不到15%的人完全同意這樣的陳述：「我覺得工作本身就是最大的回饋。」

對於大多數的人來說，工作或許可以帶給他們一些回饋，但並不大。那麼，該怎麼辦？做一天和尚，敲一天鐘？即使不快樂、感到無趣，也要為了生計繼續忍受？

我們從研究得知，除了工作本身，熱情也來自其他方面。請再就以下幾個陳述，給自己打分數（同樣是1至7分）：

- 我對我的工作充滿熱情，因為從工作中，我能體驗到成

果與成功。（追求成就的熱情）

- 我對我的工作懷抱熱情，因為工作的創造過程讓我充滿活力。（創造的熱情）
- 我對我的工作充滿熱情，因為我喜歡和同事一起工作。（對人的熱情）
- 我對我的工作充滿熱情，因為工作給我學習成長機會，讓我不斷精進專業。（學習的熱情）
- 我對我的工作充滿熱情，因為工作給我機會發揮所長。（展現能力的熱情）

許多人都以為，成功帶來的快樂很重要，但在我們的研究中，其實不到20%的人完全同意這樣的陳述：「我對我的工作充滿熱情，因為從工作中，我能體驗到成果與成功。」

一般人認為，市場競爭比較激烈的工作如業務人員，比較會因為追求成功的熱情而樂在工作。但我們從研究發現，有些人是因為能在工作中創造而感到興奮。

就像四十六歲的凱倫，她是個團隊領導人，提供人力資源軟體解決方案給多家公司。她說她熱愛這個工作，因為這樣的工作使她得以展現創新能力。「從零開始完成一個計畫，是很棒的體驗。你為它建立基礎，然後一點一滴把東西具體建構出來。在建構的過程中，你可以靈活發揮，嘗試各種可能，自由展現你的藝術天分和創意。」

還有一種工作熱情，來自於對人的熱情。在工作中，如果能夠跟同事建立深厚的情誼，感受到同事關心自己，就會比較喜歡這份工作。[22]

就像三十歲的金融分析師蘇菲亞，在接受我們訪談時表示，同事對她很好。她說：「最近我碰上一件人生大事。同事都很關心我、支持我，天天都會過來跟我聊聊，陪伴我或幫助我度過難關。大家這麼關心我，讓我很感動。」[23]

我們從研究發現，熱情的另一個層面，和學習與專業的發展有關。有高達56%的人對工作有熱情，是因為工作讓他們得以成長學習。

我們也發現熱情和個人能力的表現有關，你之所以熱愛你的工作，因為你可以發揮長才。這點符合個人優勢測試分析，也就是你該尋找和自己天賦特質相符的工作，以發揮這樣的特長。[24]如果你進一步將這股熱情投入工作，工作表現就會更傑出，你的成功也會更受肯定，而這些又會使你對工作生出更大的熱情。

這是個良性循環，你對工作的熱情會因此變得更加熾熱。[25]

> 從六方面著手，就可擴展對工作的熱情：樂在工作、追求成功、發揮創意、樂在與人工作、不斷成長學習，以及在工作中展現才能。

善用你的腦，成為不可取代的人才

工作熱情的來源不只一種。為了出版《十倍勝，絕不單靠運氣》，我和柯林斯有兩年的時間密切合作，每個星期都會透過電話討論。因為我們都喜歡好奇猴喬治這個家喻戶曉的繪本角色，於是以「猴子研討會」戲稱我們的電話會議。我很喜歡和柯林斯透過電話腦力激盪。

現在回想起來，與柯林斯一起合作寫書，從四方面觸發了我的熱情：內在動機（我喜歡討論、動腦）、發揮創造力以及從學習得到發展的熱情，和對人的熱情（我很喜歡跟這位好友互動）。

現在，請你看看你就上面陳述給自己的分數。再想想如何從這六方面著手，擴展你對工作的熱情。

想想什麼工作可以讓你發揮創意、有解決難題的成就感。看看你是否有機會接觸客戶、體會成交的興奮。你可考慮參加訓練課程，學習新技能；如有機會，盡可能參加腦力激盪的會議。接受競爭與挑戰，如打敗市場對手，贏得客戶；為了挑戰自我，不妨直接請老闆給你一個艱難的目標。

跟你喜歡或你欣賞的同事在一起，對老是打擊你或讓你洩氣的同事，敬而遠之；對那些會削弱你熱情的事情，想辦法擺脫。培養技能讓自己成為不可取代的人才，然後在工作上充分展現你最優秀的一面。

如果你能透過以上不同面向，激發自己對工作擁有更大的熱情，就會更有動機在工作時投入更多心力。如此一來，你的績效必然能大幅提升，也會比較容易找到能讓你投入熱情與使命感的事。

步驟3：靠使命感金字塔，脫穎而出

還記得熱情與使命感最大的差別嗎？熱情是做你所愛，而使命感則是做有貢獻的事。要強化熱情與使命感的結合，可以讓自己對目前所做的事更富有使命感。

你要怎麼做才能更有貢獻？我們研究各行各業頂尖人士，歸納出三個做法，透過使命感金字塔，你可以幫助自己或他人脫穎而出。

起點：創造不一般的價值

創造價值，是使命感金字塔的基礎，也是你登上頂端的重要起點。

如第三章討論的，可以思考如何透過重新設計工作來創造價值、利益眾人（包括對你的公司、同事、供應商、客戶等）。如果你做的事幾乎沒有價值，不管你花多少心力去做，都無法為你帶來使命感；如果做事方法不對，做什麼都不對。

例如前面提到的惠普工程師，每季他都會排除其他要事，費了好一番心力，完成季報告送交集團總部，但集團總部裡根本沒有人要看這份報告。就算他對這件事有熱情，但他創造出來的價值卻是零，因為他的報告一點作用也沒有，既沒有人會給予他回饋意見，也不會有人針對此報告向他請益。

在你的日常工作中，是否也存在一堆低價值或無價值的例行公事，你明明知道沒意義，卻仍須耗費時間與心力去做？

也有很多人誤以為，使命感來自對社會做出貢獻，而非增加價值。這樣的思考太狹隘了，也會限縮一個人的作為。

其實，當你為你的組織創造價值，做出貢獻，工作時就會產生使命感。第三章曾經提到，在摩洛哥執掌丹吉爾貨櫃場的高瑞茲，他的心智與行動，不只提高一個貨櫃場的營運效能和服務品質，也有利公司整體的收益。他創造了價值，也達成了使命。

但有一點必須注意，你要知道新增價值是怎麼來的。如果在創造價值的過程中，有人因此遭受傷害，就會抵消你創造的價值，並有違你的使命。

以通用汽車公司為例，2003年通用推出新車Cobalt。由於這款新車點火開關設計有缺陷，導致汽車在行駛時熄火、關閉動力方向盤，並使安全氣囊失效。工程師早在2004年就發現這個問題，但通用汽車公司並沒有採取任何補救措施。結果，翌年的7月29日，十六歲的少女羅斯（Amber Marie Rose）開著紅色Cobalt撞上一棵樹，由於安全氣囊沒打開，當場死亡。[26]直

圖表5-5 ｜ 使命感金字塔，你在哪一層？

每個人對工作意義的認知差異很大，
讓你的工作，因你而出色，
登頂不為超越別人，而是超越自己。

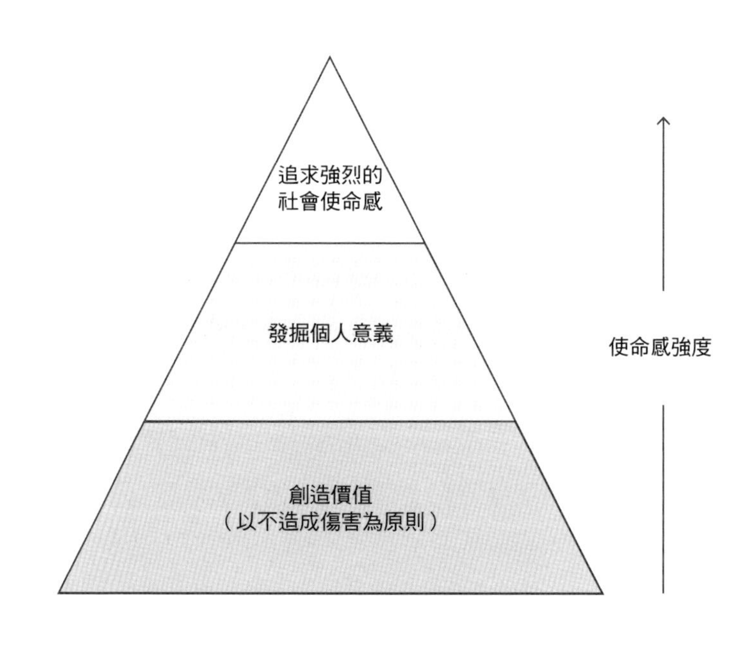

到2014年，羅斯事件發生九年後，通用汽車才召回Cobalt。然而，截至2015年，已有124起車禍死亡案件和通用的點火開關設計缺陷有關。[27]

通用的員工和經理人，在2004年是否做出貢獻？從經濟層面來看，他們一方面增加公司營收，另一方面因當時未召回問題車輛而節省了成本，因此增加了帳面上的經濟效益。然而，這樣的「價值」卻犧牲了一百多條人命！

如果使命感只定義為對他人做出貢獻，就會出現一個問題：在你對一群人貢獻之時，可能傷害到另一群人。就像通用員工對公司有貢獻，卻造成少女羅斯的死亡。

使命感必須以不傷害任何人為前提。不管是顧客、供應商、你的老闆、你的組織、員工、社群，或環境，都不該因你而受傷害。[28]

為了達成更重要的使命，除了避免你的產品、服務或做法使人受害，更積極的辦法是，努力提升你的產品或服務，確實造福他人或大眾。比方說，你是醫師，你開立的檢驗若可能對病人造成傷害，就必須格外小心，你要開立對病患確實有益的檢驗；如果你是業務員，就不要強行推銷產品給不需要的顧客，請給顧客真正需要的；如果你是老闆，不要飆怒亂罵員工，因為這樣會影響他們的心理健康，請幫助員工成長。

即使只是小改變，也能幫助人，並進一步提升你對工作的使命感。

參與我們研究的柯爾頓（Ofer Kolton）開了一家一人清潔公司，為舊金山地區的人清潔地毯。幾年前，他因擔心地毯的清潔劑會危害環境，於是改用無毒的環保清潔劑。儘管這只是小改變，卻可避免顧客的家遭到有毒清潔劑的汙染，並讓他們的居住環境更健康。

柯爾頓的工作因此變得更有價值，他對這份工作也更有使命感。

中場：加入興趣，找出個人意義

我們發現，很多人好不容易來到使命感金字塔的第一層，卻找不到路徑，再往上提升。

在我們的研究中，有36%的人認為自己的工作有貢獻，但他們的績效表現卻一般般，實在很可惜。如果你已創造價值，對自己與他人有益，而且不會傷害人，就該更上層樓。

從各行各業頂尖人士身上，我們發現透過這個步驟：尋找個人意義，可有效增強使命感與熱情的結合。

上班總讓你懷疑人生？每個人對工作意義的認知差異其實很大，即使做完全相同的工作，可能一人認為這樣的工作，意義很大，另一人卻覺得很無聊。

根據2009年一項針對動物園保育員所做的研究，有些保育員覺得清掃獸籠和餵動物的工作，骯髒、一無是處，但也有些保育員卻很看重自己保護動物、妥善照顧動物的職責。同樣的工作，卻給人不同的感受和使命感。[29]

再以租車服務人員為例，參與我們研究的珊曼莎現年四十三歲，在威斯康辛州綠灣一家租車公司任職。[30]對於這樣的陳述：「我工作不只是為了賺錢，我認為我的工作對社會有貢獻。」珊曼莎的自評為7分（完全同意）。聽起來似乎很不可思議，她只是個出租車輛的服務人員，這樣的工作有這麼大的貢獻嗎？

但她對自己的工作，卻有不同的看法。她說，有些人因為車禍或車子進廠修理，一時沒有代步工具，而她租車給他們，也就能幫上忙。「他們有車可租，就不會被困住。我很高興能提供這樣的服務。」但很多租車服務人員都覺得這樣的工作很沒意思，每天上班就只等著下班。

因此，即使是同樣的工作，每個人的使命感卻各有不同。就工作使命感而言，重要的是，你自己有什麼樣的感受。

你怎麼看待你的工作？除了創造價值，找出其他使命。

為了提升你的使命感，你必須設法發掘工作意義。從不同的角度來看你的工作，就能發現意義。

耶魯管理學院教授瑞斯尼斯基的研究中，有位工友傑森，就認為他的工作充滿意義。[31]傑森喜歡主動跟病人聊天，希望藉此讓病人心情好一點。

傑森會一邊打掃，一邊設法使病人開心。「每天早上，我到病房打掃時，會先敲門。我說：『我是醫院清潔人員，可以進來幫你打掃嗎？』如果病人願意跟我說話，我就會跟他聊一下。有時，病人會告訴我：『真高興看到你的笑臉。』」

他認為這樣做有意義，這個工作讓他有很強的使命感。

頂端：帶動他人一起實現遠大目標

囊腫纖維症是最可怕的不治之症之一。這種遺傳性的病症會使身體產生過多濃稠的黏液，帶有細菌的黏液會慢慢阻塞氣管，造成肺部反覆感染，最後甚至喪失所有的肺功能，使病患窒息而死。

長久以來，孩子如經診斷得了囊腫纖維症，猶如被判死刑，只能再活短短幾年。但由於過去數十年來醫師們的努力，發展出種種療法，已使病人可活到三十、四十歲以上。

2004年，外科醫師葛文德（Atul Gawande）在《紐約客》發表了一篇文章題為〈鐘形曲線〉，描述明尼蘇達醫院的小兒胸腔科醫師渥偉克（Warren Warwick）數十年來努力對抗囊腫纖維症的經過。早在1960年代，渥偉克就發現，如果讓病童肺部暢通，體內分泌的黏液容易咳出來，就不會阻塞呼吸道，病童就能活久一點。

但渥偉克不只是想利用當時的科技，交出漂亮的治療成績單。數十年來，他一直殫精竭慮，求新求變，看怎麼做會更好。他發明了一種有兩個聽筒的立體聲聽診器，利用建立音聲延遲的效果把肺部的聲音轉為立體聲，還發明了一種能刺激胸部的背心給病人穿，效果和用手扣擊一樣好，可使病人得以排出更多的痰。

渥偉克發現，儘管只是些微的進步，時間一久，病人的肺功能就能大有改善。他說，如果肺功能在治療後從99.5%進步到99.95%，乍看之下，似乎差不多，但是一年後，接受治療者保持健康的機率還有83%，而不治療的人保持健康的機率就只剩16%。

對罹患囊腫纖維症的病童而言，積極治療就能增加生存的機率。由於美國的小兒胸腔科醫師紛紛向渥偉克看齊，學習他的療法，罹患囊腫纖維症的病人平均壽命在1960年代只有十歲左右，到了2013年，幾乎可以活到四十歲。[32]

渥偉克終其一生都有強烈的社會使命感，一直站在使命感金字塔的最頂端。如果你想評估自己是否已站上金字塔頂端，請看你是否認同這樣的陳述：「我工作不只是為了賺錢，這份工作讓我能對社會做出很大的貢獻。」

在我們的研究中，對此陳述表示完全同意者，不到17%；這些人的工作表現遠高於欠缺使命感的人。他們在乎自己的付出，關心自己實際做出多少貢獻，使命感讓他們對工作專注投入，每天都覺得自己在進步，也更有成就感。

你的老闆也許沒注意到，怎麼做可以改變團隊的運作或提升顧客服務，你可以助他一臂之力；如果你是經理人，也可以找機會讓你的團隊成員回饋意見，如此可惕厲自己，也可鼓舞他人。盡可能找出對組織或對社會有貢獻的工作或任務，即使只是小貢獻也無妨。

2005年，卡崔娜颶風襲擊美國東南部灣區，多個醫療組織都派人救助絕望的災民，其中之一是加州斯克里普斯醫療集團（Scripps Health）。該集團在成立救難小組前往災區時，執行長高德（Chris Van Gorder）說道，這個義舉激勵了全集團的人，讓員工覺得在斯克里普斯集團工作值得驕傲，心生強烈的使命感，這是他從未有過的經驗。

有一位行政助理也描述，看到自己服務的機構救難小組的勇氣與無私奉獻，她流下「驕傲和感激的淚水」。[33]斯克里普斯的主管，幫助員工爬上了使命感金字塔的頂端。

很多人因目前工作似乎缺乏對社會明確的使命感，而感到心靈空虛。但正如金字塔所示，工作的使命感不只是來自對社會的貢獻，還包括創造價值和發掘個人意義。儘管現階段的你，對整體社會沒有明確的使命感，依然可從金字塔的底層開始，試著從工作中創造價值、找到意義。

心智對了，沒有過不了的關卡

結合熱情與使命感，是聰明工作的重要心智。當你對工作充滿熱情、有所貢獻，你的動力就會增強，覺得充滿幹勁，想要充分利用每一分鐘。一旦你對工作注入更多能量，工作表現也會比較好。

高績效人士明白熱情會退、堅持會累，所以他們會善用上述三種技巧，找到新角色、擴大熱情或讓自己登上使命感金字塔，讓自己保有熱情與使命感。

當你對工作有更大的熱情和使命感，就不會每天上班時就等著下班，你會善用時間，讓每小時的效能達到最大。試算一下，你每天有幾個小時可以做得起勁。你充滿幹勁的時間愈長，代表你對工作愈熱情、愈有使命感。如此一來，每個小時的工作成效自然會提高，特別是你也依照前面幾章介紹的高績效心智去做事。

當你把熱情和使命感注入你的工作時，要依循雙重專注法則（貴精不貴多），找出可創造價值的幾個領域（重新設計工作），然後精益求精（透過學習迴圈），才能確保你的付出有最大成效。熱情與使命感，是使你專注與不斷前進的動力。一旦你能激發自己向上，也才有可能啟發別人，促使他們支持你的計畫與目標。這就是我們接下來要探討的主題。

未來，什麼人最搶手？

過去的舊觀念是，義無反顧的追隨熱情，才不枉此生；做自己所愛的，而且拚命去做，自然會成功。如果忽視熱情，對現實低頭，你只會覺得工作很苦、很無聊，隨時處於不滿與不安之中。

但從我們的研究，新的工作思維是，雖然熱情很重要，但只做自己喜愛的事，不在乎自己的付出與實際成效有多少，其實很冒險，也不明智；最好的做法，是盡可能結合熱情和使命感，為更大的目標付出。這麼做，才會有強大的工作動能，不是工時更長，而是更聰明工作，你會善用工作時間，投入更多心力，讓每小時的效能與產出都達到最大。

新工作法則就是你的新機會

很多人要不是追隨熱情，就是忽視熱情。我們從研究中發現，就工作熱情而言，最要緊的是結合使命感，而不是單純追隨熱情。

根據我們的研究，能結合熱情和使命感的經理人或員工，工作表現較佳，與欠缺熱情或使命感的人相比，績效排名領先了18個百分等級。對工作有熱情和強烈使命感的人比較有幹勁，每小時的工作成效較高（不需要增加更多工時）。

你可利用三種方式來擴大熱情、強化使命感：

- 發現新角色：你可以在原來的工作崗位找到能結合熱情和使命感的任務，不一定要換工作。

- 擴大熱情：對工作熱情不只是樂在工作，熱情還有其他來源，如有成就感、發揮創造力、與人互動、學習與能力的提升，你可從這幾方面擴大你的熱情。
- 登上使命感金字塔：尋找能增加價值的辦法（參看第三章），注意你的貢獻是否會使人受到傷害。其次，別管別人怎麼想，發掘對自己深具意義的事。如此一來，你就能用不同的眼光看自己的工作，深刻體會工作的意義。第三，肩負社會使命，做明確有利於社會的事。

第二部

跟誰都能一起高效工作

06

說服需用巧毅力

關鍵時刻，戰勝各種阻力

別人會忘了你說了什麼，也不記得你做了什麼，
但絕不會忘記你給他們的感覺。
—— 安吉洛（Maya Angelou）[1]

你有過靈光閃現的時刻嗎？1999年網路熱潮剛興起時，陶氏化學公司（Dow Chemical）一位年輕業務經理郜福德（Ian Telford），突然想到一個點子。那時很多人都夢想在網路上做生意，例如賣衣服、音樂會票券或是線上訂房等等，但郜福德想在網路上販售的東西很特別，是工業材料環氧樹脂（一種熱固性塑料，廣泛用於塗料、膠粘劑等）。

長久以來，陶氏都是以噸為單位把環氧樹脂賣給大公司，但新興的網路市場讓消費者得以找到更便宜的環氧樹脂賣家。郜福德心想，陶氏可以建立一個專賣環氧樹脂的網站，取名為e-poxy.com，以經濟實惠的價格吸引小客戶，開創新市場。

從另一個角度來看，這個策略似乎愚不可及，甚至瘋狂。如果在網路上就能買到相同的環氧樹脂，價格還更低，陶氏的

老客戶上網買不就好了？

但是，郃福德知道差別在哪裡。

他在接受我們訪談時，引述洛桑管理學院教授查克拉瓦西（Bala Chakravarthy）的案例研究：大客戶喜歡與陶氏的業務人員面對面接觸。[2]如果這些客戶需要技術支援，或訂單有任何變更，只要打電話給負責的業務人員，問題馬上就能解決。反之，新的網路生意不需要提供特別的服務，顧客必須依照公司訂立的規則訂購商品，也不能任意更改訂單，否則就得支付手續費。因此，陶氏可用兩種不同的銷售模式為兩種客戶服務，就像頭等艙與經濟艙之別。

郃福德向主管團隊提出這個點子。他認為自己立論扎實，沒想到這個提案竟被主管團隊無情的打了回票。十二個主管當中，就有九個反對。「那些主管認為，大客戶如果發現網路上的價格比較便宜，就會上網買，不會因為業務員的服務比較好，就願意多付錢。」但郃福德認為，主管們是因為討厭冒險才否決這個提案。「他們不想改變現狀。畢竟，目前公司做得好好的，為什麼要改變？」

身為空手道高手，還是極限攀岩玩家，郃福德碰到挑戰，絕對不會輕易放棄。他懇請上司再給他一次機會。他們答應給他三個月的時間提出更好的計畫。郃福德試著從主管的角度來看這個提案，他知道他們擔心定價問題，這點或許情有可原。大客戶看到網路上的價格更便宜，必然會有上當的感覺。如果你加入一家航空公司的飛行常客計畫，經常搭乘這家公司的飛機，有一天你發現你的機票價格是隔壁乘客的兩倍，而他卻是第一次搭乘，你心裡肯定不是滋味。

為了解決這個問題，郃福德想出了一個高明的解決方案：如果陶氏的產品在網路上的價格，比他們的大客戶來得高呢？如此一來，大客戶就沒有理由抱怨了吧。他們會說：「陶氏給我們的價格要比網路顧客來得便宜，而且我們還可享受一流的服務。」但為了推廣線上生意，郃福德也對第一次在陶氏網路商店購買環氧樹脂的顧客，提供優惠碼。

這樣就兩全其美了。

郃福德解決了第一次提案碰到的定價難題，但他知道沒那麼容易過關。不管他如何提出他的想法，上面的主管還是可能執迷不悟。他們都是老派生意人，只想坐在蘇黎世或密德蘭的豪華辦公室，矽谷的數位革命根本是另一個世界的事。得有人來衝擊一下這些老傢伙的傳統思維不可，而在陶氏，最敢衝撞的就是郃福德。

在他提出定價策略的前幾個星期，為了說服主管，他設計一個大膽計畫，也許有人會說，根本是膽大妄為。為了讓主管們有危機感，他捏造了一封電子郵件，提到同業即將展開競爭行動，劇情是有一家大型化工產品經銷商、兩家化工製造廠和一家大型網路公司，將聯手成立專門販售環氧樹脂的網路商城Epoxies-R-Us.com。郃福德心想，這封郵件必然會讓公司主管感受到網路商店將對陶氏造成重大威脅，因而同意撥款讓他開創網路業務。

儘管電子郵件是假的，但他的點子沒錯，應該可說服公司主管。假郵件發送出去後，為了增加可信度，郃福德還拍了一段惡搞影片，找了一個記者、一個分析師和一個經銷商（都是他認識的人），來評論這個對手將成立的網路商城，並預估陶氏股價將因此下跌10%。郃福德甚至特地把影片送到公司總部給主管團隊觀看。

影片在公司會議室播放時，郃福德躲在角落，看這一場他一手導演的好戲。大多數的主管都從頭看到尾，不知這是惡搞影片。但大老闆看了三十秒後，氣得大叫「郃福德」後就衝出去找人算帳了；上司的上司也很生氣，整整一個月的時間都不肯跟郃福德說話，但他承認，那段惡搞影片有當頭棒喝效果。

現在，主管團隊真的害怕失去網路這個新興市場了，他們同意撥100萬美元給郃福德，成立環氧樹脂網路事業。郃福德心想，儘管他的定價方案不夠理想，但優惠碼方案不失為抓住網路顧客的好點子。

只是，接下來，陶氏出現人事大地震。新總裁伍德（Bob Wood）上任後，要求郃福德的專案暫停，須審查後再議。眼看這個案子就要胎死腹中，郃福德知道必須盡快尋求其他主管的支持。他為此不斷奔走，積極向伍德下面的資深經理人報告這個新事業的前景，說服他們公司應該把網站業務當成最重要的計畫。接著，他央求上司，為他安排和新總裁會面商討。

邰福德緊抓這個機會，向伍德打包票說，這個案子絕對可以成功。伍德後來說：「他的熱忱打動了我。對我來說，這是個不小的賭注。我注視他的眼睛，看他是否真有雄心壯志。」[3]伍德最後終於批准了這個計畫。

案子起死回生之後，邰福德精挑細選三個尖兵，和他一起打拚。但沒過多久又碰到另一個阻礙。陶氏的資訊部門不想讓邰福德專美於前，於是百般阻撓。有個經理人說：「當時我們最大的恐懼，就是新團隊變成一盤散沙，互不相容。」[4]為了化解對立，邰福德努力改善和資訊部門的關係，而且設法準時達成資訊部門提出的各種要求。

當網路商店正式上線開賣營運，第一筆訂單進來時，他隨即打電話恭喜資訊部門的同事。他說：「這不只是我們部門的成功，也是你們的成功。」由於他對資訊部門展現善意並開誠布公，雙方因而可以密切合作，朝共同目標努力。資訊部門的人後來也感到與有榮焉，能在公司的網路事業發展上扮演重要角色。

十四個月後，陶氏的環氧樹脂在網路上熱賣，營運範圍更涵蓋美國和歐洲。由於這個網站建立的時機正好，開支在預算之內，成為陶氏最成功的網路事業，成立不到一年，就開始賺錢了。邰福德也獲得晉升，成為陶氏全球200大領導人，直到2008年才因另有高就而離職。

所謂說服，就是贏得支持

郃福德的故事告訴我們，成大事關鍵在於我們是否能贏得支持，包括老闆、部屬、同事、其他部門的人或事業夥伴等。這些人掌控了我們需要的資源，如情報、專長、經費、人手。他們不一定會願意對我們伸出援手，甚至可能從中阻撓。要是郃福德不懂如何克服障礙，而跟反對他的資深主管和資訊部門為敵，就什麼事也做不成了。他知道要從他人憂慮之處著手，加上他非凡的說服力，才得以做出一番事業。

在現代職場，能為自己的目標喉舌，以求取所需的支援，只是眾多人際互動技巧之一。有項IBM研究以1,709位執行長為調查對象，發現「執行長如能作風坦誠、透明，賦能授權，辦公室比較不會充滿高壓統治的氣氛。」[5]組織會較扁平化，不那麼層級分明，員工和經理人的跨部門互動也會較多，更能增進團隊合作，包括不同部門之間的協作。

因此，要在今日職場上成功，你需要的技能已經不同了。

根據上述IBM研究，三分之二的執行長認為，因環境日趨複雜，且比以往更加緊密連結，要把事做好，最關鍵的驅動力就是協同合作與溝通。我們在研究中也發現，現今環境的複雜化已使得某些技能顯得特別重要：員工和經理人必須更懂得和其他部門的人一起工作，並確實認知到雙方地位是平等的，必須尊重彼此。在我們的研究中，69%的受訪者同意或完全同意這樣的陳述：「懂得如何跟公司不同部門的人一起工作，是很重要的。」

透過資料分析，我們發現高績效人士在與人工作方面，特別能駕馭三個領域：爭取支持、團隊合作與協作。下一章我們將把焦點放在團隊合作，第八章則是討論跨界協作。本章重點則在於如何為了達成你的目標，說服別人以贏得支持。

讓人興奮，才能打動人

很多人都以為，必須先提出理性訴求，別人才會支持我們的計畫和目標；運用邏輯和數據，詳細解釋為何要進行這樣的案子，才能贏得他人的贊同。

因此，我們的電郵信件、簡報總是太冗長，以為這樣就可以說服人；甚至一封電郵不夠，還要多寄幾封，如果對方還是不贊同，就把理由再重述一遍。

一般人很容易落入更賣命工作的苦勞模式中，以為用更多的電郵、投影片、文件、報告和數據來淹沒對方，就能成功說服。然而，如果別人不聽你說，或是根本不接收你的訊息，你講再多遍，也只是白費工夫。

在研究中，我們發現，各行各業的高績效人士通常不會先把理性訴求搬上檯面，他們會採取幾種說服策略，來推動自己的點子與提案。他們用聰明方法說服，不用蠻力來使人屈服。

如詩人安吉洛所言，別人絕不會忘記你給他們的感覺。

我們從研究中也發現了，善於說服、激勵他人的人，除了會講理，最重要的是能夠擄獲人心。不少研究也呼應了安吉洛的說法，指出領導人在提出願景、目標或計畫時，必須讓人感到興奮，才能贏得真心支持。[6]

許多人都以為個人魅力至關緊要，一些領導理論也常強調個人魅力的重要，但真的要激勵他人採取行動，卻不一定要有個人魅力。[7]我們發現，那些在同事、主管眼中令人心服口服的說服高手，不管他們在公司是什麼職位，都非常善於運用幾種技巧來打動人心（本章後面將詳細說明）。

> 說服高手善於利用兩大策略來贏得支持：動之以情；以巧毅力來克服阻力。

比個人魅力，不如比巧毅力

此外，我們發現，說服高手都會運用巧毅力（smart grit）。即使碰到困難，他們仍會努力不懈，絕對不會輕言放棄，但他們也會洞察人心與形勢，靈活改採適合的策略，來及時化解反對意見。

根據賓州大學心理學教授達克沃斯（Angela Duckworth）的研究，恆毅力（grit）是一種追求長期目標的毅力和熱情；為何有些人可以成功，其他人不行，關鍵就在恆毅力。[8]

在我們的研究中，說服高手在達成目標的過程之中，也會利用恆毅力來克服阻礙，但他們不是只會埋頭苦幹，使盡全力去克服困難，而是利用策略來聰明化解歧見，打動人心。就像郤福德，能看出反對者最擔憂的事，然後採取行動，想出更好的妥協方法，或放低身段與人合作，才成功說服他們全力支持自己的計畫。

懂得打動人心，並運用巧毅力，別人才會更願意支持你，助你達成目標。在我們的5,000人研究中，在說服方面表現最好的人，比起不善於說服者，績效排名領先15個百分等級。[9] 郤福德在激勵他人的得分是6.3分（滿分是7分），在巧毅力的得分為6.8分。他在陶氏化學公司的表現極為突出，他的說服力排名，在我們的5,000人資料組中，位居第97百分位數（超越96%的人）。

在我們的研究中，不管什麼職位，位居經理人或只是基層員工，能在打動人心和運用巧毅力兩方面獲得高分的人，績效表現都十分傑出；但如果只有一方面表現佳，績效就沒有那麼好了。由此可見，只要用對方法，任何人都可以在組織內推動新點子、發揮影響力。

男性較有說服力？女性被誤解了

但有一點值得注意，從統計結果來看，在說服力表現上，男性得分高於女性。我們無法從資料歸納出答案，但我猜原因可能有以下幾點。

或許男性在運用說服策略上比較有自信。因經常這樣做，對他們來說，說服人是很正常的事。此外，這也可能牽涉到對性別的刻板印象。有研究指出一般人對職場女性的既定印象，要不是認為她們能力很強，就是人緣很好，但認為兩者兼具的則很少。[10]

也有研究顯示，能力強的女性較會堅持己見，據理力爭，反而因此承受較高的被懲罰或被降級風險。[11]例如有一項研究在美國西南部一個執法機構調查76對主管與員工的關係。結果發現，該機構的女性員工如果在工作上受到阻礙而據理力爭，不願逆來順受，主管給予的績效評等會比較低。反之，如果是男性員工發出不平之鳴，堅守立場，主管給予的績效評等則比較高。[12]

也就是說，同樣運用說服策略，如果是男性員工，主管或許讚嘆：「哇，這傢伙真是個聰明人。」然而，若是女性員工，主管就會想：「這個女人真是個狠角色。」而且認為她的表現欠佳。因此，我們的研究發現可能受到這種性別刻板印象的影響：一樣是據理力爭，男性是理所當然，而女性則會遭到嫌棄，然而事實上，女性的能力與表現並不比男性差。

儘管有這樣的性別差異，我們從研究中發現，每個人都可以因為發揮說服力而獲益。但怎麼做呢？首先來看看如何動之以情，讓人想要支持你。

圖表6-1 ｜ 說服力愈強，工作績效愈好

同樣據理力爭，男性可能被讚嘆「真是個聰明人」，
女性則可能被批評為「真是個狠角色」。
儘管以說服效果來說，男性比女性強，
但不論男女，愈會使用說服策略，工作績效愈佳。

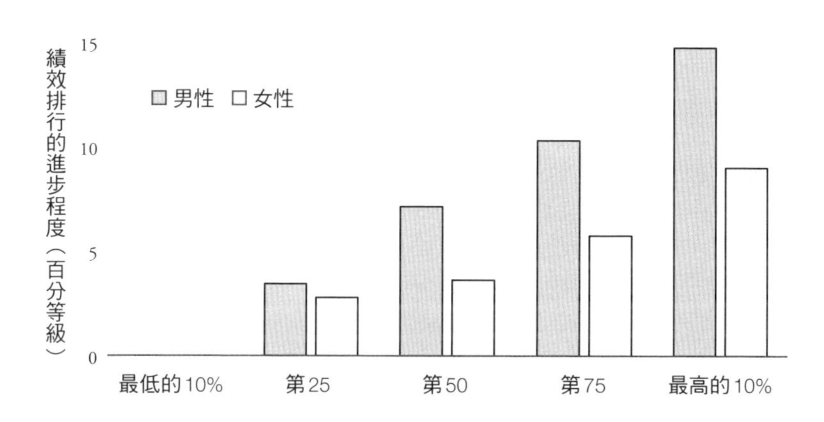

注：此表顯示說服力提升對績效表現的影響。例如某個男性員工的說服力原本不佳（最差的10%），經訓練後變得非常有說服力（成為最頂尖的10%），績效排行可能因此進步15個百分等級（如從第70百分位數進步到第85百分位數）。

讓人喜怒參半，最能打動人心

要打動人心，最有效的方法之一，是同時激起他人的負面情緒和正面情緒；讓人對現況失望，但同時對未來感到興奮。

郜福德一開始顯然做錯了。他在提出網路業務的構想時，只激起主管團隊的負面情緒，讓他們擔心未來網路業務會危害到既有業務。但主管們仍對現況滿意，因為大客戶為他們帶來豐厚利潤，而不願改變。

他後來的惡搞行動，扭轉了這種情緒，成功激起主管團隊對現況的憂慮（可能因不敵競爭而慘遭市場淘汰），覺得留住大客戶，並開發新的網路客戶，才是兩全其美的做法。這才讓他們和他站在同一陣線，支持他的提案。當然，郜福德的惡作劇已踰越道德界線，致使老闆對他生氣，這樣的情緒也可能使情況失控。

從郜福德的策略，我們發現了一個關於情緒的重要洞察：如果你的目的是說服別人，那麼並非所有的情緒都是平等。

華頓商學院教授博格（Jonah Berger）在《瘋潮行銷》一書探討網路上訊息的傳播，特別是挑起「高喚起情緒」的重要。這種情緒會「使人進入啟動狀態，心跳加快、血壓上升，準備行動。」[13]

興奮與歡喜，以及焦慮與憤怒，都屬於高喚起情緒，而滿足與悲傷則是低喚起情緒。博格與行為經濟學家米爾克曼

圖表6-2 ｜ 喚起對的情緒，才能激發行動力

並非所有的情緒，都是平等的，
如要說服他人採取行動，讓人難過是下策，
讓人對現況憤怒、對未來興奮，
最能喚起行動。

對現況的負面情緒	對未來（你的目標）的正面情緒
恐懼	興奮
憤怒	歡喜
挫折	熱情
憎恨	激動
嫌惡	狂喜
焦慮	愉悅

（Katherine Milkman）研究在《紐約時報》發表超過三個月的文章，發現如能成功引發讀者的高喚起情緒，文章登上電郵轉傳熱門文章榜的比率，比喚起其他情緒高出24至38%。[14]讀者會因這些高喚起情緒而採取行動，博格下結論說：「讓人瘋狂，別讓人難過。」

要說服他人，就不要讓人傷心或自滿；讓人興奮或生氣，才能促使人改採新行動。

由此可知，為了打動人心，並獲得他人支持，你必須激起他們的高喚起情緒，讓他們對現況感到焦慮，同時對你提出的目標感到歡喜、興奮。如果你能成功激發出這樣的情緒，就能說服別人，跟隨你的領導。

很多人因激發出錯誤情緒而弄巧成拙。在我們的研究中，有一位四十五歲的業務部主管蘭登（Mike Lunden），為了節省辦公室費用，想出一個辦法：不再提供員工免費咖啡。[15]

這個政策引發極大反彈，而省下的錢微乎其微，員工卻為之惱火。為什麼？這個改變使員工對未來憤怒（以後不再有免費咖啡），並對現況依依不捨（每天早上整個辦公室不再飄散著咖啡香讓人傷心）。

蘭登應該採用不同的做法。他可以去年獎金少得可憐為由來激怒團隊成員，然後指出如果他們願意一起節省營運費用，今年獎金就能增加。如此一來，團隊成員就會對現況不滿，而期待未來，才會認同他的節約做法。

用行動，更能喚起行動

2009年，名廚傑米・奧利佛（Jamie Oliver）肩負一項艱難的任務：他必須去全美國飲食習慣最不健康的小鎮西維吉尼亞州的杭廷頓（Huntington），說服當地居民改吃健康膳食。[16]他到一所小學，為學童準備了烤雞和蔬菜，然後問他們：「你們要吃烤雞，還是披薩？」

「披薩！」小朋友高喊。

奧利佛或許可跟父母講道理，說服他們改變小朋友的飲食習慣。他也可以列舉可怕的事實：那個小鎮有32%的人有病態肥胖的問題，每五個學童裡，就有三個體重過重。[17]然而，跟他們講道理似乎沒用，當地的人根本就不相信他。西維吉尼亞本來就是美國富裕地區居民嘲笑的對象，現在居然要由一個來自英國的廚師教他們如何做菜，這未免太過分了。[18]

奧利佛不苦口婆心的跟當地的人說明不良飲食之害，他召集父母和學童到停車場，手裡拿著麥克風，指揮一部大卡車開進來。卡車停在那些父母和學童面前，並把一堆動物脂肪倒在一個巨大的垃圾桶裡。眾人看到一座巨大、白色、令人作嘔的脂肪山，裡面還有一團團動來動去的脂肪。

「這就是全校學童一年吃下的脂肪！」奧利佛高喊。他跳進脂肪山，抓了一團，叫道：「來，大家來摸摸看！」

「不要！」小朋友都尖叫、嫌惡的後退。

父母則嚇得目瞪口呆。

奧利佛高舉一大團脂肪，對那些父母說：「你們願意讓孩子吃這種東西嗎？」

「才不呢！」他們叫道。

奧利佛看著群眾，說道：「你們要知道，我是站在你們這邊的。」然後高喊：「各位爸爸、媽媽，你們願意支持我嗎？」

「願意！」眾人齊聲高呼。

奧利佛知道他必須喚起大家的情緒，但他也知道，就算他說得再慷慨激昂，效果依然有限。因此，他用行動來告訴那些父母，孩子在學校吃的是什麼樣的食物。那座脂肪山看起來很噁心，真的令人作嘔。這樣具體的展示，強力衝擊了那些父母的心，讓他們覺得憤怒和噁心（甚至激起他們的罪惡感）。

奧利佛喚起那些父母對現狀的負面情緒，然後用熱情感召他們參與這場飲食革命，開始改吃健康食物。

在我們研究中，有一些人也像奧利佛一樣，會利用照片、影片和示範來激發情緒。前面提到天際醫院急診護理長安妮，為了說服心臟科醫師省略會診的步驟，她不是提出數據，而是帶他們到另一家醫院去參觀，看看別人是怎麼做的。

然而，我們發現在職場上真正懂得善用行動去說服他人的人並不多。只有18%的人在這樣的陳述獲得高分：「經常以行動激勵他人，讓人對工作感到興奮。」

我們的研究也顯示，不管什麼職位，都可以透過激發他人的高喚起情緒，達到你想要的結果，即使是資淺人員也可以做到。事實上，這些在喚起別人情緒方面得到高分的人，有資深人員（部門經理），也有資淺人員（技術人員）。

以三十三歲愛莉絲為例，她在一家大型全球製造商服務，是資淺的採購人員。她想推動辦公室無紙化的計畫。[19]雖然她知道這樣可以節省成本，但同事反應冷淡，認為這只是件無關痛癢的小事。

有一天，她知道公司執行長要來她服務的瑞士分公司訪察，於是把一大堆紙張、幾十個裝滿法規和文件的檔案夾都堆在一間大會議室桌上。這些紙張有好幾千頁，堆起來有八十幾公分高。當執行長抵達時，愛莉絲特意帶他去會議室，執行長驚愕的說：「天啊！我們為什麼要用這麼多的紙張？」結果，她的大膽行動，讓她的無紙計畫成功贏得執行長的支持。

用使命感，最能感召人

我們從研究得知，說服高手成功激勵人心的第三種技巧：讓每天的工作和使命感結合。

很多公司都有自己的宗旨或任務，最有名的如迪士尼，他們的使命就是：「讓人歡樂」。[20]這使命不只是公司或執行長努力的方向，而是每個人的目標。正如第五章所見，如果有強烈的使命感，就會有更好的表現。你可用使命感來激勵別人，讓他們支持你的計畫和目標，願意與你一起努力。

2015年，我受邀到安捷倫科技公司（Agilent Technologies），對他們的主管發表專題演講。[21]上台前，我先聆聽安捷倫的主管泰森（Jacob Thaysen）講述該部門的策略。他們負責開發料學家發展新藥及醫師診斷病症使用的量測儀器。他引述很多數字和事實來描述他的策略，儘管他提到的數字和邏輯思辨令人印象深刻，但有些觀眾卻懶洋洋的靠在椅背上，一副興趣缺缺的樣子。

在總結時，泰森說道：「最後，我想特別強調的是，我們的產品所帶來的影響力。」我以為接下來還有好幾張投影片，結果泰森播放了來自富比士醫療高峰會的一段影片，[22]影片中有個精神奕奕、熱愛運動的年輕女子。她名叫伍德（Corey Wood），才二十二歲，已是肺癌第四期的病人。她在影片中敘述生命科學儀器的進步和DNA定序，讓她得以利用分子標靶治療，擊敗肺癌。她說，她現在還好好活著，健康快樂。她熱淚盈眶，向每位幫助她的人致謝。

泰森播放這段影片時，現場觀眾都被這個年輕女子的故事吸引住了，正襟危坐，不再偷偷摸摸的看手機。當影片結束，泰森說道：「要不是我們開發的儀器和試劑，伍德就無法擊敗病魔。」全場鴉雀無聲，但你幾乎看得到每個人頭上的對話泡泡：「這就是我們為何要在這裡工作。」

泰森精心策劃的結尾，使工作和強烈的使命感結合。半年後，我和安捷倫的執行長麥穆倫（Mike McMullen），及他們的人資副總裁葛洛（Dominique Grau）共進午餐，他們說泰森那次報告，至今仍讓公司的人津津樂道。

泰森以崇高的使命感激勵觀眾，我們從研究中也發現，有不少頂尖人士都能讓最單調乏味的工作，具有遠大的目標。[23]羅培茲（Fernando Lopez）是三十七歲的供應鏈專員，在紐澤西一家醫療器材公司任職。[24]他必須管理來自供應商的材料，以供公司生產洗腎機和洗腎耗材。他認為這個工作能幫助需要洗腎的病人，意義重大。但外包工廠的工人並沒有這種感覺。羅培茲說：「就好像他們做的是餡餅，卻不了解餡餅是什麼樣的東西。」因此，外包工廠的工人不管製造或出貨，都馬馬虎虎。

為了激勵那些第一線的工人，羅培茲親自去他們的工廠解說。他說：「我提供了很多背景知識給他們，讓他們了解自己做的是什麼、他們又幫我們做了什麼，以及為什麼這是有價值的事。我讓他們知道，他們做的東西對腎衰竭的病人大有幫助。這些話迴盪在每個人心中，我也得到很多回饋。他們受到激勵，就會在自己的工作崗位上多努力，因為他們了解這麼做能有很大的影響力。」

製造團隊因此願意支持羅培茲，配合他安排的時程，達成品質目標。羅培茲本人的績效表現也就更好了。他在說服方面的得分是前15%，績效表現則是位居前20%。

研究證實，工作結合使命感能展現很大的力量。華頓商學院教授格蘭特及其研究團隊，針對一個電話客服中心的人員進行研究。這些客服人員必須打電話給大學校友募款，請他們捐助獎學金。[25]客服人員常打了好幾個小時的電話，卻一再遭到拒絕。為了突破困境，客服中心經理拿著受獎學生的感謝信函，給客服人員看，還安排了一位學生前來，當面向客服人員說明他們的努力，如何改變了他的一生。

經理跟客服人員說：「你在打電話時，不要忘了你的努力意義重大。正因為你努力不懈，才能幫學生爭取到獎學生。」一個月後，每位客服人員募到的金額從平均185.94美元，增加到503.22美元。

讓人充滿使命感，他們就會更加努力，幫你達成目標。

> 用行動（不只言語）喚起適當情緒，使人受到激勵，充滿使命感，他們就會願意支持你。每個人都做得到，跟你有沒有個人魅力無關。

然而，有時單靠這些打動人心的策略，還無法克服阻力。我們從研究得知，要成就一番事業往往必須用毅力克服一連串的困難，才能達成目標。

印度大叔的笨毅力

1998年印度男子穆魯甘納罕（Arunachalam Muruganantham）瞥見他的年輕太太香蒂鬼鬼祟祟的藏著一樣東西，不想讓他看到。他問了半天，香蒂才吞吞吐吐的說，那是月經布墊。穆魯甘納罕說：「妳怎麼用這麼髒的布？這種布連拿來擦我的摩托車都嫌髒。」他問香蒂，為什麼不用衛生棉。香蒂說，如果買了衛生棉，就沒有錢買牛奶了。

穆魯甘納罕決定為老婆解決這個問題。

他想開發老婆和一般印度女人都能使用的便宜衛生棉。他用當地生產的棉花做了一塊衛生棉，請老婆試用。因為不好用，老婆還是用原來的布墊。他想，如果要等老婆月經來才能測試他開發的衛生棉，一個月才能測試一次，那得花好幾年的時間才能開發出在市場販售的產品。他只好請姊姊幫忙，但她不肯。於是，他在當地找女醫學生，請她們試用。結果，一樣遭到拒絕。由於他只是個沒受過什麼教育的農夫，在那個傳統社會，沒有人願意幫他。（穆魯甘納罕為了幫忙養家，十四歲那年就輟學了。）

穆魯甘納罕最後終於說服二十個女醫學生使用他製造的棉墊，並完成問卷調查。然而，有一天，他發現有三個女生填寫的資料不實，讓他的「研究」白費工夫。[26]因為沒有人願意參加他的實驗，試用棉墊，他的計畫碰到瓶頸。

他靈機一動，不妨自己試用看看。於是，他去跟屠夫朋友要羊血，把羊血裝在足球裡。他把足球綁在身上，藏在衣服底下，在內褲底部放置他製造的衛生棉墊。他把足球當成是自己的子宮，一擠壓，足球裡的血就會透過管子流到棉墊上。因為天氣炎熱，羊血發臭，村民都認為這個男人瘋了。

更糟的是，幾個月後，他的老婆無法承受外界的眼光，搬出去了。但穆魯甘納罕沒有就此罷休。他又去找女醫學生，請她們試用，然後把使用過的棉墊收回來研究。一個星期天，他母親看到他把血腥的棉墊在後院排成一排，難過到淚流滿面。她也搬出去了。

村民認為穆魯甘納罕必然是邪靈附身，才會做這樣的事，打算把他倒立綁在樹上，請巫師來幫他驅魔。他答應離開村子，村民才放過他。穆魯甘納罕說：「我已到了眾叛親離的地步。」但他仍不放棄他的衛生棉研究。

穆魯甘納罕很困惑，他做的棉墊為什麼吸水力不如國際大廠寶僑或嬌生的衛生棉，一壓就會滲漏？他仔細研究材料，這才恍然大悟：國際大廠用的是昂貴的機器，因此得以把樹皮變成吸水力超強的纖維。他該知難而退吧？

結果，他還是鍥而不捨。他去尋找他能使用的植物。他把衛生棉的製程分成四部分：把纖維分離出來、包裝、加工和消毒。他為每個步驟設計了最簡單的機器，盡可能利用腳踩提供機器所需的動力。

四年半之後，他終於研發出構造簡單、價格低廉的衛生棉製造機。這樣的機器雖然看起來簡陋，但能用非常低的成本把樹皮纖維製成衛生棉。穆魯甘納罕終於達成心願。

穆魯甘納罕回到村子，發送免費的衛生棉給村民。第二天，他就發現孩子拿這些衛生棉在玩，有的男人甚至把衛生棉貼在摩托車上的頭燈上，女人還是沒使用。正如我們在第三章提到的，儘管他已完成目標（發明衛生棉製造機），如果女人不願使用，創造出來的價值就是零。

以毅力來說，穆魯甘納罕實在很驚人。他花了七年的時間對抗一連串的阻礙，儘管一再失敗，卻不放棄。擁有這種毅力似乎難能可貴，但從研究發現，在職場上這樣的人還不少。

我們的研究顯示，有超過四分之一的經理人和員工（27%）都認同這樣的陳述：「不管碰到多大困難，都會鍥而不捨的為目標而努力。」如陶氏化學公司的郃福德就在這方面獲得7分（最高分）：如同前述，儘管他一開始就碰到阻力，新老闆上任後，他的計畫又差點胎死腹中，但他仍不屈不撓，不斷努力。

郃福德與穆魯甘納罕在毅力方面的表現都很驚人，但一人成功達成目標，另一人卻一再失敗，光靠毅力顯然有其限制。

要戰勝工作上的各種阻難，不能只靠毅力。你還必須能夠適時利用策略來化解阻力。雖然穆魯甘納罕最後製造出實用、價廉的衛生棉，但是他最想幫助的人，卻離他而去，包括他的老婆、母親、姊姊和村民。他們不使用他的產品，也不願幫他宣傳。他夠努力，也有懾人的毅力，不斷改善製造和營運策略（從原料的取得、測試到機器製造），卻不懂得如何打動人心，沒有聽取別人的意見，只是一股腦兒的往前。

他的笨毅力嚇走大家。

> 巧毅力不是要你埋頭苦幹，像推土機般，不斷往前，把阻力之牆推走；除了意志堅定、百折不撓，你還得考量其他人的觀點，並設法打動他們。

解危策略1：了解對手怎麼想

溫暖的陽光從窗戶灑進佛爾皮食品行（Volpi Foods）。這是一家開設在聖路易斯的小公司，專門販售義大利醃肉，如薩拉米臘腸、火腿。[27]帕瑟緹（Lorenza Pasetti）從父親手裡接掌這家店。此刻，她正在外地參加食品展。留在辦公室的人正忙著處理事情。這時，傳真機有了動靜。那是佛爾皮最重要的客戶大型零售商好市多（Costco）傳來的。

當辦公室的人十萬火急打電話給帕瑟緹時，她正在和顧客聊天。那紙傳真是監控、認證火腿品質的帕爾瑪火腿協會，派律師傳給好市多的。帕瑟緹在接受我們訪談時解釋說：「那紙傳真說我們的火腿製品有問題，且控告我們違反美國商標法。我們是家注重商譽的百年老店。這實在是無妄之災。」

這是他們第一次遭到帕爾瑪火腿協會的奇襲。該火腿協會指稱，佛爾皮並沒有依照義大利傳統方式生產醃肉，因此在產品商標上使用「義大利」、「傳統」和「火腿」等字樣是違法的。由於這項指控，美國農業部將派人調查此事。

佛爾皮的客戶像好市多等，因帕爾瑪火腿協會提出訴訟，恐遭池魚之殃，打算將佛爾皮的產品全面下架。

帕瑟緹立刻打電話到美國農業部，看自己是否真有問題，畢竟佛爾皮的產品標籤已通過農業部審核。沒想到，農業部的人竟然說他們不該讓佛爾皮過關，要求佛爾皮把「義大利」從商品標籤去除。但佛爾皮這個品牌是以義大利醃肉為主，如何拿掉「義大利」這幾個字？

帕瑟緹不知道該怎麼做才好。她想反擊，但公司裡的人都不希望這場風波引發纏訟。她父親經營這家公司有四十五年的時間，也想不出什麼解套的辦法。但帕瑟緹說，她父親是老一輩的人，相信律師說的一切，根本不想反抗。她的姐夫也在佛爾皮工作，一樣勸她屈服。

帕瑟緹沒有立刻反擊。她左思右想，試著從協會的角度來看。為什麼他們要找佛爾皮的麻煩？她認為協會應該不是為了搶奪美國市場，而是為了保護義大利的傳統製法，如果標示「義大利火腿」，就該具有義式醃肉的原汁原味。

基於這點，帕瑟緹想出了一個策略：別管美國律師，也別理會美國農業部，她要搭機前往義大利。

她是第一代義大利移民，義大利語流利，為了工作和度假已去過義大利幾百次。她解釋說：「我在義大利買了很多機器、設備，製造商大都是在義大利北部的帕馬……我請當地最老牌、商譽最好的機器製造商為我安排和協會的人談談。我想，如果他們看到我，聽我說明我們如何依照傳統製法，應該會請他們的律師撤銷告訴。」

在一個炙熱的八月天，帕瑟緹來到帕馬，走進友人公司的會議室，隔著一張有三百年歷史的大桌子，與兩位協會大老會談。協會大老的年紀幾乎是她的兩倍大。她告訴他們佛爾皮的故事，及這個家族公司如何依照代代相傳的義大利醃肉製法，精心製作臘腸和火腿。她懇求大老們手下留情，讓這家正宗的義大利醃肉店得以在美國存活。帕瑟緹笑著說：「儘管我的語氣有點誇張，但是成功了。」她說服了協會大老，他們因而態度軟化。

帕瑟緹的故事告訴我們，如何在職場上運用巧毅力。

為了克服阻力，她的第一步是了解為何義大利的帕爾瑪火腿協會要威脅她。她從他們的角度來看，了解這和維護義大利傳統有關。這是非常重要的洞見。

心理學家稱此為認知同理心（cognitive empathy），是一種了解他人觀點或心智狀態的能力。[28]史丹佛商學院教授菲佛（Jeffrey Pfeffer）在《Power！：面對權力叢林，你要會耍善良心機》一書提到，「設身處地，從他人的角度來看」，就是成功的最佳策略。[29]

菲佛說，我們常因為一心想著自己憂心的事或目標，而不能從別人的角度來看事情。我們以為對方不了解，因此提出更多的事實，據理力爭。然而，這並不是聰明工作的方法。

為什麼同事要反對你？也許你們要做的事或彼此的優先事項有衝突。同事也許想為他的行銷計畫爭取資源，而你要做的事則會妨礙他，因此反對你。組織裡的人可能有偏袒、循私的問題，而你不是他們偏愛的對象。其他部門的同事也可能把你的部門當做敵人，即使並沒有特別討厭你，也會阻撓你。

此外，改變會使人感受到威脅，認為你提出的案子風險太大。這就是陶氏化學公司主管群面對郜福德提案的反應。再者，別人不支持你，也可能只是沒時間或沒預算。或許他們的預算被刪減，而你的提案被排在最後。

別人反對往往是有原因的。花點時間從他們的角度來看，就會恍然大悟。想想別人最在意的是什麼，你才可能採取正確行動，克服阻礙。

解危策略2：力爭或讓步

要展現巧毅力，除了運用同理心，行動也很重要。

帕瑟緹了解對手的立場，決定親自前去和火腿協會的大老談判。雖然這個策略後來奏效，其實很冒險。如果選擇讓步，風險會低很多。如郜福德提案後，為了克服阻力，他做出妥協，修改了計畫的某些部分。

郜福德在第一次提案失敗後，試著從主管團隊的角度來考量，了解他們的焦慮主要來自網路上的價格。為了說服反對者，他選擇把網路價格提高，然後給網路買家優惠碼，讓他們得以用優惠價格購買。如果沒有這樣的讓步，主管團隊必然會再次打回票。

儘管讓網路顧客使用優惠碼不是最理想的方式，但是他可以接受的妥協做法。郃福德可調整價格，到他和主管都滿意的程度，不像帕瑟緹，如果她不主動出擊，就只能坐以待斃。

為了平息反對者的聲音，稍作讓步往往很值得，但有時也必須設好底線，敢於涉險。

解危策略3：化敵為友

如果不能讓步或不想冒險，那就試著把敵人變成盟友，也就是學者所說的「拉攏人心」（co-opting）。

郃福德發現資訊部門對他不友善時，就是運用這種策略，想辦法和他們一起合作。他先了解他們的疑慮為何（資訊部門希望全公司的系統都能標準化），然後一方面努力減輕他們的疑慮，全力配合他們；另一方面，為了解複雜的資訊技術問題，他也諮詢外部資訊公司，如埃森哲（Accenture）。他努力研究資訊專有名詞，以便跟資訊部的同事「說同一種語言」。他也了解，資訊部的阻撓主要是擔心他像其他陶氏的經理人，對他們部門提出不合理的要求。

當他的網路商店正式上線開賣營運，第一筆訂單進來時，他甚至打電話恭喜資訊部門的同事。郃福德說：「這通電話有重大影響。資訊部的同事因而覺得他們跟他是在同一條船上，也就願意站在他那一邊。如此一來，也就更容易溝通。」

碰到敵人，我們第一個反應往往是拔劍出來，拚個你死我活。然而，如果能不打就贏，既能省力又能帶來更大利益。

詹森總統曾迫使胡佛辭去聯邦調查局局長一職，發現難以成事，就處之泰然，說了這一句：「寧可讓他進帳篷，向外頭撒尿，也不要讓他在帳篷外，往裡面撒尿。」[30]因此，盡可能聰明工作，讓敵人變成入幕之賓吧。

解危策略4：結集眾人之力

自稱「月經男」的印度大叔穆魯甘納罕還有一點值得我們注意。[31]他發明機器，開始製作衛生棉，村裡的女人卻不肯使用。他的計畫因而停頓。他想要幫助印度女人，辛辛苦苦努力了七年，貢獻卻等於零。

但他沒有放棄。他了解自己的錯誤並設法修正。一開始，他只是一個人蠻幹，因此成效有限。後來他終於知道必須改變策略。他號召貧窮婦女加入這場衛生棉革命，讓她們幫忙說服其他女人使用他發明的衛生棉。

有了資源之後，穆魯甘納罕在好幾個村子放置機器，訓練當地的女人製造、販售衛生棉。因此，女人也可利用低成本的機器開始做生意。她們也教育其他婦女使用衛生棉，不再使用不潔布墊，以免受到感染。她們不但是促進健康和衛生的功臣，也可利用這個機會自力更生，改善經濟條件。

穆魯甘納罕動員貧窮婦女，讓她們去說服更多的女人，建立一個具有影響力、不斷擴大的網絡。

穆魯甘納罕終於成功了。他的妻子和母親重回到他身邊，村民也接納他。他最後成功關鍵在於改變策略，運用巧毅力，不再靠一己之力蠻幹。

因此，要成功說服，最好號召他人來幫忙說服其他人。

在我們的研究中，有些經理人和員工擅長為自己找班底。有29%的人在此陳述上獲得高分：「善於動員，促使改變成真。」如郃福德就在這項獲得最高分（7分）。他請主管幫他安排與新上任的總裁伍德見面，好讓他的案子有機會起生回生。因此，他不是孤軍奮戰。我們從研究中也發現，像郃福德這樣善於動員的人，工作績效較佳。（動員能力與績效的相關係數高達0.66）

> 談到説服，最好號召他人來幫你。很多人常只想到靠一己之力去改變他人，但孤軍奮戰，經常途中就力氣耗盡。

營造充滿幹勁的工作環境

超級業務員郃福德、火腿店老闆帕瑟緹、名廚奧利佛以及印度的平價衛生棉創始人穆魯甘納罕，為了爭取別人的支持，他們都花費極大的心力，並運用智慧克服各種阻力。他們無法利用權威使人聽命於自己，也沒有特別吸引人的個人魅力，能成功主要是利用能激勵人心的策略與巧毅力來化解阻力。他們採取的策略是透過實際有效的行動，而非訴諸個人特質。學習運用這樣的策略，有助於提高你的說服力。

說服高手不但在工作上表現出色，也能與同事、顧客、老闆等建立良好關係。這些能說服別人，也能克服阻力的技巧，幫助他們累積重要的人脈資本，在未來有需要的時候將成為他們重要的後盾。

這些技巧也能改善職場氣氛。如果你能激勵別人，並運用巧毅力，化解你與同事之間的對立，或是化敵為友，大家工作起來就會比較投入、有幹勁，也會比較愉快。

這不是指把職場變成一個沒有衝突的地方。當團隊面臨嚴峻挑戰，必須做出艱難決定時，最好成員之間有很多建設性的衝突。正如我們在下一章要探討的，衝突也是團隊績效的催化劑。有衝突才能有更好的表現。

未來，什麼人最搶手？

我們常認為，為了爭取支持，我們要做的就是耐心解釋，說明我們的提案有多好，如此就能贏得老闆、同事或員工的支持。我們也相信，憑著毅力，為長期的目標埋頭苦幹，必然能克服障礙。這些傳統做法教我們要不斷努力，溝通再溝通，盡最大的努力，假以時日就能成功。

但我們的研究發現，更高效的工作新思維是，說服高手不只是說之以理，還會運用兩種策略。首先，他們會動之以情，拉攏人心以尋求別人的支持。其次，他們會運用巧毅力，適時調整，來克服阻力。能激勵別人，有動員力又有巧毅力，有助你堅持下去，達成目標。

新工作法則就是你的新機會

在我們的研究中，比起不善於擄獲人心或運用巧毅力的人，兼具這些心理戰略的說服高手，績效排名領先了15個百分等級。

說服高手懂得動之以情，激勵同事，以贏得支持：

- 他們善於激發他人的高喚起情緒，讓人對現況憤怒，但對未來感到興奮。
- 他們會用行動（而不只是言語）來說服別人，利用影像圖片或示範讓人震懾。

- 他們會用使命感來感召別人，讓最單調乏味的工作也具有遠大的目標。

說服高手會展現巧毅力來克服阻力，獲得別人的支持：

- 他們設身處地，從對方的角度來看事情，再針對對方最在意的事來擬策略。
- 如有必要，會勇敢出擊；有時也會讓步，以化解阻力。
- 他們會設法拉攏別人，試著把敵人變成隊友。
- 他們知道動員力量大，會結集眾人之力，一起努力，不會一個人蠻幹。

07

能爭辯，也能團結
讓團隊變聰明

廣納眾議，行動一致。
——居魯士大帝（Cyrus the Great）[1]

卡爾博（Ulises Carbo）想要締造歷史。[2]1961年，他和其他1,400個在中央情報局協助下流亡美國的古巴人，計劃從古巴西南方的豬玀灣向卡斯楚共黨政府發動突襲。這支受過訓練的部隊將從陸、海、空三方面夾擊古巴，想給敵人來個措手不及。他們的策略是從沙灘登陸，由於豬玀灣沒有重兵防守，應該很容易擊潰。接著，很關鍵的是他們將號召幾萬個古巴人起義，一起推翻卡斯楚政府。

為了這次行動，美方出動四艘運輸艦。卡爾博登上的是休士頓艦，這艘運輸艦載著人員、燃料和彈藥率先出發，計劃在四月十六日晚上和空軍會合。沒想到，空中支援遲遲未到，整個戰鬥計畫因此荒腔走板。舷外摩托艇被迫上陣。結果，要把摩托艇放下的蒸氣吊架發出巨大聲響，驚動了古巴防禦部隊。

美方運輸機本來該在一個半小時內，把這支流亡部隊全數載到沙灘上。但到日出時，只把一半的人送上岸。天亮後，休士頓艦和其他三艘船，慘遭T-33戰鬥機和霍克海怒轟炸機的攻擊。上午八時左右，卡斯楚的軍隊發射兩枚火箭砲，把美方船艦炸出大洞。

海軍上校莫爾賽（Luis Morse）眼見船身修補無望，索性把休士頓艦往海灘開。結果，就在離岸半英里處觸礁沉沒，只有甲板室頂端露在水面上。由於燃油不斷滲出，撤退困難，不會游泳的人登上兩艘各可載三十人的救生艇。卡爾博等人游泳上岸，但他得脫掉褲子和靴子才能游，最後站在沙灘上時，全身上下只剩下一條內褲。

由於古巴在豬玀灣沙灘上的駐軍不多，卡爾博等人才得以擺脫他們進入古巴，但在接下來的三天，仍不敵卡斯楚的兩萬大軍。

這支流亡美國的革命軍不是被俘就是被殺。古巴人民並沒有在那些流亡者的號召下揭竿而起，來個裡應外合。卡斯楚後來把被俘的流亡者當人質，向美方索取藥物和食物。卡爾博等人萬萬沒想到，他們英勇出擊換來的只是恥辱。

這個讓敵人笑掉大牙的突擊計畫，是誰想出來的？看來是遜咖團隊，才會這麼離譜。但事實上，這是甘迺迪政府找來的一群最厲害、最優秀的人才主導的計畫。[3]

一群聰明人為何做出笨決策

為了這個軍事行動，甘迺迪總統曾召集多位重量級領導人開會討論。當時擔任甘迺迪特別顧問的哈佛史學家史列辛格（Arthur Schlesinger），也參加這次會議。根據史列辛格所述：「參與會議的，都是赫赫有名之士，有國務卿、國防部長、中央情報局局長，以及三位身穿軍服、肩掛星星、胸前配戴勳章的參謀長。」[4]

當時擔任中央情報局局長的杜勒斯（Allen Dulles）和副局長畢塞爾（Richard M. Bissell），就是豬玀灣計畫的主導者。在白宮會議室裡，畢塞爾負責向大家做簡報。根據史列辛格的說法，畢塞爾是個心思「敏捷、犀利，分析精闢，辯才無礙」的人。[5]與會者如曾任福特汽車公司總裁的國防部長麥納馬拉（Robert McNamara）、白宮國安顧問龐狄（McGeorge Bundy）都是一時俊彥。龐狄絕頂聰明，儘管沒有博士學位，仍在三十四歲那年成為哈佛大學文理學院有史以來最年輕的院長。

因此，這個會議的問題並不是缺乏一流人才，而是沒有批判式思考，不能針對這個計畫的假設和缺點，進行全面而周詳的辯論。你該知道那種一面倒的會議，每個人都點頭贊同，沒有一個人敢提出異議，最後下場會怎麼樣。豬玀灣突襲會慘敗，癥結就在此。

在做決定之前，甘迺迪總統詢問過多位顧問的意見，包括國務次卿曼恩（Thomas Mann）。曼恩曾在私底下對他的上司說，他不贊同這個計畫。他說：「但是在場的每個人都贊成，我也就不好表示反對了。」[6]國防部長麥納馬拉則說：「我和國務卿魯斯克（Dean Rusk）對這個計畫都不是很熱中，但我們沒說『不』。我們根本就沒表示反對。」[7]龐狄更是把責任推得一乾二淨：「總統雇用我，不是叫我跟他唱反調。他一旦下決心要怎麼做，我只能支持他。」

史列辛格起先也對這個計畫有疑慮，甚至寫了幾份備忘錄給甘迺迪總統，列出這個計畫可能帶來哪些危險。然而，到了決策會議前夕，他也質疑自己為什麼要反對，最後順應眾人的意見，因而悔不當初。「我非常自責，責怪自己在內閣會議的重要討論中保持沉默。」[8]

豬玀灣事件可說是團隊決策失靈最恐怖的紀念碑。甘迺迪總統身為領導人，卻無法激發團隊成員熱烈辯論。每個團隊成員應該大膽表達異議，質疑這個計畫的缺點，但他們只會唯唯諾諾、揣摩上意，才會釀成這樣的軍事災難。甘迺迪總統找來的人，的確是「一時俊彥」，卻鬧出天大的國際笑話。

績效殺手，太多無效會議

豬玀灣登陸慘敗，明白告訴我們，領導人和團隊成員的表現，對個人績效有很大的影響。畢竟，人並非總是單打獨鬥，很多時候都是團隊工作，和其他人一起完成任務。

在我們的5,000人研究中，有高達80%的人表示，良好的團隊領導，對他們的工作有「相當重要」的影響。團隊工作包括任務分配、互相協調、在會議上辯論、決策，以及落實決策事項。

團隊工作有一大部分都是在開會中進行或決定，但很多團隊會議的成效都不理想。會議品質取決於開會時是否能激發各種有建設性的意見、每個人是否都能積極參與辯論，以及做成決策後能否確實執行，這些都會直接影響個人與團隊的表現。

在豬玀灣事件中，古巴流亡革命軍不敵卡斯楚的兩萬大軍。

照片提供：MIGUEL VINAS / AFP

我們的會議真是多得不得了。有一項研究估算在美國每天召開的會議多達3,600萬到5,600萬個。[9]根據微軟在全世界進行的一項調查，參與者多達38,000人，有高達69%的人認為，他們每天開的會議根本沒什麼效益。[10]

在哈里斯民調公司（Harris Poll）進行的一項調查中，採訪了2,066人，半數的人寧可做別的事，什麼事都好，就是不願參加進度會議；有17%的受訪者表示，「寧可盯著牆壁，看上面的油漆變乾了沒」，另有8%的人選擇，「寧可躺在牙科診所的椅子上做根管治療」。[11]

如果開會沒辦法解決問題，該怎麼辦？那就再開一次會。

參與我們研究的傑克在一家中型製造廠的財務部門工作。說起他的經理——四十二歲的凱倫，他就一肚子火：「她安排了一大堆不必要的會議。這些會議很少有什麼結論。通常結果就是安排再開一次會。」[12]

團隊會議成效不彰，就得開更多的會。但如果一開始就沒能進行有意義的討論，開再多會也只是白費力氣。

一個團隊要達成任務，不必開更多的會議，我們需要的是更聰明的團隊會議，讓所有的成員能積極互動，有效溝通，並落實決策。問題是，如何做到？

> 團隊會議，是團隊工作中非常重要的一部分，團隊與個人的表現跟會議品質息息相關。

為了好決議，好好吵一架

2009年，為了研究高績效團隊的成功祕訣，我來到在倫敦希斯洛機場附近的斯勞工業區。

我和同事伊巴拉（Herminia Ibarra）、裴爾（Urs Peyer）因決定研究全球各大公司執行長的績效表現，並予以排名（研究結果發表於2010年和2013年的《哈佛商業評論》）[13]，蒐集自1995年以來2,000位執行長及其公司的資料，然後分析表單上的大量數據，再根據各公司的股市表現，從第一名（最優）到第2000名（最差）排出各執行長的名次。

一天早上，我收到排行結果。我坐在辦公桌前打開檔案，滿心期待的從頭瀏覽到最後。第一名是蘋果公司的賈伯斯，毫不令人意外；接下來的幾個名字，也都很熟悉，像是亞馬遜的貝佐斯，以及其他幾家正飛快竄升的高科技公司或能源公司的執行長。

但往下看到第十六名：英國利潔時公司（Reckitt Benckiser）執行長貝科特（Bart Becht）時，我不由得放下咖啡杯，心想這是何方神聖？在此之前，我從沒聽過這號人物。於是，我上網查了這家公司。我想，這八成是一家很酷的高科技公司，或是市場版圖不斷擴大的能源公司。

但當這家公司的網站出現在我眼前時，我差點從椅子上跌下來。這是一家賣清潔用品的公司，如洗碗精之類。清潔用品應該不是異軍突起的產業吧？

賣洗碗精竟能在兩千家大公司中，擠進排行前1%，實在是一匹大黑馬。就算利潔時賣的不只是洗碗精，還有消毒藥水滴露、碧蓮去漬霸等等，但不管怎麼說，它還是一家家用清潔用品公司。

我很好奇，想去探個究竟。於是，我打電話給貝科特，詢問是否可前往該公司參訪，並把分析資料納入我們的研究。[14] 他欣然同意，因此我和研究夥伴一起到該公司位於斯勞工業區的總部。

利潔時的人帶我們進入一個小房間，房間架上擺滿了他們公司的清潔產品，那裡簡直比衣櫃大不了多少。那家公司也沒有豪華的董事會辦公室、沒有明亮落地窗，也沒有董事會成員的肖像。我們就在那個小房間，與貝科特和該公司的七位主管進行訪談。我們發現，這家公司績效卓越的祕密，就在他們的團隊會議。

他們的團隊會議有兩大原則。第一點在我們看來實在怪怪的，也就是爭吵。

如果團隊成員可以在會議上好好吵上一架，就可以辯論問題的各個層面，考慮各種做法，並互相挑戰。就算是少數人的觀點也不會被漠視，各種假設情況可被仔細檢視，每個人都可以暢所欲言，根本不必擔心會遭到報復。

貝科特告訴我們，他不喜歡那種每個人都附和別人、互相取暖的會議。他覺得那種會議太沒意思了。他喜歡氣氛火爆的會議，每個人都可提出不同的意見，據理力爭，即使吵起來也沒關係。他說：「我們鼓勵『有建設性的爭吵！』」

「如果有一群人非常堅持某些想法，我希望看到這些想法能有進一步的發展，不該因為和多數人的想法不同而被噤聲。如果你來開會是有備而來，能提出事實，就該好好為你的觀點辯論，不能輕易放棄。當然，大家可能因此吵得很兇。」[15]

該公司主管凱斯柏思（Freddy Caspers）可為這番話作證。2001年，他進入這家公司工作，第一次走進會議室就嚇壞了。他發現裡面的人吵得臉紅脖子粗，甚至跳上跳下的。他說：「他們不是真的在打鬥，但那唇槍舌戰真的是異常激烈。」

還有一次，利潔時有個派駐到南韓的行銷經理，為了一種香氛定時噴霧機跟同事大吵。這是一種裝電池的室內芳香劑，能定時飄香氣除臭。過去五年，只有南韓有販售這樣的產品，且都裝設在辦公室內。那個行銷經理認為，他們也可製造這種產品賣到其他國家，而且可做為家用品，不一定局限於辦公室使用。根據《彭博商業周刊》報導，他的同事說他：「肯定是腦筋壞了，才會提出這樣的點子」。[16]

在大多數的公司，如果你碰到這種事，大概也只能夠摸摸鼻子放棄己見，聽從大家的意見。但在利潔時，每個人都不會善罷干休。經過激烈的爭吵後，他吵贏了。利潔時的喜詩香氛定時噴霧機（Air Wick Freshmatic）後來在六十九個國家上市。

根據訪談，我們歸納出在利潔時開會的不成文規定：

- 每次開會都要百分之百準備好。
- 立論充分，用自信和數據來說服人。
- 以開放心胸來聽取別人的意見，不要一味固執己見。
- 讓最佳立論勝出，即使那不是你提的（通常不是）。
- 你可以站起來大聲說話，但必須對事不對人。
- 絕不輕忽少數人的意見，要認真的傾聽。
- 不要為了達成共識而意見一致。

在利潔時開會，團隊成員會衡量所有的意見，在探討利弊得失後，才會做出決定。的確，這樣的會議經常會針鋒相對、吵得很兇，但這種激烈的互動，較能產生周全的好決策。接受我們訪談的每個人都同意這點，這種團隊合作確實帶來更好的績效。

一旦做出決議，團結一心去落實

然而，在會議中爭吵，雖然有助腦力激盪，卻也可能帶來不良的副作用，吵到沒完沒了。因此，利潔時團隊會議的第二個原則，就是促成團結。公司希望經理人在會議上做出決定，並以行動支持會議決議。

利潔時公司是荷蘭的班凱潔（Benckiser）和英國的利吉特

科爾曼（Reckitt & Colman）合併而成。貝科特說，剛合併時，有次兩方經理人在荷蘭開會，雙方陷入苦戰。午餐後，利吉特科爾曼有個經理人提醒大家，會議必須快點結束，因為他們得搭機回倫敦了。但是雙方仍未達成共識。班凱潔的人很緊張，因為公司長久以來的作風是，在達成明確協議，以及團隊成員共同承諾履行決議之前，會議是不能結束的。

「後來呢？」我問貝科特，「班凱潔的人是不是把會議室的門鎖起來？」

貝科特笑著說：「正是如此。他們說：『除非有決議，否則任何人都不准走。』」一旦團隊認真討論問題，很快就有了結果。

如果已超出合理時間，團隊依然無法決定，又該怎麼辦？利潔時的做法是由最資深的人（通常是主席）來做定奪。每個會議都必須有決議和行動承諾，一旦決定怎麼做，每個人都要放下己見並團結合作，付諸行動。一個主管說：「如此一來，會議效率變得超高，像光速一樣，一個個議案飛快通過。」

每個人都必須承諾會落實決議，沒有人會事後批評、玩弄政治手腕或暗中搞破壞。貝科特說，利用政治手段破壞決策，「就是毒藥」。

利潔時會有如此優秀的表現，一個原因就是他們的經理人和員工不只在會議室裡「生死鬥」，最後還能團結一心。

所謂團結，是指團隊成員承諾履行決議事項，即使「不同意但仍全力以赴」，不會事後批判或暗中破壞。

我們也在其他績效卓越的公司，發現類似的團隊文化。

亞馬遜希望員工，如果有反對意見，要勇於挑戰，即使這樣挑戰，讓人感到不安或是覺得費力，「一旦達成決議，大家就承諾全力以赴。」[17]

矽谷投資家安德森也曾描述他們公司合夥人提出交易時，投資團隊如何討論。「會議室的每個人都必須對這樣的想法進行壓力測試，」他說，「像我們的合夥人何洛維茲（Ben Horowitz）提出一項交易，我總會批評得體無完膚。儘管那可能是我聽過最好的點子，我還是裝出百般嫌棄的樣子，然後要其他人好好修理他。」如果這樣挑戰，那個提案人仍能占上風，大家就不再爭辯。「我們最後會說：『好吧，我們會一起全力支持你。』」[18]

然而，這樣的例子畢竟不多見，而且是公司文化促成的。我更想知道，如果一家公司的經理人或甚至是一般員工，會在會議中跟人針鋒相對，最後又能與人團結合作，這樣的特質對於他們的績效表現影響有多大？結果，我們從5,000人的研究發現，擁有這種心智的人，工作績效明顯比較高，而且他們的做法令人驚豔。

此外，從性別刻板印象來看，男性似乎善鬥，女性則偏好團結。但我們的量化研究，推翻了這點。

在我們的樣本中，善於在會議中與人爭論的男性，只有近30%，女性則有32%。女性的確在團結方面略勝一籌，但與男性差異不大：38%的女性在團結方面獲得高分，而男性得到高分者則為34%。

我們的研究也顯示，教育程度愈高，不代表比較會吵架或更懂得團結。所以，找最厲害的人加入團隊，不一定就是最佳策略。還有個研究發現令人驚訝，資深的人在促成團結方面的表現，不一定比資淺的人來得好。我本來以為職位高、有權威的人比較能促成團結。但團結不是可以強迫的，你必須讓團隊成員真心承諾，而不是表面上的順從。

如何讓團隊成員吵得兇，又能同心協力？以下是來自各行各業頂尖團隊與高績效人士的做法。

做召集異見的高手

一個團隊要是不能包容不同意見，就無法從衝突中獲益。

數十年來的科學研究證實，多元化的群體較具有創意，也比較能進行有建設性的辯論。哥倫比亞商學院教授菲利普斯（Katherine Phillips）曾說：「多元化有助於團隊尋求新訊息與新觀點，使人做出更好的決策，也更能解決問題。」[19]

密西根大學複雜系統研究中心主任佩吉（Scott Page）也指

出，辯論要有成果，關鍵在於「認知多元化」，亦即對一個問題有不同觀點。[20]他論道，多元化來自不同背景的人和不同的專業，可幫助人用不同的角度來看這個世界。

大多數的人在組成團隊或參加會議時，並不會特別想到多元化。我們傾向和我們類似的人在一起，這就是社會學家所謂的趨同性。在尋找一流人才時，我們不會捨近求遠，而是找和我們背景相似的人。甘迺迪總統的國安團隊都是俊彥之士，但這群人都是同一類的人，亦即出身名校四、五十歲白人男性。

這些精英不僅沒能從外面的眼光來看事情，也沒有勇氣提出異議。根據史列辛格的說法，中央情報局在計劃這次行動時，預估「部隊上岸之後，至少會有四分之一的古巴人民支持他們。」[21]要不是如此，甘迺迪總統也不會同意派1,400個傭兵和兩萬以上的卡斯楚大軍對抗。

對於這個計畫最重要的假設：古巴人民會起兵反抗，國安團隊裡沒有任何一個人想到，應該去國務院了解一下古巴的真實情況。如前去詢問，他們就會知道，古巴人民愛戴卡斯楚，根本不可能起義。如此一來，他們就會提出不同的觀點，並質疑中央情報局的假設了。

為了團隊會議有建設性的爭吵，並做出好決議，團隊成員的背景最好多元化，而且要能敢於提出異見，才能激發出各種不同的觀點。

利潔時執行長貝科特說：「我不在乎我雇用的是巴基斯坦

人、中國人、英國人或是土耳其人，是男性或女性，也不在意他們是否做過業務或其他方面的工作，只要這些人各有不同的專長與經驗就行了。團隊成員背景迥異，就比較可能激發出新鮮的點子。」[22]

當然，身為團隊成員，你不一定有權決定你的團隊有哪些人，或是哪些人會來參加會議。就算是這樣，你仍然可以透過其他方法，尋求不同的觀點或不同的訊息，為團隊或會議注入多元的聲音。

你可以先聽聽團隊以外的人是怎麼說的，也可找找是不是有被忽略的最新市場報告，還有看看公司裡是不是有常常逆向思考的瘋狂工程師，下次召開團隊會議時，邀請他們出席，或是轉述他們的看法。如此一來，就能讓大家看到不同的觀點。

在我們的研究中，一些頂尖人士就是這麼做的。三十八歲的岡瑟是南卡羅萊納一家電力公司的工程師。他質疑公司電廠的一個承包商做法有問題，[23]於是把承包商、他的老闆和跟這個案子無關的兩個工程師找來開會。他期待透過那兩個工程師可以得到新觀點。開會時，岡瑟找來的工程師之一提出完全不同的解決方案，而且顯然比承包商的做法高明多了。岡瑟說：「那個承包商根本不聽他說的，但我的老闆很欣賞那個工程師的意見。」

即使岡瑟只是一個位階不高的工程師，但他卻是召集異見的高手。他策劃會議，強化討論時的多元思考。在「能爭辯，也能團結」方面，他的得分居第98百分位數，工作績效則是排名前6%的佼佼者。

明定吵架規則，讓人暢所欲言

2009年，海尼根集團把三十六歲的凡登布林克（Dolf van den Brink），從荷蘭調到紐約州白原市的區域總部，希望他能挽救海尼根在美國的業績。凡登布林克是個高大帥氣的青年才俊，之前曾在剛果工作，不到幾年，就使海尼根在該地的市場異軍突起，業績倍增。

我們見面時，他回想起剛到美國時的情景，說道那時公司內部恐懼氣氛濃厚，「沒有人願意說真心話」。[24]

為了引領大家熱烈討論，他沒有大聲說：「各位，儘管說出你們的意見吧。」他知道他必須先讓大家了解，會議室是可以暢所欲言的地方。於是他利用道具來建立新的會議規則。

一天早上，與會者進入會議室後，發現桌上放著好幾張不同顏色的卡片。紅色卡片上寫著：「挑戰，想出另一個解決方案！」綠色卡片上寫著：「我願意這樣做，問我為什麼！」最後一張灰色卡片，則有警告意味：「不要搞一些有的沒的，回到正軌吧！」

每個人都要拿一張卡片，以表示反對（紅色）、支持（綠色）或認為提案者偏離正軌（灰色）。會議室裡還擺了一隻玩

圖表7-2 ｜ 海尼根的會議卡片[25]

三張卡片讓人願意說真話

凡登布林克運用道具，建立新的會議規則，讓員工明白，會議室是可以暢所欲言的地方。

具馬。如果有人喋喋不休，就可以把這隻馬丟到他身上，提醒他言歸正傳，講出重點。

這麼做是不是很好笑？沒錯！但凡登布林克是故意的。

他解釋說：「由於當時公司內部瀰漫恐懼氣氛，每個人都在注意我或職位最高的人說什麼。紅色卡片告訴大家，任何人都可以毫無顧忌的提出挑戰。」這些卡片以幽默的方式發出這樣的訊息：「各位，我們希望你們大膽提出反對意見。我們想傾聽你的聲音。」凡登布林克設定期望的目標，培養出安全的氛圍，要大家把話說出來。

哈佛商學院教授艾德蒙森指出：「在安全的氛圍下，員工才能自在表達想法和真實感受。」[26]在我們的研究中，有五分之一的人（19%）能創造這樣的氛圍，符合這樣的陳述：「此人能讓人安心的在會議中發表意見。」根據我們的研究，在這方面獲得高分的人，績效也較高（相關係數為0.63）。

凡登布林克的策略奏效了。一段時間之後，團隊裡的人開始願意表達意見。不久，那些卡片就功成身退，從會議室消失了。當時，在海尼根負責策略規劃的歐貝索（Alejandra de Obeso）發現，原本沉默寡言的人因會議規則改變而變得踴躍參與討論。

「有個非常內向的人改變很大，」她說，「此人的觀點一向新奇，就是不敢說出來跟大家分享。」後來，由於感受到會議討論的包容性與辯論規則明確，他終於敢說出自己的觀點，而且成為團隊中「協調各方意見時重要的力量，使我們的討論更上層樓。」

凡登布林克認為，由於他的團隊可以自由、開放的討論，因此能推出更多的新產品。正如他在2015年所言：「四年前，我們的創新率基本上只是普通，但在過去三年，我們的年收益有6%都來自新產品。正是因為在開會時，大家能好好辯論，才會有這樣的好結果。」[27]

更多創新點子，不但為海尼根創造豐厚營收，凡登布林克本人也獲益匪淺。幾年後，他又高升了，成為墨西哥海尼根的執行長，這可是令人豔羨的職位。

兩個技巧，讓內向的高手開尊口

很多人即使知道可以發表意見，卻依然保持靜默，只想當個旁觀者。坎恩（Susan Cain）在《安靜，就是力量》一書描述內向的人（喜歡獨處與活在自己的心靈世界）討厭眾人喧譁、搶著發言的會議。在討論的場合，他們也常感覺到自己被排擠在外。[28]

四十九歲的潭美，是一家數據分析公司的律師。她很懂得讓安靜的同事開口。她說：「有時，我會在開會前，去跟同事說：『嘿，我們要開會了。我知道你有很特別的觀點，請你務必提出來讓大家知道。你一定要和大家分享喔。』」在我們的5,000人研究中，在激發辯論的表現上，潭美排行前10%，而她的績效表現也很優異，位居前20%。

四十四歲的唐納，是核電廠設計零件的工程師。他也很懂得拋磚引玉之道。[29]「有時，我會故意丟出聽起來很荒謬的答案。同事聽了之後會說：『那麼做根本沒意義。』」接著，他就會問他們，那你認為該怎麼做才好。「我刺激那些悶葫蘆打開金口，積極參加團隊討論，讓他們不再只是靜靜的坐著，看著窗外，一副事不關己的樣子。」唐諾在激發辯論方面，排行前20%，績效表現則在我們研究中排行前14%。

心態正確，決議才會正確

身為團隊一份子，你固然可以藉由大聲說出自己的想法，來表現你的參與感。然而，值得注意的是，不同的參與形式，不一樣的心態，討論效果也不同。以下四種心態，只有一種有利於討論：

1. 我來開會，只是想聽聽別人說什麼。
2. 我來開會，是為了遊說同事，強行推銷我的點子。
3. 我來開會，但完全保持中立。
4. 我來開會，是為了表達我的意見，並做出貢獻。

你是抱持什麼心態去開會呢？如果你的選擇是4，你有可能躋身高績效之列。你是為了做出貢獻而來，不只是來聽別人怎麼說，或只為了推銷自己的想法。

高績效人士不會只想做個立場中立的爛好人，老是把這些話掛嘴邊：「我一方面認為……另一方面又覺得……」結果，沒有下決斷，有說等於沒說一樣。他們也不是來強力推銷自己點子的，他們大聲說出來，也會聽進去。他們知道，最重要的不是自己的建議能否被採納，而是團隊是否能想出最好的解決方案，而這個方案不一定是他們提出的。

中央情報局副局長畢塞爾在討論豬羅灣行動時，就未能理解這點。他認為他的目的在於，讓他提出的計畫過關。但會議的目的，應該是討論出最佳決策。

畢塞爾後來坦承：「我太感情用事了。我一心求表現，而忽略了判斷力，因此搞砸了好幾件事。」[30]他的感情用事，使他沒能向總統坦白豬玀灣行動的風險，光說好的一面，好讓他的計畫過關。「我們這些人，對總統不夠誠實。」

所謂提出意見，不只是提出你的判斷與解決方案，也要言明缺點。畢塞爾在提案時藏了一手，結果害自己和其他人為此付出極大代價。在豬玀灣事件之後，他就被迫離開中情局了。

團隊辯論的要訣

- 提出新資料：「我查看了亞特蘭大的市場資料，覺得很有意思……」
- 開會前先寫下三個問題（特別針對主要假設）：「這些數據是否代表消費者會買附加產品？」
- 扮演反對角色：「為了便於討論，讓我提出另一個觀點……」
- 以其他人觀點為基礎，發展其他可能：「如果我們把你的想法運用到更大的市場……」

- 願意改變自己的想法，為最好的想法而戰，即使那不是你提的。

傾聽的要訣

- 不要打斷別人的話，讓人好好說完；但要是對方發言很囉嗦，沒完沒了，請務必打斷。
- 傾聽不是為了準備自己的答案，而是為了理解；這也是《與成功有約》中的金科玉律。
- 重述別人的論述，確認是否正確，問對方：「這樣理解，應該沒錯吧？」
- 與人對話時，跟那人眼神接觸。
- 不要打瞌睡、不要塗鴉、不要雙臂交叉，因為這樣的身體語言，等於告訴別人你沒在聽。
- 提出非誘導性的問題，重要的是尋找真相，而不是要別人肯定你的觀點。
- 把手機收起來，多工只會讓你分心，事倍功半。

開放式提問，才能找出真相

2003年2月1日，美國太空總署哥倫比亞號太空梭在返回地球的途中，在高空解體爆炸，造成七位太空人身亡。早先，哥倫比亞號還在太空中巡航時，任務經理漢姆（Linda Ham）曾召開團隊會議討論一些問題，包括在升空時燃料箱的隔熱泡棉脫落，碎片燃燒、噴出，把太空梭左翼撞擊出一個破洞。

這個破洞是維修問題？或者會危害到飛行安全？漢姆一心希望這只是維修問題。由於太空梭已在軌道上飛行，萬一有飛行安全的顧慮，就得採取斷然行動，如棄船等。

開會時，漢姆問一位工程師，是否認為脫落的泡棉已對太空梭左翼造成嚴重損壞。[31]但她是這樣問的：「如果沒有燒出一個大破洞，代表損壞不嚴重，只是一點點局部受損，那就可以修補吧？」

這位工程師想了想回答說，這似乎不會對飛安造成影響。這正是漢姆想聽到的話。

漢姆接著說：「既然沒有飛安顧慮，這次任務應該就沒問題了。是不是只要修補好，就可以了？」

工程師這次的答覆，顯得更加模稜兩可。

於是漢姆又問：「這只是修補的問題吧？」

漢姆一問再問，但只是為了肯定她想要的答案：泡棉造成的損壞，只是維修問題。

很多人和漢姆一樣常會有「確認偏誤」，也就是傾向於找尋能支持自己心中答案的證據。[32]即使工程師不確定泡棉造成的損壞程度，漢姆已經有了答案。後來證明，泡棉造成的機翼破洞正是這次災難的主因。

在事件發生之後的聽證會上，漢姆因為沒能深入探究問題而受到強烈指責：[33]

「身為經理，你是否有尋求不同的意見？」

「嗯，我有聽到不一樣的意見……」

「看來，你好像沒把這樣的意見聽進去。」

「有人提意見，我都會聽。」

「問題是，你用什麼樣的方法來取得意見呢？」

她最後無言以對。

如果你渴望得到真相，就不能問誘導式的問題，而該提出開放性的問題，也就是不帶有個人意見或認知偏見的問題。如果漢姆這樣探問，應該會好得多：「你對泡棉造成的損壞有何看法？」「有人有不同意見嗎？」「是否有人可以提出不一樣的觀點？」

做到公平，才能讓人發心投入

在爭吵和衝突之後，必須促成團結，亦即讓每個團隊成員都做出承諾，全力以赴落實會議的決議。

要確實做到這點，並不容易。總是有人會陽奉陰違，開會時沒意見，執行時卻牢騷一大堆。研究顯示，如果員工在決策過程中覺得不公平，就很難發心投入。

心理學教授柯恩卡拉許（Yochi Cohen-Charash）與史貝克特（Paul E. Spector）曾針對148篇工作現場研究（涵蓋員工樣本總數為56,531人）進行統合分析，發現在做決定前，如果員工無法表達自己的意見，就會覺得不公平，進而出現負面態度或做出破壞行為（包括散播謠言、故意做錯，甚至偷竊或破壞公司設備）。[34]

因此，想要每一位團隊成員都發心投入，最重要的一點就是要讓每個人都有機會表達自己的意見。如此一來，即使本來不同意的人，也會願意努力去做。

在我們的研究中，就有這樣的例子，即使反對，但仍全力以赴。克莉絲蒂娜在一家販售皮膚藥品的藥廠工作。[35]她說，她所屬的團隊決定推出一種治療黴菌感染的新產品「克黴」。克莉絲蒂娜認為，業務代表對這種藥品的認識不夠深入，無法對皮膚科醫師解說，並說服他們使用。

在一次熱烈討論中，她的上司詢問了每個與會者的意見。克莉絲蒂娜表示強烈反對，接著引發激辯。但她終究不能說服大家，「克黴」過關了，成為他們的新產品。

但克莉絲蒂娜並沒有因此悶悶不樂，因為她已把意見說出來，同事也都聽到了。相反的，她決心接受挑戰。她努力研究產品資料，也是第一個報名訓練課程的人，有任何疑問就打電話請教公司裡的專家，以完全了解這個產品。

她發送電子郵件給她的客戶，告訴他們這個新產品訊息，如需進一步了解，她也願意親自拜訪他們，為他們解說。同時，她也把她知道的一切跟同事分享。

儘管她持反對意見，但她支持大家的決議，並全力以赴，促使這個新產品一炮而紅。

敢爭辯，也最團結

你是這種人嗎？如果決策和自己想要的結果衝突，就想方設法從中作梗？在辦公室玩弄政治手段會破壞團結，我們從研究中發現，在下列描述獲得高分者，績效較佳：「此人會極力消除任何可能阻礙決策落實的政治手段。」（相關係數高達0.61）。

頂尖人士敢於有不同意見，但也最團結：

- 不要因為團隊決策與自己的利益相左，就以後見之明來批評。（不要在走廊上交頭接耳的說：「我實在不知道我們是不是該這麼做……」）
- 不要因為團隊決策與自己的利益有衝突，就去找主管理論，企圖翻案。請接受決定，向前看。
- 如果團隊目標和個人目標有衝突，請向老闆解釋清楚。（例如新團隊目標要我協助貸款業務，以致我無法專注在保險商品銷售……）

- 發送電子郵件給所有的團隊成員，宣布：「我願意和大家一起努力。」
- 趕快有所行動，讓人知道你已開始落實決策，即使決策與你本身的利益衝突。（例如：「我已安排要和供應商開會……」）
- 制止玩弄政治手段的同事：「我們已經做了決定，就別再批評……開始做吧。」

團隊優先，老大犯錯也要認

在1994年的東區準決賽，芝加哥公牛隊對上紐約尼克隊。戰到第三場最後1.8秒，尼克隊將比分追至102分，雙方平手。在季後賽的搶七大戰中，公牛前兩場都輸了，他們非得在這場擊敗尼克不可，才有希望奪得勝利。

這時，球在公牛手上，他們叫暫停，和教練傑克森聚集在場邊。公牛必定要利用最後1.8秒執行最後的絕殺，一舉擊敗尼克。至此，公牛隊的超級巨星皮朋已使芝加哥拿下55勝，只比前一個賽季（彼時喬丹還沒退役）少贏了兩場。喬丹退休後，原本擔任副手的皮朋，就成了領軍人物。因此，皮朋以為教練會派他進行絕殺，讓他成為這場比賽的英雄。

沒想到教練指派的人選是加入公牛不久的新秀庫科奇

（Toni Kukoc），皮朋則要負責傳球給他。結果，皮朋悶悶不樂的坐在板凳的一端。教練問他：「你到底要不要上場？」

「我不打了。」

賽後，傑克森證實是皮朋不願上場。「他拒絕出場，我只好讓他下去。」[36]沒錯，在那生死戰的關鍵時刻，領軍的皮朋因為教練不讓他當絕殺英雄，他就不想打了。他因為以自我為中心，把個人的得失置於團隊之上，這一幕因而被納入「運動史上五十大丟臉時刻」。[37]

但隊友不肯饒恕這樣的行為。比賽結束，回到更衣室後，公牛隊老將卡特萊特（Bill Cartwright）說了皮朋一頓：「你在搞什麼？我們一起經歷過風風雨雨。即使喬丹離開了，我們還是挺下來了。但你今天卻因為自私，不管團隊死活。我從來沒這麼失望。」[38]

淚水在卡特萊特的眼眶裡打轉，大家都靜靜的看著這一幕。最後，皮朋站起來向隊友道歉。儘管庫科奇絕殺成功，使公牛以104分險勝，但皮朋的退場仍是個讓人震驚、永難忘懷的遺憾。

有時團隊裡的人會自私自利，就像皮朋那樣，沒考慮到怎麼做對團隊最好。這些團隊裡的大明星，也可能因為自己不開心，而質疑團隊決策，甚至不願付出，在其他人努力落實決策時，扯大家後腿。

自私自利只會破壞團隊團結。同儕壓力常常可以使自私、自以為是的人得到教訓。就像卡特萊特那樣，點醒皮朋，要他上場，不要以為他是老大，自己不高興，就可以任性而為。

在我們的5,000人研究中，三十八歲的辛西雅是負責精實六標準差黑帶計畫的經理人。她非常擅長運用同儕壓力使團隊達成共識。[39]在計畫進行之初，她已立下明確的基本規則：一旦做出決策，所有的人都應百分之百投入，即使原本不同意，也要努力去做。

辛西雅說：「儘管有人說：『我不想要這麼做。』但重點是，一旦方向確定，每個人都要支持決議。」

有一次，幾個固執己見的團隊成員破壞規則，自行其是。辛西雅把他們一個個找來，曉以大義。「我讓他們知道，他們的行為不但對團隊決策沒有幫助，甚至是破壞。」她要求他們承諾會百分之百投入。這幾個成員最後被她說服了。辛西雅在下面陳述獲得高分（滿分7分，她得到6分）：「一旦做出了決定，可確認團隊裡的每個人都承諾履行。」她的績效也相當優異，排行前16%。

在某些情況下，領導人必須採取斷然行動，即使是團隊裡的明星，只要是自私自利，就得請他離開。在這次研究中，有位接受我們訪談的執行長就提到自己壯士斷腕的經過。

為了拯救匹茲堡一家岌岌可危的鋼鐵廠，他決定進行重整計畫。[40]這個計畫主要是成本大幅削減和裁員。整個團隊的人都同意了，唯獨財務長反對，他認為成本削減手段太激烈。每次團隊會議討論如何落實成本削減，這個財務長就老調重彈，質問為什麼要這麼做。儘管執行長已多次跟財務長私下協調，但財務長依然我行我素。

五個月後，執行長忍無可忍，對財務長說：「再這樣下去是不行的，我不得不請你離開。」財務長聽了之後就氣沖沖的衝出去了。那位執行長告訴我：「這是重整計畫中最好、也是最艱難的一個決定。」

一旦做出決策，不要因有人從中作梗而動搖。很多人都無法解決這樣的問題。如果你能像卡特萊特那樣挺身而出，教訓皮朋，或是像辛西雅和那位鋼鐵廠的執行長那樣，決心落實決策，就能提升自己和整個團隊的績效。

目標明確，讓團隊發揮最大潛能

很多團隊都有成員把個人目標，看得比團隊目標還重要的問題，甚至因此衍生內鬥。這都是因為團隊沒有先確立明確的共同目標所致。

如果有團隊成員只著眼於個人利益，要不了多久，整個團隊就會瓦解。要讓團隊團結一心，就必須讓團隊目標更加明確，並確保每個人都目標一致。

我曾和著名的登山家兼導演布里席斯（David Breashears），以及歐洲工商管理學院教授海登（Ludo Van der Heyden），共同撰寫了一個商學院研究案例。我們描述了布里席斯在1995年5月帶領登山團隊，使用IMAX攝影機到聖母峰拍攝紀錄片的過程。[41]

團隊成員中，有三人是第一次攀登這座山。既已踏上登山之路，每個人都想攻頂，但這是個人目標，不是團隊目標。

IMAX團隊有一個重要的明確目標，就是把45公斤重的攝影機扛到峰頂。他們給這部攝影機起了一個可愛的綽號——豬仔。要征服世界第一高峰，所有東西的重量都錙銖必較。為了減輕重量，登山者甚至會把牙刷後半切掉。所以，要把豬仔抬到峰頂，真是比登天還難。

所有的決策都必須基於團隊目標，也就是把豬仔抬上去，團隊成員是為了達成這個目標，而團結在一起的。個人攻頂則是次要。在此次任務中，豬仔就是比人來得重要。例如在攻頂之日，團隊裡的日本登山者続素美代落後，布里席斯叫她留在原地，不必一起攻頂，因為團隊不能為了等她而放慢腳步。

最後，團隊完成任務。他們用巨大、笨重的IMAX攝影機拍攝到峰頂絕景。因為大家有一致的明確目標，才能達成這樣的任務。

想想，你要怎麼做才能使團隊目標更明確，而且讓團隊裡的每個人都了解這才是第一要務。如此，才能讓團隊成員放下私心，為團隊決策齊心努力。

你能爭辯，也能團結嗎？

你能為自己的觀點辯護，並讓別人的最好意見勝出嗎？在爭論過後，你是否能把方才的衝突和對立擺在一旁，與大家一起努力落實決議？如果你是團隊領導人，是否能激發成員激烈辯論，然後促進團結？為了評估你在「能吵架，也能團結」方面的功力，請做以下評量。

如果你是團隊成員，從你的得分，也可看出你能帶給團隊什麼。例如，如果你的分數落點在「團體迷思」那區，表示你要的是團結，而不是激發辯論；你在意的是團隊氣氛和諧，而不是最好的解決方案。如果你的落點在「混亂區」，那你不但不會提供有益的解決方案，也不會支持別人的意見。

如果你是團隊領導人，你的得分落點顯示你可能會有什麼樣的領導方式。如果你落在「會爭辯，卻也造成破壞」那區，你的團隊善於辯論，但你無法促使眾人團結。如此一來，決策就難以落實。要是你的落點在「團體迷思」那區，你的團隊成員一團和氣，但無法互相挑戰，就不能激發出最好的決策。

為了改進，請先確認你在這張表上的落點，然後利用本章提出的策略，提升你在「能爭辯，也能團結」方面的功力。如果你能激發團隊成員好好吵一架，又能使他們團結，你的績效就能更上一層樓。你所屬的團隊也會有更好的表現。

如果你能掌握「能爭辯，也能團結」的原則，就能集思

如果你是團隊成員

你在團隊中的表現合乎下列陳述的程度為何？請為自己評分。

1. 開會時，我會為自己的觀點辯論，說出心裡真正想法。
2. 我總是同意團隊所做的決定，努力落實。

完全同意 7	非常同意 6	有點同意 5	既不同意 也不反對 4	不太同意 3	強烈反對 2	完全不同意 1

請把第1題的分數在橫軸上圈出，然後把第2題的答案在縱軸上圈出。

如果你是團隊領導人

你帶領的團隊合乎下列陳述的程度為何？請評分。

3. 開會時，我的團隊成員都能好好討論，每個人都會說出真正的想法。
4. 我的團隊能接受最後決議，努力落實。

請把第3題的分數在橫軸上圈出，然後把第4題的答案在縱軸上圈出。

請就1-4題的得分在下面座標標示出你的落點：

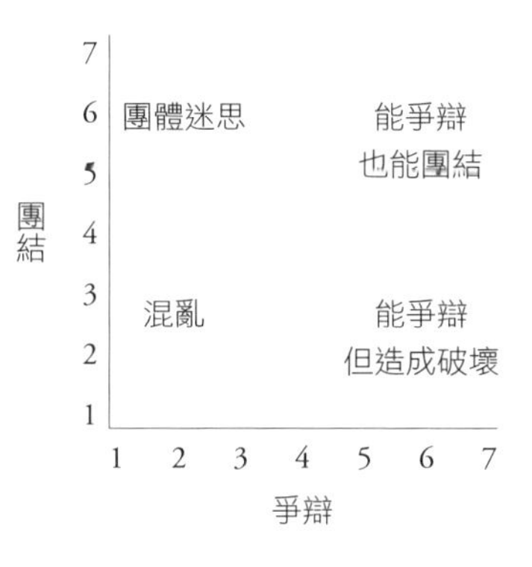

廣益，並增強領導力。但要注意一點：一流團隊也可能掉進陷阱。這個團隊可能合作默契極佳，但完全封閉。其實，優異的表現往往需要多個團隊一起努力，不是單一團隊就能搞定。在下一章，我們將探討如何藉由跨團隊協作來增進績效。

未來，什麼人最搶手？

過去，我們總以為，為了使團隊創造最高績效，最好的方法就是集結一流人才。此外，為了達到最好的決策，會議愈多愈好，如果這場會議沒結論，就再安排另一場會議。

但從我們的研究發現，更高效的新工作思維是：為了增進績效，必須激發團隊辯論，最後促成團結，讓所有人能承諾為決策效力。要激發出有建設性的爭論，成員的多元化背景要比個人才華來得重要。如果能爭辯，也能團結，一次高效會議就能達成共識，也就不需要後續會議。這樣開會才是聰明的。

新工作法則就是你的新機會

在我們的研究中，80%的受訪者都承認「有效領導對我的工作很重要」。不管是領導人或團隊成員，都必須謹記：團結合作勝過單打獨鬥。

大多數的團隊工作都是在團隊會議中進行的，團隊效能與你個人的績效表現，都與會議品質息息相關。根據一項研究，大多數的人（69%）抱怨會議效率差。

我們從研究發現，讓團隊會議成功的關鍵有二，但很多團隊都做不到。他們要不是不能全面深入的探討每個想法，以審視重要假設是否有誤，再不然就是有了決策，卻不能團結落實決議。做不好這兩件事，開再多的會議都只是白費力氣，個人表現也會深受影響。

為了能在開會時，爭辯出最好的結果，不管領導人或團隊成員都可運用下列策略：

- 注重成員背景多元化，而非只是找來一流人才。
- 讓人毫無顧忌、暢所欲言。
- 使靜默的人願意開口。
- 不要強力推銷自己的點子。
- 提出非誘導性的問題。

為了促進團結，可以試著這麼做：

- 讓每個人都能表達意見（如果有人覺得被消音，就會不想合作）。
- 讓人願意發心投入，即使自己原本完全不同意。
- 不怕槓上團隊裡的老大。
- 使團隊目標更加明確。
- 別玩弄政治手段，全力支持團隊決定。

08

掌握協作要領

提升個人能力與企業效率

小心各自為政的穀倉效應，但過猶不及，
跨部門的協同合作，也並非多多益善。

2012年11月威爾森又住院了。他已離婚，也從軍職退休。六十八歲的他罹患一大堆疾病，包括缺血性心臟病（心臟血液灌注減少，導致心臟的供氧不足）、慢性阻塞性肺炎（使他呼吸困難）、鬱血性心衰竭、糖尿病、腎臟病、憂鬱症、肺動脈高壓和背痛。最近這十四個月，他已去了急診六次。

威爾森在愛荷華州的道奇堡（Fort Dodge）獨居。那個城市以生產生物燃料、化學肥料為主，也有很多肉類加工廠，人口約25,000人。儘管在那裡就醫還算方便，但各專科醫師之間似乎不溝通，也無法協調。他在道奇堡醫院住院期間（每次約兩個星期），總是在不同的部門轉來轉去，包括家醫科、胸腔科、腎臟科、心臟科、腸胃科、門診部、急診、護理部、住院部，總計有九個單位。

每個部門的人，似乎都不知道其他部門做了什麼。威爾森擔心，他沒能接受良好的整合治療。

不只是威爾森有這樣的感覺，很多病人都有相同擔憂。我和哈佛商學院教授艾德蒙森及博士候選人傅萊爾（Ashley-Kay Fryer），曾共同撰寫一篇探討醫護人員協調問題的案例分析。[1]一位診所工作人員跟我們解釋說：「有時，病人在出院兩、三個星期之後，到家醫科醫師那裡複診，但家醫科醫師完全不知道病人最近曾經住院。」另一位工作人員則抱怨說：「沒有人關注病人的整體情況，並負起責任……每一位醫師看的只是病人身體的一部分。」由於醫療照護無法整合協調，沒有人能掌握整個療程，醫師、護理師、復健師、居家照護師常開立重複的檢驗。

結果，醫療費用節節高升，病人卻覺得醫療品質不佳。

穀倉效應vs.協作過度

上述醫護人員犯了協作的第一種罪惡，亦即協作不足。所謂協作，是指與其他群體的人建立連結，互通訊息，一起為聯合計畫而努力。這些群體包括其他團隊、分支機構、銷售據點、不同部門、子公司或事業單位。

道奇堡醫院沒能幫病人協調決策和分享訊息。這家醫院就像美國大多數的醫療系統，是由眾多部門組成，而部門間各自為政，在組織內形成所謂的穀倉效應。近年來，由於醫療專科呈現爆炸性的成長，穀倉效應愈來愈明顯。

根據美國醫學專科委員會的資料，1985年共有65個專科，但到了2000年已有124個專科，至2017年專科總數更多達136個。[2]照護上無法整合協調，也帶來很多嚴重的問題。

有一項大型研究，針對美國九家醫院的10,740個住院病人進行調查研究，發現病人因轉診時醫師之間溝通不良，導致許多錯誤與醫療資源浪費。他們也發現，如果醫護人員能夠利用一些簡易的溝通工具，傷害就可大幅減少30%。[3]各個醫療部門之間溝通不良，有限資源就無法做最有效運用，醫療體系的成本也會攀升，最後遭殃受苦的是病人。

專家說，解決之道很簡單：把穀倉拆掉！[4]把部門之間的高牆拆掉，讓個人或團隊可以和其他個人與團隊，毫無阻礙的互相協調，問題就解決了。為了拆除穀倉，這些專家因此強調各單位之間要多互動，成立更多的委員會和聯合團隊。前奇異集團執行長威爾許（Jack Welch）也提出了「無疆界公司」，就是為了體現這樣的思維。[5]

無可避免的，這樣的理念慢慢滲透到組織裡，讓人誤以為協作是好的，而且愈多愈好。

> 團隊合作原本就不容易，更何況是多個穀倉般的部門或團隊一起協同合作。

在這種信念影響下，我們很容易犯下協作的第二種罪惡，亦即協作過度。我還記得我最初是在什麼情況下萌生這種見解。我在哈佛商學院時，和當時的博士生、現已是華頓商學院教授的哈斯（Martine Haas），一起研究一家大型資訊科技顧問公司（姑且稱為中央顧問公司）裡的182個銷售團隊資料。[6]

中央顧問公司的高階經理人認為，他們必須拆掉穀倉，讓公司一萬個分布在五十多個辦事處的顧問，能互通有無、分享資訊。那些經理人建立一個知識管理系統，讓公司所有的顧問都能查詢專家意見，也能下載過去的客戶簡報資料。他們獎勵各辦事處的協作表現。協作的企業文化因此漸漸生根，經理人顯然已成功拆除部門之間的隔閡。

但這種知識分享的效益究竟有多高？為了測試，我和哈斯提出一個簡單的問題：銷售團隊是否因為更多的協作，而成功拉到更多的客戶？

我們在統計模型加入一些因素後，得到的第一個結果竟然顯示：兩者之間沒有關係。我們不可置信的看著電腦螢幕。這怎麼可能？為何更多協作，竟然對業績沒有影響？

為了發掘背後原因，我們進一步發現，確實有些團隊因其他辦事處的支援與協作，而拉到新客戶，但有更多團隊卻沒能因此成功。

這就怪了，同樣進行協作，結果卻大不同。這是為什麼？

我們過濾很多可能的解釋。團隊人員多寡是否會影響銷售結果？不會。是不是和激烈的競爭情況有關？不是。是不是和交易金額高低有關？也不是。最後，我們發現有個因素的確會影響團隊成員：經驗。

如果團隊成員對服務項目的經驗不足，或對客戶所屬產業了解不夠，最能受益於外部協助。但如果一個團隊經驗已相當豐富，來自外部的意見愈多，反而會幫倒忙。得到的「幫助」愈多，反而愈難做出聰明決策。

團隊花了寶貴的時間尋求專家意見，接著設法整合，但是最後可能面臨更多的衝突，以致沒能提出更好的提案給客戶。結果，愈幫愈忙，這正是協作過度所致。其實，他們不一定要尋求外部協助。

既然沒必要，為什麼要做

很多專業人士聰明又有歷練，為何明明不需要與其他部門的同事協作，卻依然這麼做？

我們與中央顧問公司的人進行訪談，發現他們有不得不協作的壓力。他們無奈的說：「在這種崇尚協作的公司文化下，你要是不跟別人協作，請求協助，萬一出錯，這筆帳就會算在你頭上。」因此，即使沒有必要的理由，他們還是會尋求協作，或接受協作的要求。

關於協作，他們依循的是傳統更賣力工作的思維，也就是盡力尋求相關訊息；他們重視協作的量，而非協作的品質。也難怪耗費心力進行協作反而更糟。[7]

我們在研究中發現很多因協作過度而績效變差的例子。

別讓協作要求，害你分心

三十一歲的康納，是明尼蘇達一家零售公司的市場分析人員。他抱怨說：「其他事業單位的人經常要我協助他們處理一些瑣碎小事，我每次都得放下手邊工作，配合他們的要求。如此一來，我就不能專注做自己手上的事了。」因為無法專注，嚴重影響他的工作表現，甚至導致老闆對他不滿。[8]

顯然，協作過度和協作不足都是阻礙，致使經理人和員工無法表現出最佳績效。如果你只願意待在自己的穀倉內，不肯與人協作，就會出現像道奇堡醫院那樣的問題；然而，把穀倉拆除，你可能處於另一個極端，也就是協作過度，陷入混亂，效率大打折扣，就像中央顧問公司的人員。

我在《協同合作》(*Collaboration*)書中，詳述領導人如何從組織的結構、激勵機制和文化下手，促進規則嚴謹的協作。在本章，我將進一步列出嚴謹協作的五個原則，不管是資淺或資深人員皆可運用這些原則來提升績效。

我們從研究中發現，在協作上能遵守嚴謹原則的人，工作表現明顯比較好。與這方面表現墊底者相比，績效排名領先了14個百分等級。[9]

不僅如此，我們還發現，女性從嚴謹協作獲得的好處，是

圖表8-1 ｜ 嚴謹協作，才能提高績效

女性較善於與人建立信賴關係，
也較能向外尋求建議、建立共同目標，
同樣鍛鍊協作心智，
女性的成效是男性的兩倍。

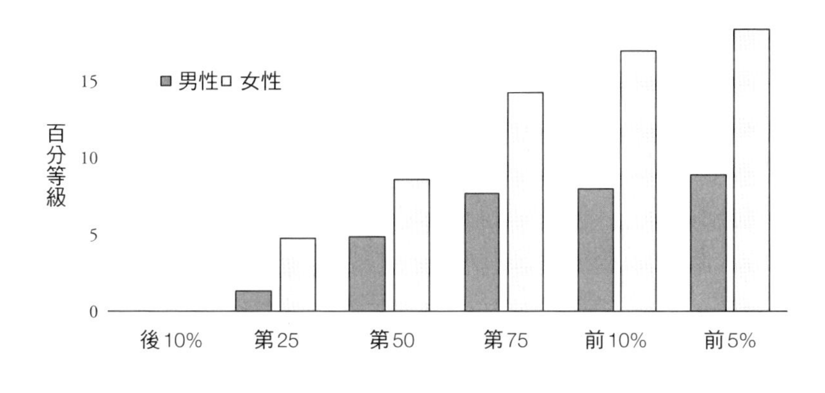

注：此表顯示嚴謹協作對績效表現的效應。例如，在嚴謹協作方面表現不佳的女性（後10%）到表現極佳者（前5%），績效表現的百分等級相差17（例如從第70百分位數到第87百分位數）。

男性的兩倍。為什麼女性能從協作得到較大的好處？根據我們的研究，這是因為女性有較高的比例，善於與人建立信賴的關係、確保雙方都有強烈的共事動機，而且較能訂立共同目標。也有較多的女性能走出所屬團隊，向外尋求資訊。

在七大高績效心智中，另一個有性別差異的是，說服力的展現。一般而言，男性的表現勝過女性（參看第六章），但在協作方面，則是女性做得比較好。

儘管如此，不管男性或女性，只要能依循嚴謹協作的原則去做，都能提升績效。

協作前，先問為什麼

2003年，邁克在安捷倫公司化學分析事業部門擔任經理。這是一家員工總數達12,000人的高科技公司，他已在這裡工作一年半。邁克的部門銷售量測儀器到各個不同的市場，包括食品安全檢測儀，以檢驗食品受到汙染的程度。

邁克對於協作問題的洞察，是因為他那個部門的業務人員發現，很多食品檢驗室都需要一種叫液相色譜三段四級桿質量分析儀（LC triple quad）的化學分析儀器，以檢測肉品中殘留的抗生素或蜂蜜中殘留的綠黴素等。然而，公司並沒有這樣的儀器。

邁克在接受我們訪談時說到，部門裡有位業務人員每星期都會來敲他辦公室的門，探頭進來問道：「我們什麼時候可以研發出三段四級桿分析儀？」[10]

問題是，邁克的部門無法自行研發這樣的產品。他們負責的是銷售業務，另一個部門也就是生命科學部門，才是研發產品的單位。

於是這個案子卡在兩個穀倉般的部門，各有自己的客戶、技術與盈虧責任（見圖表8-2）。如果要讓三段四級桿分析儀上市，邁克必須和生命科學部門的卡爾及其團隊協同合作。但畢竟邁克只是銷售部門的主管，無權干涉卡爾和生命科學部門的業務。他得想辦法讓他們願意協作。

不管職位高低或資歷深淺，都有可能會遇到這種跨部門協作的問題。我們的研究證實，掌握協作要領和績效表現之間有著強烈關連。但我們發現，很少人會為了有潛力的協作而主動提案。

主動提案，緊抓重要機會

很遺憾，卡爾和他的團隊並不想研發三段四級桿分析儀。他們的理由是，這是一種較舊的技術。生命科學部門的客戶以藥廠和生物科技公司為主，他們需要的儀器要比這種分析儀先進多了。生命科學部門的人對食品檢驗市場不熟，不知道那些客戶的需求。從他們的觀點來看，研發三段四級桿分析儀代價不小，但對他們部門卻沒有實質的好處。

為了爭取和生命科學部門協作，邁克精心打造提案。他先讓自己團隊的銷售人員，提出有關食品檢驗儀器的客戶資料。如果客戶不多，這個案子會賠錢，就不值得去做；但如果案子能賺錢，就值得極力去促成。

圖表8-2 ｜ 兩個穀倉般的部門如何進行高效協作

掌握協作要領，跟績效表現之間有強烈關連，
但很少人會為了有潛力的協作方案而主動提案。
許多人都忽略了最重要的協作準則，
就是必須對雙方都有利。

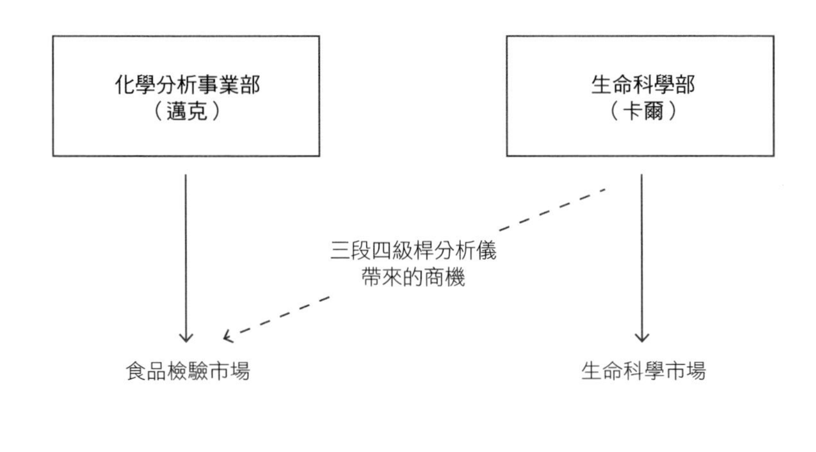

分析結果，邁克發現潛在客戶很多。三段四級桿分析儀如果能夠研發成功，可望在三年內為公司帶來1.5億美元以上的營收。如果他們能把這種儀器賣給環保或鑑識科學機構，市場就更大了；要是能把這產品推廣到發展中的中國市場，八年內，潛在市場高達10億美元。

有了這些數據資料，邁克決定去找生命科學部的人，邀請他們參與這個計畫。他說：「在你們拒絕前，請先聽我說。的確，三段四級桿分析儀對你們的客戶來說，不是先進產品。但你們疏忽了一點，其他市場對這種技術需求很大。」

邁克把手中的數據拿給生命科學部的人看，說道：「關於這種產品，我們已有明確的市場資訊。」他指出，安捷倫已掌握了客戶基礎，如果能利用這種產品的智慧財產權和技術，就能在市場競爭中贏得先機。業務團隊非常了解客戶，和他們的急迫需求，現在只差產品了。

邁克這番話打動了生命科學部的人。即使他們仍未完全被說服，已開始感興趣了。畢竟，10億美元的新市場令人垂涎。除了說理，邁克還利用第六章所述的說服技巧，動之以情，讓同事對他說的新市場躍躍欲試。

關於推動協作，邁克抱持嚴謹的原則，一開始就向對方提出一個明確周全的提案。並不是所有的協作計畫都明顯對雙方有益，因此，在決定是否配合協作時，最應該關心的衡量準則是：價值。

弄清要堅持什麼，又該放棄什麼

不管是要推出新產品、服務、專案或削減成本，先想想協作有何好處？進行協作對公司營收、成本、效率、客戶滿意度或服務品質又有何影響？第三章曾提到，個人在重新設計工作的過程中，應該評估你的工作價值有多高，協作同樣需要做這樣的評估。如果不能明確說明協作的價值，就應該對協作要求說「不」。

高績效人士會在公司各部門尋求資訊和專業協助，但他們也會視情況而定，如果這麼做沒有明確的價值，他們就會放棄尋求協作。在我們的5,000人研究中，不管男性或女性，都有17%的人在這樣的陳述獲得高分：「如果事情或目標的價值不明確，就會放棄或拒絕協作。」

三十九歲的布蘭達，是一家電信公司的門市銷售人員。以前公司每回推出新產品，她都會連絡同在西南區的七家門市，請他們給她一些銷售上的建議。[11]但經過幾次測試後，她發現這麼做不僅麻煩，而且不具實質效益，根本是浪費時間。

後來，如有同事再建議尋求其他門市協助時，她常要他們省去這個麻煩。她在上面陳述獲得高分。但她不是封閉、不跟同事往來，她也在這樣的陳述得到高分：「會主動從公司其他部門尋求訊息和專業協助。」

布蘭達能分辨何時該協作，以及何時該拒絕。難怪她的工作表現極佳，在我們的研究中，她的績效名列前6%。

嚴謹協作，就是懂得說「不」，但同時緊抓住少數能創造價值的機會。

協作的價值怎麼算？

如何精確的提出協作計畫？又怎樣提出令人信服的理由？下面公式來自我的研究及顧問經驗，是一個簡易但相當實用的參考依據：[12]

協作價值＝提案帶來的效益－機會成本－協作成本

除了提案效益，也要把協作成本算進去，你可以利用這個公式算出跨團隊或跨部門協作的價值。如果得到正值，就可放手去做；如果是負值，就請放棄。

對安捷倫生命科學部的人來說，三段四級桿分析儀的研發案一開始並不吸引人。然而，這個產品如能擴大到食品檢驗市場等，就有可能變成1.5億美元的商機（這是提案帶來的效益）。生命科學部的人應該會馬上答應吧？但他們抱持懷疑的態度。為什麼？

因為從該團隊的角度來看，他們已經決定進行另一個技術研發案：蛋白質體分析儀（proteomics）。他們沒有足夠的資金同時進行兩個案子。他們必須考量到機會成本，因此會面臨這樣的問題：「如果進行三段四級桿分析儀的案子，蛋白質體分析儀的計畫就得放棄或延後。」

機會成本太高，致使他們無法欣然同意邁克提出的案子。

起先，邁克不知道該怎麼辦。他只知道，如果公司這幾年不趕緊推出三段四級桿分析儀，競爭對手必然會捷足先登。他也明白，必須想辦法幫生命科學部降低機會成本，否則他們無論如何是不會採納他的提議的。

邁克做了一番研究之後，找到一個解決辦法。如果他可以把自己部門的預算挪一些給生命科學部，對方就能同時進行這兩個案子了。多了這筆資金，機會成本就會降低很多，生命科學部也就沒有理由不做了。

至此，邁克成功了一半。接下來，他得面臨另一個問題：協作成本。

他必須確認自己部門和生命科學團隊的人，願意全力投入這個計畫。如果生命科學團隊的工程師比較想研發蛋白質體分析儀呢？萬一他們對三段四級桿分析儀這個案子敷衍了事呢？他們的經理人又是否願意為這個案子盡心盡力？要是生命科學部只要工程師花一半的心力時間在這個案子上，之後又對目標和計畫提出質疑呢？

正如我在《協同合作》一書所述，協作成本意味不同團隊協作時，花在討論目標、解決衝突等事項的時間，以及種種因協作而產生的副作用，如延誤、預算超支、品質不良和銷售下滑。[13]邁克透過種種努力，把機會成本和協作成本降至最低，提高了協作價值，最後為公司帶來豐厚的營收。

邁克的情況似乎很特別，跟我們在工作上碰到的協作情況不太相同。畢竟，那是一筆大生意，涉及數十人和數百萬美元的投資，可能帶來的營收更高達上億美元。

其實，即使遇上比較簡單的小案子，上述公式依然管用，而且絕對值得你這麼做。儘管許多事都不是你能做主的，你依然可以運用這個邏輯，花個十分鐘評估一下。一開始就做對，可避免你將精力浪費在不值得的人與事情上。

> 嚴謹協作原則1：
> 先問為什麼要做？協作須有強有力的理由。
> 如果理由不充足或協作價值是負的，就不要做。

集思廣益，決策反而失準？

梅森在中央顧問公司的亞特蘭大辦事處，擔任管理顧問。該公司合夥人把梅森和其他兩位顧問找來，組成一個四人團隊，希望能為可口可樂建構SAP管理系統的一部分。這是價值600萬美元的合約。[14]這四人都有很強的專業能力，應該能提出一個出色的案子吧？結果，卻事與願違。

為了這個案子，梅森卯足全力。他知道公司其他辦事處的人是SAP方面的專家，經驗豐富，因此希望利用他們的專長，企圖打造出最棒的簡報。他寄了電子郵件給九位同事。其中三位分別來自舊金山、紐約和倫敦辦事處，同意飛來亞特蘭大跟他見面討論。梅森很高興能在這種重視協作文化的公司工作。

看來，他所屬的團隊有希望拉到這個大客戶。

但很不幸的是，這個計畫不久後就失控了。

當然，那三位專家都很了解SAP系統，也鼓動如簧之舌來證明。但在接下來的三個星期，這三個人提出的意見卻是大相逕庭。來自倫敦的同事建議團隊低價搶標；舊金山的同事則要他們從創新的角度切入；紐約同事則堅持要提供額外的服務。

這三個人互不相讓。和梅森同一個團隊的兩個成員抱怨說，他們已經知道如何提案，為什麼還要聽那些專家的意見？人多口雜，反而礙事。

由於專家的意見互相矛盾，梅森的團隊好不容易在截止期限前提出一個看起來可行的計畫。但他們都覺得這個計畫「就像是一部拼裝車」。結果，他們終究沒做成這筆交易。

扛住壓力，拒絕高成本的協作

讓我們利用協作價值公式來分析這個案例。

那三位來自舊金山、倫敦和紐約的專家，可以為亞特蘭大團隊帶來什麼樣的好處？其實，沒有多大幫助。亞特蘭大團隊已有很強的專業能力，其他專家的見解對他們幫助不大。

至於機會成本呢？那可多了。團隊時間有限，必須用來擬定提案，卻浪費不少時間和那三位專家互動。協作成本呢？也很大。由於三位專家堅持不同的做法，因而造成衝突。總之，扣掉機會成本和協作成本之後，協作價值是負值。

如果梅森能暫停一下，花個十分鐘好好思考這個邏輯，就不會去連絡其他辦事處的同事了。因為這個協作要求，缺乏強有力的理由。

如果協作價值是負值，就不必費力去發動，或是應該斷然拒絕。儘管公司其他人可能對潛在協作夥伴的評價很高，你的老闆也支持協作，或是協作效益乍看之下似乎非常誘人，只要沒有協作價值，你一定要扛住壓力，拒絕協作。

反之，一旦有令人信服的理由要進行協作，就絕對不可馬虎，必須認真投入，全力以赴。不輕易對協作要求說「好」，但一旦答應，就要全力投入。

讓人心動，然後呢？

為什麼有人不願意參與協作？一個主要原因，是你們缺乏一致的目標。

以服務網遍布全球的立恩威管理服務集團（DNV）為例，來自兩個事業單位的六個人，為了一個計畫組成了一個跨部門協作團隊。其中一個事業單位主要是為食品公司提供安全顧問服務，幫他們降低食物供應鏈可能受到感染的風險（如大腸桿菌汙染）。另一個事業單位則是核發檢驗證書給食品公司，證明其供應鏈安全無虞。

這兩個單位本來是獨立運作，各自為自己的客戶服務。但因一個協作計畫，他們必須聯合起來，為客戶同時提供上述兩種服務，亦即向立恩威諮詢食品安全的客戶，也可從他們那裡獲得檢驗證書。[15]

這個計畫要是能夠確實執行，公司業績將可成長50%。

但兩年之後，這個計畫失敗了。為什麼？一個主要原因，就是缺乏一致的目標。食安顧問人員的目標是讓顧問方面的營收最大化，而認證團隊的目標則是盡量提高認證收入。因此，雙方都不願拉對方一把，依然只是拉自己的客戶。

這個計畫的經理人應該怎麼做，才可以轉敗為勝？或許可以提出一致的目標，例如：「在三年內，讓食安顧問和食品認證共同占有的市場份額增加50%。」在這個共同目標下，兩個團隊的人才會生出動機，齊心為了攻占市場而努力。

安捷倫的邁克就為了推出三段四級桿分析儀，提出一致的目標：在三年內使營收增加1.5億美元。如前述，生命科學部的人起先對這個案子興趣缺缺，因為他們認為這樣的產品不會受到客戶的歡迎。而邁克的著眼點為整個市場，不是只針對生命科學部的客戶。更大而全面的目標，能使兩個不同事業單位的人為了共同的利益而團結起來。

一致的目標本身就有很強的號召力，因為團隊成員會把共同目標放在個人利益之上。在第七章，我曾強調利用明確的共同目標來使團隊成員團結的重要。建立這樣的目標，甚至比協作計畫本身更重要，因為它可以化解不同單位之間的利益或意識型態衝突。

我們在研究中評估參與者在這方面的得分：「與人協作時確保大家能拋下私心，為共同的目標努力。」在這方面，女性的得分要比男性來得高，將近半數的女性（47%）能設定共同目標，而男性只有39%能做到。

你或許會雙手一攤，無奈的說：「我又不是高級主管，只是組織裡的一個小職員，要如何用一致的目標去整合不同部門的人！」

我經常聽到這樣的說詞。就像安捷倫的邁克，他也不是化學分析事業部和生命科學部這兩個部門的主管，但要把事做成，他必須說服另一個部門的同事支持這項計畫。同事可以對他說「不」，事實上，一開始他們的確拒絕他的提案。

協作就意謂著跟和你平起平坐的人一起工作。與你協作的人不是你的下屬，不必聽命於你。為了激勵別人願意與你進行協作，你可以像邁克，用一致的目標來統整兩個團隊。我們從第六章看到善於說服的人也利用了類似的策略。你的目的就是讓人心動，讓他們對協作計畫熱中，如此一來，就能把協作的目標放在自己部門的利益之上。

但要小心一點：不是所有的共同目標都有幫助。基於筆者過去二十年的研究和工作心得，我發現共同目標必須具有下面四個特質才有效力：有共同利益、內容具體、可衡量，以及必須在一定的時間內完成。

最有名的例子就是前總統甘迺迪在1951年的國會演講指明阿波羅計畫的目標：「我們將在十年內，把人送上月球，並使他安然返回地球。」這是一個共同的計畫：四十萬人為了這個登月計畫齊心努力。不管是研究火箭、登月車、太空裝及其他設備的人員都必須傾力合作，以完成使命。

甘迺迪點出的目標簡單而具體：把人送上月球。結果可以衡量：任務結束後，必須使太空人安然返回地球，而且必須在一定的時間內完成：十年內。

相較於甘迺迪所說的登月目標，美國太空總署署長韋伯（James Webb）提出的則是：太空卓越計畫[16]，包括衛星、科學、火箭、登月等。韋伯的計畫聽來包含太多的目標，就像成為「最好的投資銀行」或是「首屈一指的零售商」。韋伯的「卓越計畫」完全違反上面四個條件。既看不出衛星工程師和科學家如何為了共同目標努力，而且目標模糊，你必須用一整頁來解釋。此外，無法衡量（何時能達到「卓越」的水準？）。最後，沒有截止期限（總有一天能完成？）。

一個好的共同目標必須能把模糊不清的想法具體化。不要說：「我們的目標是對抗這個世界的瘧疾。」最好說：「我們希望在二十年內使死於瘧疾人數變為零。」然後，追蹤各國的瘧疾死亡人數。[17]

不要說：「我們將成為達拉斯科技公司中的領頭羊。」最好說：「我們將在三年內成為達拉斯市占率第一名。」

不要說：「我們將會使三段四級桿分析儀的營收成長。」最好說：「我們將在三年內，使三段四級桿分析儀的營收從零成長為1.5億美元。」

> 嚴謹協作原則2：
> 讓所有團隊成員拋下私心，著眼於一致目標。

給對獎勵才有誘因

立恩威管理服務集團的第二個問題是：協作計畫無法讓兩個單位因此獲得績效獎勵。核發檢驗證書單位的人會因核發業績好，而獲得獎金，而食安顧問單位的獎金多寡，則視顧問工作的表現而定。前奇異學習長柯爾（Steve Kerr）曾發表文章〈愚蠢的獎勵：獎勵A，希望的卻是B〉，一針見血的指出獎勵問題。[18]

立恩威集團獎勵個別表現，卻希望員工能合作無間。這樣是行不通的。

反觀安捷倫的銷售人員，渴望公司能早日推出三段四級桿分析儀。他們發現多個產業的客戶都有意購買這樣的產品，如食品產業、環保及鑑識科學機構，甚至在中國有很多客戶也有強烈需求。

只要能推出這項產品，銷售人員就能立下大功，因龐大的銷售量而獲得可觀的獎金。但推出產品的生命科學部呢？他們的客戶很少購買這樣的產品，即使他們研發出這項產品，也無法得到獎勵。

邁克很早就想到這個問題，並找到一個解決辦法。

他決定三段四級桿分析儀的營收，都歸生命科學部門。雖然購買這項產品的客戶多半是食品業者，但功勞歸生命科學部。生命科學部的人在巨大的利潤和獎金誘因下，就會積極研發這項產品。

我和邁克討論這個案子時，我問他：「似乎每個人都會受到獎勵的刺激，唯獨你不會？」他笑著答道：「說實在的，我並非完全無私。」邁克最初想到的是，怎麼做對公司最好。對他而言，這也是最重要的。

但他想開發三段四級桿分析儀，還有另一個動機：他的部門希望藉由三段四級桿分析儀開發出其他產品。也就是說，在邁克看來，三段四級桿分析儀是長期策略的重要跳板。

此外，邁克的老闆曾在績效評估時告訴他，儘管他已是個出色的總經理，但他的思路不夠寬廣。老闆跟他說：「你真是把自己關在穀倉裡，這是新任總經理常見的缺陷。我希望你能放大格局，不要只想著自己的部門，而能從整個公司的層面來思考。」邁克希望藉由三段四級桿分析儀的協作計畫，跳脫穀倉思維，讓部門協作得以開花結果。

最後，三方人馬包括現場業務人員、生命科學部的人員和邁克自己的團隊，都有了足夠的動機與誘因，為共同目標而努力。藉由聰明的獎勵系統設計，可激發新動機，讓多方不同利益考量的人放下成見，追求一致目標。

我們從研究中發現，在激勵人心方面，女性的表現要比男性傑出，約有34%的女性在這個陳述得到高分：「此人不但能與不同部門的人協作，而且能激發協力夥伴有強烈動機成為助力。」而男性在此得分高者只有29%。不令人意外的是，在這方面獲得高分者，績效較佳。

獎勵正確可帶來對的誘因與成效，但獎勵錯了，反而會造成反效果。有些人獎勵的是協作本身，而不是結果，最後要不是不了了之，就是以失敗收場。

有些經理人只在意部屬是否參與協作，如出席跨部門會議、工作小組或一起拜訪客戶，卻不管成果如何。如果你獎勵的是協作活動本身，就會出現很多這樣無意義的活動。過度協作，只會使員工的工時變長，但成效不彰，員工的許多時間精力被迫浪費在無效或低效的活動上。活動就只是活動，並不是成果；最重要的是結果。

> 嚴謹協作原則３：
> 獎勵協作結果，而非協作本身。

找兼職的人來做，結果就只有半吊子

四十二歲的譚美在總部設於加州的一家貨運公司擔任維修主管。她在接受我們訪談時說道，她的部門在編列預算時，以自己部門優先事項為主，之後才考慮需要配置人員的跨部門協作計畫。[19]

「在這種情況下，我們的資金和最優秀的人才幾乎都分配好了。」結果，他們忽略了重要的協作計畫，例如與人力資源部及物流部門協作的卡車維修計畫。由於主要負責這個計畫的關鍵人員只是兼職員工，加上經費不足，在缺人又缺錢的情況下，計畫最後宣告失敗。[20]

我們的時間表常排滿自己部門的事，剩下的時間（也就是晚上）再來進行協作計畫。根據參與我們研究的一個員工所說的：「最大的問題是如何擠出時間。我們總會優先處理自己部門的事，如有餘力，才會幫助其他部門的人。」儘管已承諾協作，然而能付出的時間總是太少。

為了提高協作計畫的成功率，你需要一套辦法來確保協作計畫有充分的時間、人力和經費。

安捷倫的邁克想知道，生命科學團隊的協力夥伴是否能為了三段四級桿分析儀的案子全力以赴。由於他們另有研發蛋白質體分析儀的重要任務，該團隊一流人才應該會百分之百投入這個案子。若是如此，只能由B咖來負責三段四級桿分析儀，甚至他們團隊的人只能撥出部分時間來做。

為了降低這樣的風險，邁克要生命科學部建立兩個團隊，一個負責蛋白質體分析儀，一個負責三段四級桿分析儀。邁克回憶說：「我要負責三段四級桿分析儀的人，把所有的時間都放在這個案子上。你知道，我們部門的行銷大將老是出現在我辦公室門口，探問我們何時可讓三段四級桿分析儀上市。我跟他說：『你知道嗎？你的新工作就是去生命科學部問，我們那個分析儀什麼時候可以上市。』」

邁克仔細評估生命科學部的人員配置。「我把他們的名字記下來，我已認識每一個人。開發三段四級桿分析儀的人，都是我自己挑選出來的。」他要生命科學部的協力夥伴，把工作時間百分之百投入這個案子。他告訴我：「我們公司流傳這麼一句話：『找兼職的人來做，結果就只有半吊子。』」邁克也確保研發三段四級桿分析儀的團隊，有足夠的經費。（他已把自己部門的預算轉移一些過去。因此，所需經費百分之百幾乎都來自他的部門。）

邁克也建立我所謂的協作預算，包含三部分：時間（研發計畫需要多少全職人員）、技能（研發人員是否具有必備技能）以及資金（這個計畫需要的經費）。嚴謹協作需要所有的參與者都承諾付出必要的時間。如果你無法取得所需的資源，就得縮小計畫的規模、延長時間，或是乾脆放棄。我從研究和顧問工作中發現，資源不足的協作計畫往往注定失敗。

> 嚴謹協作原則4：
> 協作計畫要成功，須具備足夠的時間、技能、資金，如資源不足，不如縮小計畫規模，或乾脆放棄。

如何在最短時間內建立互信

我們會與其他部門或其他地區的人進行協作，協作夥伴有時是以前不認識的人，或不大熟悉的人。這意謂協作夥伴間，可能原本缺乏信賴基礎，或是尚未形成穩固的信賴關係。如果協作過程不順利，我們甚至不信任協作夥伴。

信賴是協作成功的關鍵。我們可把這種信賴，定義為對協作夥伴的信心，相信他們每次都能準時完成高品質的工作。[21]

在我們的5,000人研究中，幾乎有半數的人（46%）說，他們在與人協作時，彼此不能互相信賴。這真是太糟了。我們從研究中發現，善於與協作夥伴建立信賴關係的人，績效非常突出；信賴與績效的相關係數高達0.70。

就建立信賴關係而言，女性的表現也優於男性。易安在麻州華德鎮一家資料分析公司擔任法律顧問，她在和同事建立信賴關係方面非常努力。她說：「我的辦公室和大多數的同事都離很遠，但我們會花很多時間透過電話討論。我也常與同事會面，以建立信賴關係。我相信他們都能把事情做好。他們也知道，萬一出現緊急問題，需要趕快解決，我一定會出面幫他們處理。」[22]

在現代職場，每個人都很忙碌，你可能無法在協作之前，花時間心力先跟對方建立關係。如果你與協作夥伴間尚無信任基礎，高績效人士的做法或許可供你參考。我們從個案研究發現，高績效人士會運用幾個技巧來快速與人建立信賴關係，以確保協作成功。（見圖表8-3）

首先，找出你與協作夥伴間不能互相信賴的關鍵因素，然後針對這些原因，利用不同的強化信賴策略來增進彼此關係。

正如我們所見，安捷倫的邁克擔心生命科學部的協作夥伴無法全力以赴。但邁克知道，生命科學部主管卡爾是可以信任的，他是說到做到的人，問題在於他底下的人。

邁克說：「他們部門裡有人不同意研發三段四級桿分析儀。」於是，在他和卡爾決定進行這個協作計畫之後，就共同發了一封電子郵件，說明他們的決定與決心。這樣公開宣示，顯示兩位主管互相信賴。主管都這麼做了，下面的人也就知道該怎麼做了。

只是邁克還是擔心生命科學部的人會指派B咖團隊來進行這個案子。他不知道他們是不是會派出最好的人。因此，他必須和生命科學部的人確認，不僅確定他們會派出最優秀的人來進行這個案子，而且這些人會全力以赴。

他也展現十足的誠意，讓生命科學部的協作夥伴相信他們團隊的能力。最後，雙方都相信這個協作計畫擁有所需的一切

圖表8-3 | 如何快速建立信任感？

信賴不足的原因	信賴增強策略
缺乏能力或資源：你不確定協力夥伴是否有足夠的時間、經費或技能，在一定的時間內完成高品質的工作。	1. 查證（找去過去的紀錄或調查以前的工作情況）。 2. 從小規模開始做起（如先導測試）。
意圖不夠真誠：你懷疑協力夥伴的承諾只是口頭說說，未必會致力於共同目標。	1. 查證。 2. 從小規模開始做起。 3. 要求公開承諾（如邁克與生命科學部的領導人共同發表聲明）。
理解不同：你和協作夥伴對於要做什麼、何時做，以及怎麼做，也許有不同的意見。	詳細說明（如邁克為生命科學部的人解說新產品的市場規模）。
對彼此陌生：你們不了解彼此，背景也完全不同（部門、職責、教育程度、國籍不同等）。	1. 先建立關係（團隊練習）。 2. 分享個人生活點滴，以互相了解。

資源。邁克甚至更進一步，每季都對這個計畫進行仔細評估，確定參與這個案子的每個人都付出百分之百的心力，依照計畫進展順利。

沒過多久，邁克的團隊和生命科學部的同事就建立穩固的信賴關係，讓協作計畫有了好的開始。兩年半之後，安捷倫的三段四級桿分析儀上市。這項產品的營收在三年內就超過1.5億美元。他們共同達成了目標。

邁克的協作計畫充分落實了嚴謹協作的五個原則：他為協作提案提出有力的理由（如果理由不夠好，就準備放棄）；他建立了一致目標，在三年內使營收達到1.5億美元；他決定把營收歸生命科學部，讓他們得到激勵；他確定協作計畫有足夠的資源（經費、技能與時間）；他還與協作夥伴建立了信賴關係，相信參與這個計畫的人都能為共同目標努力。

這樣的嚴謹協作帶來令人滿意的結果，邁克本人也獲益良多。2009年，他的老闆退休，邁克晉升為集團總經理。2015年，他成為安捷倫執行長。沒錯，目前安捷倫這家跨國大公司的掌門人正是邁克．麥穆倫（Mike McMullen），該公司每年營收已超過40億美元。

> 嚴謹協作原則5：
> 信賴是協作成功的關鍵，如果對協力夥伴沒信心，
> 就必須善用策略在最短時間內建立彼此的信任。

協作是過程，而非目的

在本章開頭，我們看到道奇堡醫院的醫護人員因為各自為政，無法給慢性病人良好的協調照護，特別是像威爾森這樣多病纏身的病人。但這不是故事的結局。

2012年，當地醫療體系的三位領導人：道奇堡聯點醫療

集團（UnityPoint Health）執行長湯姆森（Sue Thomson）、特利馬克醫師集團（Trimark Physicians Group）營運長哈佛森（Pam Halvorson）、三一區域醫院（Trinity Regional Hospital）護理主任史瑞佛（Deb Shriver），共同推動一項變革計畫，動員各個團隊的醫師、護理師和其他照護人員採行新做法。[23]

這些醫療團隊大致運用了嚴謹協作的五個原則。就商業邏輯（原則1）而言，團隊成員評估協作會產生多少成本，並為病人帶來多少好處。關於協作價值，最大障礙就是像威爾森這樣患有多重慢性病的病人，醫療花費很高，占了醫院預算的一大部分，再次住院的費用也高。如果醫療體系協同合作來照顧這類型的病人，就能減少浪費，並大幅改善照護品質。

特利馬克與三一區域醫院的醫療團隊擁有一致的目標（原則2）：讓再住院率合乎標準，以免被罰。道奇堡醫院的再住院率很高，11.3%的住院病人出院後又會回來住院。這兩個集團的領導人要求所有的醫護人員，了解再住院率太高會遭到重罰，因此以降低再住院率做為目標。此外，醫療團隊也有努力的動機（原則3）：要是不降低再住院率，就得接受懲罰。

這幾個醫療團隊也承諾會提供協作所需資源（原則4）。醫師（如為威爾森診治的家醫科醫師）必須參加協作計畫，而組織也會引進全職的跨部門協調人員。

為了進一步加強協作，特利馬克和三一區域醫院的人員每週舉行會議，評估再住院病人的案例，除了邀請自己集團的醫護人員參加，也請其他醫院、診所、安養中心、護理之家和心理衛生中心的人員提供意見。這樣的會議有助於醫護人員了解彼此，建立信賴關係（原則5）。

道奇堡的醫護人員依循嚴謹協作原則提升醫療照護品質，在兩年內就使病人的再住院率從11.3%降到8.6%，已優於聯邦政府的規定。

而威爾森的生活也有了改善，現在已經可以依靠個人專屬的醫療團隊，團隊中有醫師、護士、社工等，所有成員都努力給他最好的醫療照護。一位居家護理人員每週都會去看他，查看他的健康數值和每日用藥情況。有意義的協作，使道奇堡醫護人員得以增進醫療品質，同時減少費用，也可免於過度協作的弊病。

我們有可能因為對協作過於熱中，而忽略協作真正的價值和目的。我們以為協作多多益善，認為人員之間多接觸、多連結、多協調就會更成功，這是錯誤的想法。協作的目的不是為了協作本身，而是為了創造價值，有更好的表現。

你可以利用本書的七大高績效心智來取代傳統工作思維，用更聰明的方法工作。傳統工作思維最大的問題在於，我們認為必須犧牲自我，賣力工作，才能有所成就。有許多人一直以來都是埋頭苦幹，承擔太多任務，犧牲家庭生活、朋友、興趣、運動和睡眠。但這樣下去，很快就燈枯油盡，甚至人際關係不和諧，還失去健康。

培養高績效心智，不僅幫助你成為職場中的佼佼者，也能把高效工作省下的時間與精力，拿去過想要的生活。我們從研究中發現，在工作上成功，不必犧牲幸福，而且可以提升生活品質。到底要怎麼做呢？下一章將詳細說明。

未來，什麼人最搶手？

舊觀念告訴我們，協作多多益善，要打破部門藩籬，多溝通、多連結、多協調就可提高效率。

但我們從研究中發現的工作新思維是，過度協作和協作不足一樣糟。拆除穀倉不能解決問題，嚴謹協作，審慎選擇高價值的協作，才能增進協作的效能，真的提高工作績效。

新工作法則就是你的新機會

組織和員工都可能陷入協作的兩種罪惡：協作不足或過度協作。不同團隊和部門間，有的溝通太少，有的則溝通過多。透過嚴謹協作，可避免協作不足或過度協作這兩種極端。

我們從研究中發現，能做到嚴謹協作的人，與做不到的人相比，績效排名超前了14個百分等級，而且從嚴謹協作獲益的女性，要比男性來得多。

嚴謹協作的五個原則：

- 先問為什麼要協作？找出必須協作的充分理由，如果理由不充足，或協作價值經評估後是負的，就不要做。
- 一旦決定進行協作，就要讓所有團隊成員拋開私心，著眼於一致目標。
- 協作要有成效，必須獎勵協作結果，而非協作本身。
- 協作計畫要成功，須有充足的時間、技能、資金投入。如資源不足，不如縮小計畫規模或乾脆放棄。
- 對協力夥伴沒信心？盡快利用信賴增強策略來解決信心問題，信賴是協作成功的關鍵。

第三部

新時代的工作邏輯

09

工作愈高績效，生活愈多選擇

這五年來的研究，始於一個問題：為什麼有些人在工作上的表現，就是比其他人要來得好？隨著研究的進展，答案漸漸清晰浮現。

而且，我發現了一個很值得深究的現象：我們探訪的各行各業頂尖人士，因力行這七大高績效心智，所得到不只是工作績效比別人高，他們在生活上也更多采多姿。他們比一般人更能做好時間管理、在壓力下表現得更好、更能掌控自己的人生進度，他們對工作的滿意度也比較高，因為除了工作成就，他們更能把高效工作省下的時間精力，拿來過自己想過的生活。

以第二章提到的中高階人才仲介業者畢夏普為例。她以貴精不貴多的雙重專注心智，嚴格篩選客戶，並專注在重要少數客戶上。自此之後，不管是工作或生活，她都覺得大有改善。

她更能投入工作，而且充滿幹勁，不僅績效更好，對工作與生活也更滿意。

畢夏普認為，她能重生，過得更好，部分原因是找回了工作和生活的平衡。在採行新的工作法則之前，她的生活簡直是「糟透了」，她對工作全力以赴，結果卻慘不忍睹；付出愈多，事與願違的挫折感愈是揮之不去。

有了篩選客戶的原則後，她依然很努力工作，但感覺如釋重負。以前她感覺自己盡做一堆吃力不討好的事，現在她不再需要和討厭的客戶周旋，時間也不再被小客戶占滿。她和她的團隊只做媒體業中高階人才仲介，所收取的服務費也比較高，例如她就曾幫紐約無線電城音樂廳的舞蹈團體「火箭女郎」物色主管。

因為工作更專精，讓她有餘力陪伴親人度過苦難，她女兒的未婚夫在911恐怖攻擊事件中罹難。她也更有時間與精力去過想過的生活，幾年後她取得博士學位，並轉換生涯跑道，到商學院任教。

在我們的研究中，也有幾位像畢夏普這樣，從工作夢魘中解脫、重拾個人生活的人。第三章提到的高中校長葛林也是。克林頓戴爾高中在推行翻轉教育之前，因學生成績不佳，面臨廢校命運，身為校長的葛林，壓力大到了極點。老師早已忙得焦頭爛額，學生的學習動機相當低落，葛林無計可施，對未來感到十分茫然。他當時經常失眠，工作與健康都亮起了紅燈。

幸好，他找到更聰明的教育方式，翻轉課堂計畫奏效，管理漸上軌道，才終於放下肩上重擔，全校師生也跟著受惠，交出亮眼的成績。

在研究過程中，像畢夏普和葛林的成功例子常讓我好奇，這七大高績效心智如何讓人在達成工作成就的同時，創造幸福人生？

找對支點，就能創造成功人生

在追求成功的傳統思維裡，最大迷思之一就是努力工作，你一定聽過「也許我不是最有天分，但我總是可以做最努力的那個」。我們總以為，不管在哪個領域工作，想要出類拔萃，難免要犧牲個人生活。但從我們的研究中，那些可以落實七大心智聰明工作的人，既能創造高績效，又能擁有美好生活，完全破解了我們長久以來對努力打拚的迷思。你也可以藉由培養高績效心智，創造出完全不一樣的人生。

過去，許多人都根深柢固的認為成功靠打拚，要成為頂尖高手，創造高績效，就得瘋狂工作、展現過人毅力、無止境的苦練、投入無數的工時，這代表沒有休假、忽略家人，即使是週末或假日依然埋頭苦幹。也因為我們這麼想，於是工作責任漸漸壓得我們喘不過氣來。

但現在，已有愈來愈多人開始意識到，再這樣下去會失去個人生活，不該將大把時間與精力拿去換錢，而金錢卻又買不回失去的生活，於是開始主張工作剛剛好就好，並在生活周遭設立一道道防線，抵禦工作入侵。例如準時上下班、回家後把手機關機、忍住隨時想查看電子郵件的衝動……儘管意識到不要讓自己被工作活埋，必須捍衛私人生活，但這些做法只是治標，消極處理工作過度的症狀，而不是從根源解決無效努力、工作低效能的問題。更何況，如果工作上只求過得去就好，你恐怕也很難有真正像樣的生活。

我們的研究發現，讓工作與生活失衡的，往往不是工作本身，而是你的工作心態與做事方法。藉由全新的聰明工作學，可以從根本解決私人生活被工作侵擾之害，在工作創高績效的同時，擁有高品質的生活。

從各行各業頂尖人士身上，我們找到撐起他們成功人生的支點，亦即七大高績效心智：掌握重要少數，然後專注投入；重新設計工作，讓自己做的事有價值；建立學習迴圈，精進新技能；在工作崗位上投入熱情與使命感（這兩樣皆可培養與擴大）；具備巧毅力來造勢、說服、拉攏人心；敢於爭辯，也最能團結；掌握協作要點，懂得說「不」，善用自己，創造最大價值。

與其費力去工作或控制工作，最後徒呼負負，不如從根本下手，解決潛在的問題，也就是改變工作的心智。

為了深入測試這七大工作心智與人生幸福之間的關連，我們設計出一套量表，在我們的定量研究中，詢問受訪者與工作有關的三個層面：工作與生活平衡、工作倦怠，以及工作滿意度。[1]結果發現，精通這七大心智的人，不僅工作績效卓著，而且認為工作在許多層面帶給他們幸福感。

他們的工時沒有特別長，也沒有刻意在私人生活周邊設下銅牆鐵壁。他們的高績效祕密，就在於聰明工作，比起埋頭苦幹，他們更會思考，他們不必刻意將生活和工作一分為二，而是將聰明工作省下的時間精力，拿來過更高品質的生活。

這七大工作心智，究竟對個人幸福有多大影響呢？第一章曾提到，有將近七成的績效差異和這七種心智有關（約三成則跟工時、性別、年齡等人口特徵有關）。相較之下，29%的幸福感差異和這七種工作心智有關。顯然，工作心智對績效的影響要比幸福感來得大。這點並不奇怪。在工作之外，影響幸福感的因素很多，包括居住地、通勤時間長短、與同事的關係、薪資水準、老闆的管理風格、健康因素等等。

不管如何，能造成29%差異的因素已非常值得我們注意。數據顯示，熟稔七大高績效心智，可增進工作與生活的平衡、讓人對工作抱著高度熱忱，也能提高工作滿意度。

然而，我們必須注意的是，雖然七大高績效心智能增進幸福感，其中有幾種也可能使幸福感降低。如要從這七大心智獲得最大的好處，還必須運用幾個輔助策略來防範副作用。

熱情工作狂，如何找回平衡？

這七大高績效心智如何影響幸福？你可以運用哪些策略來鍛鍊這些心智，並發揮最大效益？

為了評估高績效心智如何使人維持工作與生活的平衡，我師法哈佛商學院教授培羅的調查研究[2]，請受訪者對以下陳述自我評分：「我的工作已影響到我和家人的相處，占去了不少個人生活時間。」最高7分（完全同意），最低1分（完全不同意）。由於受訪者只能就自己的情況回答，因此接受這項調查者為我們研究中的2,000人（其他3,000人則是由其主管或直屬部屬提供評估意見）。

我們從研究發現，許多人都在工作和生活之間掙扎，有此結果似乎不讓人意外。在參與這次自我評量的人當中，有將近四分之一的人（24%）完全同意或非常同意上述陳述，另有四分之一的人（27%）則表示有點同意。總計有超過50%的人，都認為工作影響或嚴重影響他們的個人生活，以及和家人相處的時間。

不出所料，很多人都超時工作，平均每週工時在50和65個小時之間，工時這麼長，工作必然占用他們不少夜晚和週末時間。如果你每週工作50個小時，平均每天工作9小時，週末再工作5小時，你還能勉強擠出一些時間陪家人。然而，你若是每週工作65個小時，幾乎不可能挪出時間給家人。

圖表9-1 ｜ 聰明工作，找回幸福

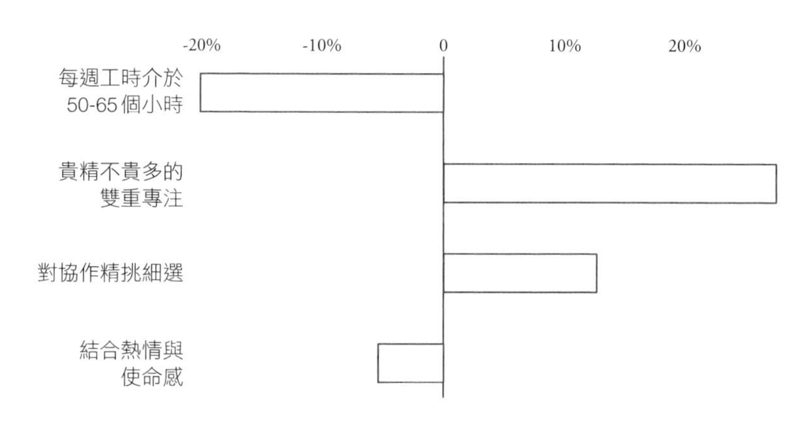

注：此表顯示2,000人迴歸分析的結果，預測七種工作心智和每週工時對工作與生活平衡的影響。我們請受訪者針對這樣的陳述從1-7分自我評分：「我的工作已影響到我和家人的相處，占去了不少個人生活時間。」然後，我們將分數倒過來，7分代表完全不受影響，也就是工作和生活得以保持良好平衡。
在橫軸上，正值意謂對工作與生活的平衡有幫助，負值則代表會破壞工作與生活的平衡。就每一種心智，上表顯示表現最差（最差的10%）到精通地步（前10%）的效應，其他心智則效應不顯著。例如對「貴精不貴多的專注心智」熟練者，工作與生活平衡的表現排行可能提升26個百分等級（例如從第60百分位數晉升到第86百分位數。）

有兩種高績效心智，特別可促進工作與生活平衡，尤其是貴精不貴多的雙重專注。掌握重要少數，推掉次要任務，然後專注投入，如此就能確保工作成果，並把省下的時間與精力留給自己和重要的人。

此外，掌握協作要領也有幫助，精挑細選協作對象，有價值才協作，除可藉由夥伴之助減少工作量，也比較不會被捲入無意義的會議，或無價值的協作事項。將無效努力或低效工作降至最低，私人生活才不會被工作搞得一團糟。

我們的研究也發現，在工作中投入熱情與使命感，很容易導致工作與生活失衡。所以，需要採取輔助策略，才能讓你的熱情與使命感創造最大價值，而非犧牲個人生活。

熱情可能讓人不知節制，進而使工作影響私人生活。

參與我們研究的凱特，是熱愛工作的行政助理，在奧克拉荷馬州一家廣告代理公司服務。[3]在我們的研究中，她在「結合熱情和使命感」方面獲得高分。她珍惜這份工作帶來的學習機會，幾乎每天都精神奕奕的去上班。公司業務人員要出差、寫報告或處理文件，她都是他們的得力助手。她的工作績效極佳，在所有參與我們研究的人當中，位居前11%。

然而，她認為她的工作與生活嚴重失衡。其中一個原因就是她對工作的熱愛，使她無時無刻不在想工作的事，就算下班回家之後，依然滿腦子都是工作。

過去，對員工投入（這個概念與熱情相近）的研究，也發現熱情會破壞工作與生活平衡。有一項研究的調查對象是消防隊員、髮型設計師、教育工作者、看護人員、銀行行員等844名在職人士，研究者評估他們對工作的投入程度（「我在工作時會忘了周遭一切」），發現對工作愈投入的人，家庭生活愈容易受到影響（「我常常因為工作而不能陪伴家人」）。[4]對工作過於投入，的確難以維持工作與生活的平衡。[5]

如果你對工作充滿熱情，老是埋首於工作之中，不免會忽略生活的其他層面。你完全投入在工作，即使下班時間到了，你仍繼續工作，不知不覺又加班了一小時。等發現該回家了，已過了晚上七點。回到家，早已錯過和家人共進晚餐的時間。即使趕上了，也常心不在焉，邊吃邊想著工作的事。甚至可能為了工作廢寢忘食，更別提抽出時間去運動。

從各行各業頂尖人士身上，我們不僅看到他們如何培養與驅動熱情，也要學習他們駕馭熱情的智慧，才能找回工作與生活的平衡。

持續高壓下，如何擊退工作倦怠？

根據梅約醫學中心的定義，所謂工作倦怠，「是一種工作壓力，讓人覺得身心俱疲，精神耗竭，懷疑自己的能力和工作價值。」[6]

工作壓力在職場很常見。我們請研究中的2,000人評估自己工作倦怠的程度，很多人都有為了工作而身心俱疲的經驗。約有五分之一的人（19%）完全同意或非常同意這樣的陳述：「我感到工作倦怠」，另有四分之一的人（25%）則有點同意，總計有近50%的人表示有工作倦怠。

工作倦怠不可小覷。研究顯示，工作倦怠可能導致心血管疾病、對婚姻不滿或憂鬱症。[7]我們從研究發現，本書提出的高績效心智有助於減少工作倦怠。例如力行雙重專注，能減少要務，不被工作淹沒，也比較不會感到身心俱疲。同樣的，如果你能對協作精挑細選，藉由協作夥伴之助，在更短時間內，成就更多事，也比較不會陷入倦怠。這兩種心智，都可使你免於心力交瘁。

工作倦怠還有一點須特別注意，也就是精神耗竭。如梅約醫學中心下的定義，工作倦怠來自工作壓力，可能是人際衝突造成的，或覺得工作沒有意義。聰明工作是精神耗竭的解方。如果你能對你所做的事投入熱情和使命感，就比較不會覺得沒精神，提不起勁。熱愛工作且有使命感的人，因了解自己工作的深層價值，工作起來就會充滿幹勁。

2016年，我和研究夥伴在對克林頓戴爾高中校長葛林及該校老師進行訪談時，儘管他們還是要面臨相同的挑戰，如學生大多來自弱勢家庭，但自從實行翻轉教育之後，葛林校長和該校老師重新找回了對教學的熱忱，同樣是花時間心力指導學生，現在成效更佳，他們也不必再為了學生老是違反校規、打鬥而傷透腦筋。

葛林告訴我們，除了翻轉教育使學生成績突飛猛進，他們現在對許多有助於教學的新科技，也躍躍欲試。葛林和老師們重拾對教學的熱情和使命感，早已擺脫過去的工作倦怠，對未

圖表9-2 ｜ 你有工作倦怠嗎？

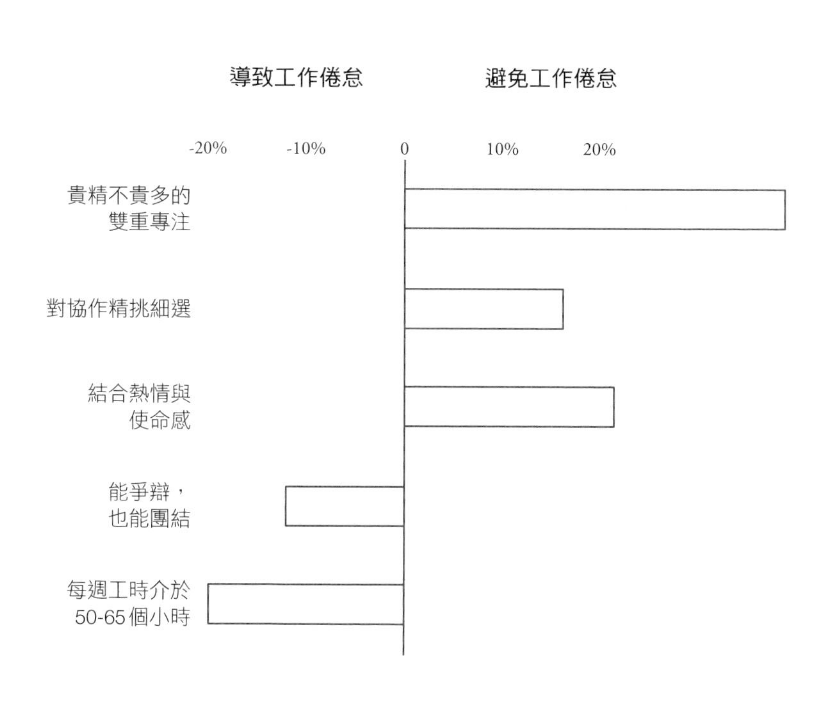

注：此表乃根據2,000人迴歸分析。橫軸上顯示避免或增加工作倦怠的百分等級。我們也可從此表看出，就每一種心智表現最差（最差的10%）到精通地步（前10%）的效應，其他心智則效應不顯著。例如對「貴精不貴多的專注心智」熟練者，在避免工作倦怠的排行可能提升29個百分等級（例如從第60百分位數晉升到第89百分位數。）

來充滿期待。

讓我意外的是，七大心智之中，「能爭辯，也能團結」，雖然能讓團隊變聰明，卻也容易讓人陷入工作倦怠。

有個可能的解釋是，會議上的唇槍舌戰固然可能產生較好的決策，也容易使人筋疲力竭。你皺眉、搖頭，辯得臉紅脖子粗，攻擊、再反擊，這些都很耗費氣力。研究顯示，理念之戰（亦即科學家所謂的「認知衝突」），往往伴隨人際關係的摩擦或「情感衝突」。[8]

有一項研究調查多個產業的612名員工，包括製造業、電信通訊業、製藥業和國防部門等，發現認知衝突增加，則情感衝突也比較嚴重，如對立、憤怒、緊張、內鬥。[9]同事之間的摩擦也會使人對工作心生倦怠。

如何提高工作滿意度？

至於工作滿意度，我們提出的七大高績效心智中，有四種有增進之效，其中結合熱情與使命感尤其重要（見圖表9-3）。熱愛工作且有強烈使命感的人，能從工作當中得到很大的滿足。美國有一項研究調查271位在職人士，發現對工作熱情者，也對自己的工作比較滿意。[10]另一項研究則是以260位大學員工為調查對象，顯示覺得自己的工作對公眾利益有貢獻者（「我知道我的工作能為這個世界帶來正面的影響」），工作滿意度也比較高。

在我們的研究中，能重新設計自己工作的人，對工作也較滿意。或許是因為他們讓自己的工作變得更有價值，或是他們

圖表9-3 ｜ 影響工作滿意度的因素

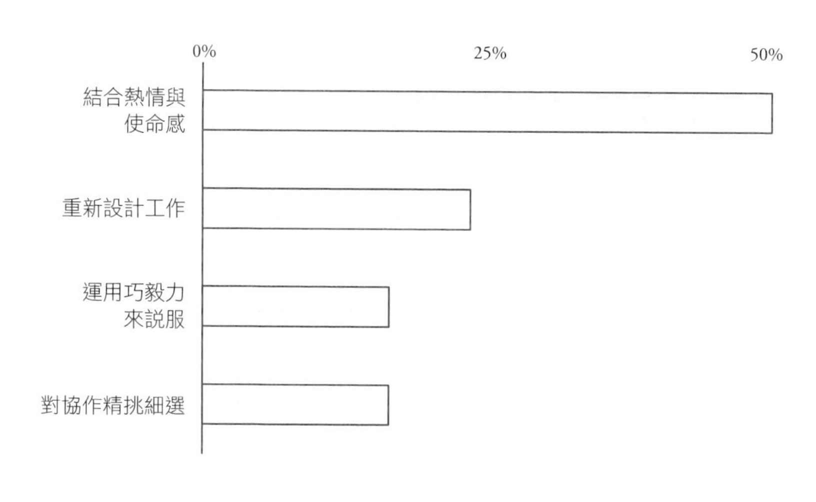

注：此表乃根據2,000人迴歸分析。橫軸上顯示增進工作滿意度的百分等級。我們也可從此表看出，就每一種心智表現最差（最差的10%）到精通地步（前10%）的效應，其他心智則效應不顯著。例如能「結合熱情與使命感」的人，在工作滿意度的排行可能提升49個百分等級（如從第40百分位數晉升到第89百分位數）。

有工作的自主權或裁量權，能重新想像自己扮演的角色。

整體而言，我們的分析顯示，七大高績效心智對幸福感各有不同的影響。要使你的績效登峰造極，並從工作中獲得幸福，除了修練這七種心智，你還必須採取三種策略來防範有些心智可能帶來的負面影響。

策略1：擺脫無效努力，善用時間紅利

首先，做好時間管理。如果你無法管理時間，就什麼也無法管理。在七大高績效心智中，有好幾種都可以讓你省下一些時間。不管是嚴謹協作，拒絕無意義或低價值的協作，或是投入雙重專注，把心力放在少數最重要的事情上，皆可省下不少時間。

又如在團隊工作中，如果敢爭辯也能團結，在第一次開會就做出周全決策，會議就不會一個接著一個，沒完沒了。如果你能適時得到回饋意見，並納入技能練習中，就能減少重複練習的次數。最後，藉由工作的重新設計達到事半功倍的效果，如此一來，你又能省下時間。

這些省下來的時間，累積起來很可觀。請看看過去兩週的工作時程表，如果你採取高績效心智來做事，有哪些任務、電話、電郵和會議是不必要的。你會發現，去除這些低效努力，就能空出不少時間。我把這些省下的時間稱為「時間紅利」。

你要如何利用這些時間紅利？

你有兩個選擇：把省下的時間再投入到工作中，或是拿來陪伴家人、過自己想過的生活。正如公司盈餘，可用來投資在公司事業，或是當作現金股利發放給股東。

畢夏普透過雙重專注，賺到不少時間紅利。她設定了篩選客戶的條件，而且只為熟悉的媒體界服務。由於她和她的團隊

不必花時間在不熟悉的產業上，因此省下不少時間與精力。她可以把所有的時間紅利再投入工作中，但她沒這樣做。她決定把一些時間留給自己，她陪伴女兒度過人生變故，並回學校攻讀博士。

我們在研究中發現，大多數的頂尖高手，工作時間短、工作效率高，而且都很會運用時間紅利。如在第三章看到的，一週工時一旦超過50或55個小時以上，再怎麼努力也難以提高績效，甚至還會倒扣。

然而，勤奮工作以追求成功的傳統思維，已經深入人心。我們總以為多做準沒錯，多參與會議、多同意協作，或再花一個小時來準備簡報，表現就會更好。但經常事與願違。

不要一再重複無效模式、落入低效勤奮的陷阱，破除努力工作的傳統思維，用對方法工作，然後，該休息時好好休息。把省下的時間精力，拿去做想做的事，過想過的生活。

策略2：駕馭你的熱情，找回平衡人生

把熱情和使命感注入工作中，可增加工作滿意度，減少工作倦怠，但必須小心破壞工作與生活的平衡。要做到這點，就得好好駕馭你的熱情。

即使工時合理，也不能讓工作干擾你的休息時間。如果你在和朋友共進晚餐或是看孩子打棒球的時候，還一直想著工作

的事，就是對工作熱情過頭了。若你經常為了工作輾轉難眠，或半夜三點起來上廁所時仍忍不住查看電郵，就得告訴自己，須好好克制了。

在我們的研究中，績效高手在熱愛工作的同時，也能以正確的方法來駕馭熱情。

高瑞茲執掌馬士基集團在摩洛哥丹吉爾貨櫃場時，利用重新設計工作，提高了集團營運績效。雖然他對工作充滿熱情，但他下班後的時間完全留給孩子和自己（如打壁球、潛水）。

我問他，是否能在休閒時間，把工作拋在腦後？他說：「當然可以！我的大腦會自動切換到家庭模式。這我很在行。」每天早上，他會開車送兒子到學校，下午五點下班，週末極少工作。我問他，他能一週工作七、八十個小時嗎？他答道：「絕對不可能，我會拒絕這麼做。這不僅要命，而且會破壞我的工作與生活的品質。」

儘管你對工作非常熱情，切莫讓工作蠶食鯨吞，占據你的生活。

策略3：負能量讓人疲累，有效做好情緒管理

實踐高績效心智有很多好處，但有幾項如運用過頭，難免帶來情緒困擾，例如「能爭辯，也能團結」。工作環境的情緒衝突常會讓人覺得很疲累。

有項研究以加州北部一家小型私立醫院52名工作人員，做為調查對象，發現曾和同事或主管發生衝突的護理師，比較容易覺得精神耗弱，工作倦怠的情況也比較嚴重。[11]尤其性格內向的人不喜歡與人發生衝突，一旦與人爭吵，會產生強烈的情緒波動，能量很容易耗盡。

但不能因為討厭爭吵，而在開會時不發表意見或盲從。理性辯論、據理力爭很重要，正如第七章的討論，不要認為開會時的爭吵是衝著自己來的。避免情緒化的批評（如「你的想法實在很愚蠢」），說話帶刺會傷人。因此，當開會討論變成對某人進行攻擊時，就必須設法導正。提出比較客觀、具體的資料、事實和數據是很好的策略，不要被情緒牽著鼻子走。

另一個策略，是從反面角度來探討問題。你不是發表自己的看法，而是故意提出不同的意見，以考量問題的各個層面。

如此一來，就能減少人際衝突。開會辯論是理念之爭，而非意氣之爭。立下辯論規則，就事論事，就能減少情緒衝突，個人與團隊表現也會比較好。

聰明工作，富足一生

好好掌握七大高績效心智和克服負面效應的三種策略，就能達成更好的工作績效，同時增進人生幸福。至此，本書已提出科學實證，證明這是可行的。

很多人根深柢固的觀念是只要努力，展現過人毅力，就能成功。但時至今日，愈來愈多人已體認到，要把事做成，必須跳脫低效的勤奮模式，改採更聰明的工作方式。從我們的研究中，高手不會只是埋頭苦幹，他們比一般人更能掌握聰明工作的要訣。他們會先瞄準目標，把所有的精力放在少數幾件最重要的事情上，精益求精，才創造出最大的價值。

在我開始寫這本書的時候，發現所謂「聰明工作」，已是陳腔濫調。關於聰明工作的建議五花八門，但99%的人都沒能真正做到聰明工作，許多人一再重複效果不彰的工作模式。對於如何聰明工作，沒有明確的架構可依循，既不知道聰明工作的真正意涵，也沒有具體方針指引我們如何每日實踐。本書試圖提出全新的聰明工作學，幫助所有人（即使現在的你並不確知你想要什麼）在工作上表現傑出，並擁有高品質的生活。

我們把焦點放在如何提升個人績效上，但工作心態與工作方法的改進，往往會牽涉到其他層面，從你的個人生活，到團隊的運作。正在閱讀這本書的你，可能是基層員工，也可能是經理人，甚至是公司老闆，請看看四周，你所處的環境是否支持聰明工作？還是很沒效率的日復一日的運作，伴隨著無止境的抱怨？

超時工作絕對不是增加工作價值的好方法，但為什麼很多實習醫師依然如此？為什麼麥肯錫有些顧問一週工作七、八十個小時？這是因為許多工作環境依然深信更努力工作的傳統思維，不管是決定加薪幅度或誰能晉升，還是以夠不夠努力做為評量標準。許多公司主管抱持「瘋狂努力」的心態，他們總是希望部屬要更努力，他們不會主動獎勵願意思考如何工作、懂得聰明工作的部屬，也不會支持那些想要兼顧工作與生活的員工。但這種極力驅使員工更努力的心態，很可能弄巧成拙，讓個人與團隊表現變差，整體業績不升反降。

但已有一些領導人有了覺悟。臉書共同創辦人莫斯克維茲（Dustin Moskovitz）是史上最年輕、創業有成的億萬富翁之一，思及草創臉書那段時光，他後悔花了太多時間在工作上。2015年，他在部落格上發表一篇文章說道：「關於生活，我希望自己能做出更好的決定，比方說吃什麼、喝什麼。有時，我喝下的汽水和能量飲料比水要來得多。我希望那時我能利用更多的時間去體驗人生的其他層面。那些經驗必然能幫助我快速成長。」[12]

你可能會想：「他說得倒容易。他當初要不是瘋狂投入工作，臉書則很難有今天的局面。」但這不是莫斯克維茲的結論。他說：「如果我能注重人生的其他層面，我就可以成為更有效能的領導人，也能做一個更專注的人。」他接著解釋：「如果人生可以重來，我會更聚焦在要事，花更多時間反思。不會常常和同事吵架，當事情不順利，我不會那麼挫折和忿忿不平，能靜心下來，多花一些時間處理危機。總之，我會更有能量，知道如何聰明使力……也會更快樂。」

不管是莫斯克維茲或是這次參與我們研究來自各行各業的工作者，他們的經驗都值得我們借鏡。藉由聰明工作（而非埋頭苦幹），人人都能成為績效高手。如果你能專心修練這七大高績效心智，以及增進幸福的三種策略，掌握要領，好好實踐，日日精進，你的績效表現自然會更加出色，壓力也會減輕，對工作和人生都感到比較滿足。有一天，你或許會注意到一些奇妙的轉變。

在你的同事中，或許也有人天天準時下班，但表現卓越，似乎不費吹灰之力，就贏過其他人。還記得我在第一章提到，我在波士頓顧問公司的同事娜塔莉嗎？

你也可以成為這樣的頂尖高手，不需十八般武藝，只需擁有對的心智。

結語

心智對了，沒有做不到的事

我高二時是田徑選手，已在挪威奧斯陸的區域賽獲得四面金牌。我還記得後來有一次參加全國青少年賽的情景。那次比賽，一開始我就先拿下4×400公尺接力賽的銅牌。翌日，我的目標是4×1500公尺的接力賽。最後一圈鈴響，我跑到前頭。大約跑了300公尺，我已衝到第一個。但不久，另一個選手超過我。我心想，沒問題，衝刺是我拿手的。我緊跟在他後頭。打算等到最後50碼超過他，一舉奪金。

接近終點線了，我要加速超過他。但我失算，加速的時間有點太晚。等我試圖超過他的時候，不巧碰到強勁的逆風，而且先前的比賽消耗不少腿力，讓我沒有足夠的氣力追趕。衝過終點線那一剎那的照片顯示我慢了0.02秒——結果，我輸掉了金牌。

多年後，回首過去種種，我發覺就算只是個小失算，卻可能導致全盤皆輸；就像我只是衝刺的時間點稍微遲了，就痛失金牌。這在運動賽事很常見，籃球投球，旋球多了一點，或是在美式足球賽中，外接球員推進的時間慢了一點，這些失誤往往帶來完全不同的結果。

工作也是如此。從我們調查的個案與研究結果顯示，心智上的小差異，就可能導致有些人成就不凡，有些人始終平凡；其實只要透過行為上的小改變，就可能對成果造成巨大影響。

哪些小改變，可以帶來大影響

我在第三章以阿基米德槓桿為例：「給我一個支點，我就能撐起地球。」耶魯紐海文醫院醫務主任班尼克醫師就做到這點。為了使住院病人半夜不被吵醒，他並沒有硬下規定不准再這麼做，而是告訴護理人員和住院醫師，如果為了抽血，必須半夜叫醒病人，那就先把他叫醒。結果，沒有人叫醒他。

這個抽血時間的小改變，使該院在病人對病房安靜滿意度的排行，從第16百分位數躍升到第47百分位數。只是運用小小的槓桿，卻能帶來巨大的變化。

想要提升績效，其實不必大幅改變。從一個小改變開始，跨出那一步，就可能產生驚人成效。工作上有許多困難，找對支點，就能運用槓桿原理，以較省力的方式來化解。你與其把努力當習慣，不如把思考如何聰明工作當習慣，建立以高績效心智為核心的工作與生活。

在這一章，我會列出你可以做的小改變，幫助你提升你的工作成效與生活品質。

在第二章，我們看到頂尖高手先選定少數幾個重要目標，然後專注投入，才有了出類拔萃的表現。他們下了滴水穿石的功夫，精益求精，追求最好而非剛好。為了做到雙重專注，你必須有所取捨，有時必須放棄大案子、大客戶，有時是拒絕來自老闆或同事臨時加進來的工作要求。

你可從小改變做起，把時間心力專注投入在要事上。

別讓人偷走你的時間

首先，管理好你的時間，務必學會對一些要求說「不」。這對高效工作與高品質生活來說都至關緊要，但大多數人都做不到。試想如果有人偷了你的錢包，你一定會發現，但如果有人偷了你的時間（比金錢更重要的東西），你怎能沒感覺。

如果對你來說，拒絕別人很難，那就在回覆他人之前試著為自己爭取一點緩衝時間。下次，當有人提出新要求，你可以說：「讓我想想，我晚點答覆你。」請你的另一半或同事幫助你，提醒你為什麼不該答應那樣的要求？如果承擔額外工作，你要付出什麼代價？

你也可以學習人才仲介業者畢夏普的做法：建立一套篩選

客戶的標準（只為媒體業服務，而且願意支付50,000美元以上仲介費用的客戶）。你可以為自己立下規則：「只參加我必須出席的會議或活動。」

另一個小改變就是運用「奧卡姆剃刀」，砍掉你不一定要做的事情。你真的必須回那些電子郵件嗎？你非得做那麼多簡報嗎？你必須在會議正式召開前安排「會前會」嗎？你不得不回電嗎？你非得出席那個活動不可嗎？每件事都需要時間去處理，砍掉一些小事，可使你的時間變多，讓你可以更專注在最重要的事情上。

從每天的工作找出價值缺口

下一個問題是：到底必須專注在哪些事情上？哪些事是最重要的？並非所有工作都是一樣的，正如在「重新設計工作」那一章所見，有些事會帶來重大影響，但也有許多事根本無關緊要。

我們必須專注的是可創造最大價值的事。藉由重新設計工作，可幫助你找到這些重要的少數，並創造出最大價值。一旦你察覺這麼做有價值，就算不是主管要求你去做，也該去做；相反的，要是知道價值有限，也就不值得你耗費心力去做了。

達成目標與創造價值不同。還記得惠普那位每季準時交報告的經理人嗎？他準時交出報告（達成目標），但沒有人讀他的報告（價值為零）。一份沒有價值的報告，也就不值得你花時間去做了。

反觀底特律克林頓戴爾高中校長葛林，翻轉了教學模式，讓學生在學校做作業，在家上網看教學影片，使學生充滿學習動機，成績突飛猛進，創造出極大的價值。根本沒有人要求他這麼做，但他察覺到這麼做有價值，於是投入心力去做。

從事後來看，葛林校長翻轉教育是項大創舉，但他一開始卻是從小改變做起的。他先進行兩個班級的對照實驗，成功之後，再擴大到其他班級。直到他對新的翻轉模式有了信心，才翻轉全校。

你也可以從小事著手，重新設計你的工作。首先，去除沒價值的事以挪出時間，例如沒人讀的報告，就不要耗費心力去做了；然後，多投入在能產生價值的事情上，例如不拖延，盡快回覆客戶來電。

翻開你的行事曆，看看過去兩週工作紀錄，有哪些是能創造價值的，又有哪些是沒有多大價值的。然後，調整你的心智來規劃未來兩週的工作。

面對挑戰，不要讓沒價值的事項再出現在行事曆上！一旦你專注在有影響力的事情上，就可利用第四章討論的學習迴圈慢慢改進自己的技能。還記得前面提到的醫院營養膳食部門主管嗎？她的故事告訴我們，學習迴圈是利用一些小改變，經過一段時間的學習與精進之後，就能帶來很大的影響。

你可先從改變工作方式著手，在衡量改變成果後，利用他人的回饋意見來修正做法。如此一來，就能形成一個不斷加強的正向循環。在著手之初，盡可能不要太冒險。如果你是想改善銷售技巧，就從小客戶開始做起，然後觀察、調整，不斷改進，直到業績教人刮目相看。不管你是職場新手或老手，都可運用學習迴圈，不斷精進新技能。

在工作崗位上，就可以做到

你必須願意發心，承諾去做，才有持續努力的動力。但是如何讓人在工作崗位上有如此強的動能呢？正如第五章所述，頂尖高手不但具有工作熱情，還有強烈的使命感。

飯店禮賓員桂伊在工作上投入熱情（「我喜歡與人互動」）和使命感（協助及服務賓客），並從服務不同賓客的經驗中，不斷擴展自己的能力。對於一般人來說，熱情會退，堅持久了會累，但桂伊對工作的熱情與使命感從未消減，甚至是與時俱進，因此有超越群倫的表現。

她是怎麼做到的？我們發現，有些人為了追隨熱情，不斷更換工作，或辭去工作去創業，認為這樣才能過自己想過的生活；也有許多人並不知道自己要什麼，只是守著一份薪水。這兩種人都忽略了，不僅是熱情或使命感都是可以培養的，而且必須不斷擴展以延續動力。

我們從頂尖高手身上發現，沒必要為了追求自我而辭去工作，而即使你不知道現在的自己想要什麼，也仍然可以在工作崗位上有傑出表現，並過更好的生活。藉由一次次的小改變，你就可以漸漸擴大對工作的熱情與使命感，進而在工作上創高績效。

例如承擔新任務，可激發你的創造力；投入激烈競爭（如爭取客戶），可激起你的好勝心；參加訓練工作坊，可促進個人成長；如同事能為你點燃工作熱情的話，那就盡可能多和他們共進午餐。至於使命感的提升，你也可從小處開始改變，為自己和你的團隊或組織增加價值。例如發掘有意義的新任務；積極投入社會公益；甚至下班前花五分鐘思考，你今天所做的對團隊或組織是否有貢獻，以及該如何改進等等。

如此一來，你就能逐步提升自己對工作的熱情和使命感。

如何在團隊中發光發亮

我們大多數人都在團隊裡工作，如何與人一起工作是現代人的必修課，許多職場問題與組織困境都由此而生。你同樣也可以從小小的改變開始做起，提升你在團隊的表現。

第六章告訴我們，頂尖高手善用巧毅力來說服、造勢，和拉攏人心。他們憑藉的不是個人魅力，而是聰明策略。

名廚奧利佛用行動來說服人。他請人載了一卡車的脂肪，倒在學童的父母的面前，說服他們改善孩子的飲食習慣。安捷倫的主管泰森利用創意來打動別人，他播放一段感人的影片，描述公司的生命科學儀器是如何幫助一個肺癌四期的年輕女性擊敗癌症。

說服力強的人都善於利用巧毅力來化解阻力。在聖路易斯經營佛爾皮食品行的帕瑟緹，遭到義大利帕爾瑪火腿協會指控違反美國商標法。她先花時間了解火腿協會為何這麼做，接著思考並設計了一個聰明策略，成功說服協會撤告。

當你需要同事的支持，而他們卻不同意你的提案，你該怎麼辦？運用巧毅力，了解他們的立場，從他們的角度來看（認知同理心），然後想出一、兩個有影響力的策略來化解對立。這些行動可以幫助你的提案過關。

團隊有許多工作都在會議中進行與決定，提升會議品質可大幅提高個人與團隊的表現。不管你是與會者或會議主持人，都可利用一些小方法激發大家思考與辯論，並促成團結，一起落實決策（第七章）。

英國清潔用品公司利潔時是全世界績效頂尖的公司之一。他們內部開會時一向火藥味十足，與會者往往激烈辯論，互相挑戰，不放過問題的每一個層面，他們不怕提出跟別人不一樣的意見，即使是少數人的意見也會被傾聽。儘管不是每個團隊成員都同意最後決策，但一旦做出決議，每個人都會放下自己的主張，團結合作，為共同目標努力。

下次開會，你也可以採行這些做法：用心傾聽（把手機收起來）、說出你的主張、請同事提出相反意見、讓安靜的同事開口，以及提出好問題，而非只是告訴大家你是怎麼想的。

接著，努力促成團結，讓每個與會者都願意承諾落實決議，儘管有人不同意，但仍會全力支持決議。如果能做到這些，就會發現會議變得超級有效率，而且會議數量變少了。

對跨部門協作，你也能利用一些小技巧來增進協作品質（第八章）。如道奇堡各部門如急診部、門診部、住院部等醫護人員改變協作方式，互相協調，以提供更好的醫療照護，同時不會過度協作。結果，成效驚人，不但降低醫療費用，也提升了醫療品質。

為了力行嚴謹協作，不妨試試在接下來一星期拒絕三個沒有必要的協作要求，減少沒意義的互動。拒絕並不代表你是團隊中的害群之馬，而是讓你的時間能發揮最大效益。

一旦決定協作，就必須全力以赴，精益求精。每次參與協作計畫時，花時間想想你們有什麼一致目標。你們必須確立目標，並讓每個人都知道，然後促成團結，讓每個人都願意為這個目標努力。

高績效人士從未公開的工作祕訣

本書提出的七種高績效心智，就是這個時代聰明工作的新法則。從小地方做起，就能產生極大改變。除了用對方法做對的事，這七種心智幫助你建立以高績效為核心的人生，讓你不僅能在工作上提高效率，比較不會工作倦怠，工作滿意度也比較高，還能在工作中找到並擴展你的天賦與才能；同樣重要的，你可把聰明工作省下的時間精力，拿去過自己想過的生活（第九章）。

藉由鍛鍊這七種心智，透過幾個小步驟，每個人都可以成為頂尖高手，把低績效的工作降至最低，把省下的時間做最有效利用，善用生命，創造最大價值。過去，研究成功學的專家歸納出卓越表現的因素，如才能、努力和運氣等，這些因素雖然重要，但根據我們的研究，高績效和每日力行七大心智有密切關連。

這意謂你不必是個工作狂、天才或特別幸運，才能成為高手，只要你能好好練習，經過一段時間，就能掌握聰明工作的要領。你可從小事開始做起，持之以恆，有一天你也可以成為職場贏家，同時擁有幸福人生。

附錄

最大規模的工作成功學研究

這份附錄詳細解釋我們的5,000名經理人與員工研究，也顯示我們發展七種創高績效心智的概念架構。雖然本文含有不少統計專門名詞，即使沒有統計學知識也不會覺得艱澀難解。

一開始，且讓我向多位協助這次研究的專家致謝：波士頓研究科技公司（Boston Research Technologies）的康米爾（Warren Cormier）、塔菲特（Robert Tafet）與佛爾波（David Volpe）協助我們設計調查工具和處理人口樣本；康乃迪克大學榮譽教授華特（James Watt）進行統計分析；馮・柏努斯（Nana von Bernuth）則研究分析資料並進行後續訪談。本研究也仰賴其他很多人的貢獻。

研究架構

長久以來，組織學者研究工作的各個層面，以及人與工作的關係。經典論述包括史考特（Richard Scott）的《組織與組織行為》（*Organizations and Organizing*；共同作者Gerald Davis在2016年出版了最新修訂版）及哈克曼（Richard Hackman）與歐德翰（Greg Oldham）提出的工作設計理論（1976）。在六、七〇年代，組織學者研究焦點是單調的工廠工作和文書作業，希望能加強這些工作人員的動機與績效，包括工作的豐富化（給予工作者對工作有較多機會參與規劃、組織及控制）、擴大化（擴大工作者的專業工作領域）與輪調等因素。

然而，對現代的「知識工作者」而言，工作的其他層面愈來愈突出，反映出工作本質有了較大的變化。很多組織的本質都有了改變，從嚴格的指揮與控制，變成去中心化，如團隊工作與合作等關係因素變得愈來愈重要。此外，工作角色、任務和技能似乎比以前變化得更快，學習新技能與改善技能的過程愈來愈受到學者的關注。動機因素也有了改變，早先的研究焦點主要是如何讓生產線上的員工覺得工作不會太單調或重複，新近的研究則比較關心工作的其他層面，如工作的意義等難以捉摸的內在面向。

有鑑於這樣的發展，我設計了一個架構，以早先的工作設計理念為基礎，並融合三種趨勢：關係、學習與新動力。這種方法產生了四個廣泛的類別，包括工作該做什麼（工作設計）、如何不斷精進（學習）、為什麼要做這樣的工作（動機）以及與誰互動（關係）。簡而言之，這四個類別代表工作的內容、方式、原因和工作的人。

我先說明我是怎麼進行研究的。首先，我利用這四個類別提出八個概念，闡述工作方法如何影響績效（例如專注）。其次，我在300人的先導測試中測試這些概念，並透過許多個案研究和訪談來檢驗這些概念。基於這些見解，我們修正先前的概念，提出其他可增進績效的假設（如「專注」的解釋不夠周全，必須再用不同的方式來說明）。此外，來自先導研究的統計因素分析，顯示八個概念中有兩個（影響力和變革）其實是一個概念，因此我們把二者合而為一，變成一種心智（如何說服他人）。於是，我們有了七個概念因素。

工作設計類別（工作內容）

為了解開為何有些人的工作表現要比其他人來得好，首先我們研究其工作設計的本質。正如前述，早先的學者探討過工作設計的幾個層面，如任務變化與工作擴大化，這兩點都有助於加強工作動機，增進工作滿意度。最近，學者已開始在現代知識工作的脈絡中，研究工作的特徵。在此，工作的基本問題不是單調，而是資訊與工作超載。學者描述知識工作者（如顧問）如何被工作壓垮，不只是工作量大到無法應付，還有工作瑣碎和分散的問題（如Gardner 2012, Reid 2015）。學者因而研究工作範圍的問題，包括工作者能選擇和承擔多少任務、目標與責任。學者已探討過缺乏專注的問題（如Hallowell 2015）及多工或任務切換引發的效率低落（如Rubinstein、Meyer和Evans 2001；Coviello等人2015）。這方面的書籍如 Hallowell 的 *Driven to Distraction at Work*（2015）、Goleman的*Focus*（2015）和McKeown的*Essentialism*（2014）已跟上這個研究趨勢，認為工作者必須專注（亦即縮小工作範圍）。

工作範圍的大小可能影響工作效率。因此，在建立架構時，我把這點納入關鍵因素。在此，我把工作範圍定義為一個人專注在幾個重要事項的程度。如愈專注，工作範圍愈狹窄。

正如第一、二章所述，300人先導研究及許多個案研究顯示了一個驚人的結果：「專注」不只是任務的選擇，還包括投入全部心力。因此，我們在300人先導研究樣本測試專注（選擇）的原始架構，進一步調查參與先導研究者給我們的答案和個案研究之後，我們發現必須把專心投入的因素加入假設中。這形成了我們的第一個原則或假設，接下來便能在5,000人研究中測試：

假設1：如只選擇少數幾件最重要的事來做，並能專注（在所選擇的事項付出很大的心力），績效較佳。

請注意，我在提出這項心智之初，只是當成一項假設。有可能我們得到的數據並不支持這樣的假設。其實，這時我們並沒排除「多做」（亦即同時承擔很多工作）表現會比較好的可能，因為多做似乎能完成的事情較多。

有關工作設計的第二個特徵就是工作本身與目標的範圍和變化。這方面就是哈克曼和歐德翰早期研究的重點。他們認為工作和目標應該有所改變，才有助於工作者的滿意度和表現。因此，工作可能有更好的設計。由此導出另一個問題：什麼樣的變化對個人績效最有幫助？

我們在個案研究中分析，為什麼有些工作在重新設計之後似乎變得比較有成效，後來發現，這些工作有一個共同點：能創造價值（參看第三章）。價值的概念有部分和以前工作設計文獻中的工作意義有關，也就是工作能產生多大的價值。

透過重新設計創造更大的價值也是最近有關工作和管理創新研究的焦點。如Julian Birkinshaw的*Reinventing Management*（2012）、Thomas Malone 的 *The Future of Work*（2004） 及 Lynda Gratton的*The Shift*（2011）等人的專著都描述個人和團隊如何對核心工作任務進行創新。

有關工作設計的第二個假設如下：

假設2：如工作者能重新設計並創造新機會，能為工作帶來更大的價值，績效也比較好。

持續學習（工作的方式）

這個類別包括兩種不同的研究門派。幾十年來，組織與團隊學習概念一直是組織理論的焦點（如Argyris and Schön, 1978；Argote and Epple, 1990；Edmondson, 1999；Gibson and Vermeulen, 2003）。Stan 與 Vermeulen（2013）描述學習迴圈的過程，其他人則探討學習曲線（Argote and Epple, 1990）。然而，大多數的研究都是針對組織或團隊進行分析。

在另一個研究門派中，心理學家則把焦點放在個人專業的取得。Ericsson等人（1993）提出刻意練習的理論（參看本書第四章）。至於一萬小時練習就能精通某一種技能，這個流行的概念也源自Ericsson等人的研究，但Ericsson及其同事則強調刻意練習包含兩個因素：多次重複（小時）和刻意（學習品質，包括來自教練的回饋）。這個領域研究主要是運動、表演藝術、拼字比賽、記憶測驗，而非在公司裡工作的人。

有鑑於這個領域的研究已非常可觀，與表現也有很大的關連，因此我認為應該把這個學習類別納入本書架構之中。

然而，正如我們在個案研究和先導研究發現的，工作中的個人學習與Ericsson提出的刻意練習有很大的不同。因此，學習類別涉及兩個派別，一個是組織學習，另一個則是個人學習（但無關個人工作）。我在研究架構中納入這兩個門派，把焦點放在員工的學習品質。因此形成第三個假設：

假設3：能專注在學習品質上的人（嘗試新東西、評量自己的工作方式、得到有益回饋、從失敗中學習）績效比較好。

馬爾區教授（James March）在1991年發表了一篇非常有影響力的文章〈組織學習的探討與利用〉（Exploration and Ex- ploitation in Organizational Learning）。他指出，不管是個人或組織都得思索工作如何重新設計（探討），並進行不斷的改善（利用）才能生存和成長。我的架構因而包含工作重新設計（假設2）以及利用學習迴圈不斷精進（假設3）。

動機層面（為什麼工作）

從長期的組織行為研究軌跡來看，最重要的就是員工動機，包括Herzberg在1966年提出的動機保健理論，此即工作動機的經典之作。由於篇幅有限，我無法在架構中納入所有有關員工動機的理論。然而，近幾年有個重要的研究趨勢超越有形的動機層面，如薪資報酬和工作設計，深入分析無形的動機，包括工作是否有意義，及工作者是否具有工作的使命感等內在動機，以及熱情與投入的角色等（如Amabile and Kramer, 2011; Grant, 2013; Berg, Dutton, and Wrzesniewski, 2013）。這方面研究的基本論述是工作匹配理論（job-fit theory），從事某一種工作的人如能有熱情和使命感，就願意付出較多的心力，因此表現更好。其他研究者則提出工作塑造理論（job crafting），亦即個人可藉由現有的工作，體驗更多的使命感和熱情（Berg, Dutton, and Wrzesniewski 2013）。

有鑑於熱情與使命感在最近研究占有顯著的角色，我也將之納入架構之中。正如第五章所論，我們透過個案研究和先導研究發現，「做你喜愛的事」對績效的影響並沒有那麼直接，因為熱情可能也會帶來不良的結果。我們了解到只有結合欲望（熱情）和超越自身利益的奉獻（使命感）才能帶來最佳表現：

假設4：有高度熱情和強烈使命感的人工作表現較佳。

正如第五章所述，「使命感」包含多個層面，如「對社會有貢獻」及「對公司／同事有貢獻」（價值創造）。後者乃源於哈克曼與歐德翰的工作設計理論，其中「工作重要性」評估的是，員工是否覺得自己做的事對同事和組織來說很重要。

關係層面（工作的人）

已有愈來愈多的學者開始研究員工和同事的關係，以及員工如何運用影響力、鼓舞、政治運作、單純的毅力或堅持來克服阻力。這樣的研究認為個人要在今日的職場有所成就必須「透過他人之力來完成」，亦即必須尋求他人的支持、協助、專業、訊息或掩護。儘管這樣的研究包含多條研究路線，但我認為可以歸納到「說服」，因為這些研究都把焦點放在尋求他人支持的能力。

鼓舞與影響

首先，影響學派主要是席爾迪尼（Robert Cialdini）及其研究，可參看他在2008年出版的《影響力》。他論道，能聰明利用影響力策略的人（如運用同儕壓力或動員支持）能獲得較多的支持。

其次，費佛（Jeffrey Pfeffer）的「權力與政治」學派主張個人必須了解職場政治生態，並利用聰明的政治手腕（如拉攏敵人）以獲得別人對自己提案的支持（Pfeffer, 2010）。

第三，心理學教授達克沃斯（Angela Duckworth）的毅力學派。她認為個人對長期目標的毅力和熱情可以使人克服挫折與阻力，進而增進績效（Duckworth, 2016）。

我在第六章中融入上述理念並提出「巧毅力」的概念，也就是把達克沃斯的毅力概念加上費佛和席爾迪尼的政治影響力策略，討論這些做法與績效的關係。

學者已研究過與說服有關的情緒層面，認為要做出改變和贏得別人的支持必須動之以情（如Heath and Heath, 2010）。這方面的研究也和領導改變有關（Kotter, 1996），核心理念是個人必須激發別人的情感，才比較能得到別人的支持。

我結合上述各個層面，形成一個說服的策略，也就是下面有關說服成事的假設：

假設5：能鼓舞他人並運用巧毅力的人，績效會比較好。

起先我認為這涉及兩種不同的做法，一種是利用鼓舞／毅力

（倡導），另一種則是運用政治改變策略（改變促媒）。但如此一來，聰明工作的架構就有八種心智，而非七種。然而，完成300人先導研究的實證分析（因素分析）之後，我發現這兩種做法類似，因此決定合而為一。這看來很有道理：「改變促媒」，亦即運用政治策略促使組織改變者（如第六章的郃福德）非常依賴影響力、鼓舞策略（也就是倡導）和毅力。

團隊合作

近二十年來，組織行為研究最大的驅力就是團隊合作。這和團隊合作在組織中興起有關。這條研究路線也涉及團隊設計。海克曼（Richard Hackman）提出含有五要素的團隊合作模型（2002），已廣泛用於團隊的組織。由於本書探討的是個人表現，而非整個團隊的設計，因此我未把海克曼架構中所有的要素納入。反之，我納入誰在團隊之中（團隊的組成）以及團隊中的行為表現。

數十年來，也有很多研究把焦點放在群體衝突上（如de Wit, Greer, and Jehn, 2012）。本書也納入這方面的研究結論，亦即擁有優秀人才的多元團隊可以好好的辯論，一旦有了結果，所有成員則共同努力，付諸實踐。因此，善於辯論的多元團隊表現會比其他團隊來得好（Amason, 1996; Edmondson, 1999）。

對個人而言，不管是團隊成員或領導者，最重要的是促進觀點的多元化（來自不同的技能和背景）、辯論及落實決策。正如第七章所述，這點並不容易。團隊經常會被群體思考牽著鼻子走，導致效能不彰（Janis, 1983）。

我們的個案研究，尤其是利潔時（第七章）亦凸顯這樣的理念，我納入「爭辯也會團結」之中。爭辯是指多元團隊的優秀人才秉持正確的價值觀和態度激烈辯論，而團結是指決定怎麼做之後，大家發心共同努力。因此，我的假設如下：

假設6：能爭辯也能團結，團隊成員和領導人表現都比較好。

協作

近年，協作和團隊合作一樣是重要的研究主題。兩者都屬於一個更大的研究趨勢，亦即針對的是工作的關係層面（而非個人）。協作和團隊合作不同：團隊合作的焦點是一個部門或跨部門的穩定團隊，而協作則是為了臨時案子臨時籌組的，協作的團隊和部門間會有非正式的知識分享。雖然團隊合作和內部協作之間存在灰色地帶，這是兩個截然不同的概念。對大多數的員工來說，這兩個概念極端重要。我們從研究中發現，大多數的人經常參加這兩種活動。

如第八章所述，協作有很多問題，在此不再重述。研究顯示，有些團隊和個人會出現協作過度或不足的問題（Haas and Hansen, 2005; Cross and Parker, 2004; Cross et al., 2016; Gardner, 2017）。關鍵在於員工是否能「嚴謹協作」。嚴謹協作的做法包含多項原則，如只做有價值的事（拒絕其他沒什麼價值的事）、藉由建立共同目標來落實、建立信賴關係、使人具有協作的動機以及給予所需的全部資源：

假設7：能嚴謹協作的個人表現會比較好。

我們的研究架構包含這七大部分。我們從研究發現這七個關鍵類別對工作績效至關重要，包括工作設計（工作範圍與重新設計）、動機、學習、說服、團隊合作與協作。由於先前的研究都很強調這些，因此我也把焦點放在這幾個關鍵類上，但我的研究架構已超越先前的發現。

我們進行300人先導研究並分析多個案例，還發現有些不同的層面似乎影響很大，可解釋為何有些人表現特別好，其他人則望塵莫及，亦即：你必須專注（而非只是選擇你要做什麼）；重新設計的關鍵是價值創造，而不只是改變目標和任務；在大多數的工作情況之下，個人都可運用刻意練習（只要依照第四章所述的策略）；追隨熱情可能會帶來危險，因此必須結合使命感；除了純粹的毅力，我們更需要在職場展現巧毅力；團隊爭辯可能是有助益的，而協作並不是多多益善，我們必須實行嚴謹協作。這些額外的層面有助於我們區分一般水準和卓越的個人表現。

這七個假設形成全新聰明工作理論。聰明工作意謂藉由選擇少數最重要的事，然後投入全部的心力，獲得最大的成效。首先，聰明工作者選擇可以帶來高價值的事情：他們會對工作進行重新設計（假設2）、實踐雙重專注心智（假設1），也會仔細篩選協力計畫，不會全盤照收（假設7）。

其次，聰明工作者會把所有的心力投入在選擇的事情上。他們對工作有熱情和使命感，因此有強烈的工作動機（假設4）。比起薪酬這樣的外在因素，熱情和使命感能帶來更強烈的動機。他們也會利用高品質的學習迴圈（假設3）來增進生產力，也會利用有效能的團隊會議（假設6）、嚴謹協作（假設7）、貫注心力到目標（假設1）及工作的重新設計來促進效能和品質（假設2），並透過激勵和說服來贏得別人的支持（假設5）。

總之，這個理論提出一種與傳統「更加努力」或「多做」不同的工作方法。依照傳統工作思維，承擔愈多工作愈好（vs. 只選擇少數幾件事），然後必須長時間工作以完成所有的工作（vs. 把心力放在少數幾件事上，並做到爐火純青的地步）。

最後，我們有了一個可測試的架構：如果依照這七個假設，是否能解釋為何有些人的表現特別突出？利用這種方法工作的人是否勝過傳統長時間努力工作的人？本附錄的後半部分將詳述我如何測試這些假設和架構。

前所未有的5,000人研究

我們進行這個定量研究的目的，在測試上述七個因素如何影響績效和幸福指數。我們運用統計學技術，包括迴歸分析和結構方程模型（SEM）來分析上述因素的影響。這項統計研究的目的不是估算表現某種行為者的百分比（例如，X百分比的人表示，他們會在會議中激烈辯論），而是測試上述七個因素的得分是否可用來預測績效與幸福指數。因此，這項研究是分析研究，而不僅僅是一項調查。

母體的選擇

起先，我們考慮一些母體，包括大公司、小公司、非營利機構、政府部門、醫院、教育機構等工作人員，以及來自世界各地的工作人員，包括美國、歐洲、亞洲和拉丁美洲。雖然我想把這些數據全部納入，但如此一來研究將變得無比複雜（例如問卷必須翻譯成各種語言，也得依照不同的機構來修改）。於是，我們利用第二章提到的「奧卡姆剃刀」來精簡。我們必須利用什麼樣的母體來測試？我們制定了下列幾項條件：必須在美國工作；必須在營利性組織工作；公司人員總數至少有2,000人；必須是全職工作者（每週工時至少30個小時）。

因此，我們在中、大型公司測試研究架構。我們推論，如果這個架構適用於這樣的機構，也能用於其他組織（如大型政治部門），但我們並未在這個研究證實這點。我們從不同的產業抽取具有代表性的樣本，把調查對象（5,000人）分成三個子樣本：

a. 自我報告（要求被調查者陳述自己的情況，2,000人）
b. 對上司的評估（1,500人）
c. 對直屬部屬的評估（1,500人）

每個接受問卷調查的人都必須評估一個人：自我、上司或直屬部屬。這項研究是關於被評估的人（被評者），而非評估者或問卷答覆者。這不是對同一人進行三種不同的評估，而是利用三種方式來進行問卷調查。

以「對直屬部屬」的評估為例，是由上司評估其直屬部屬的表現。我們要求當上司的人挑選三個部屬：這些部屬分別是表現在前三分之一中、表現在中間三分之一及表現最差的三分之一。如此一來，上司就不會只挑表現最好的人。

我們利用三種方式進行調查，是為了避免研究人員所謂的歸因偏誤，亦即一個人在評估時，傾向高估內部或個人因素的影響。雖然本調查是匿名的，被調查者仍可能出現這樣的偏誤，特別是在「自我報告」（被調查者自評）的子樣本中。

另外兩種子樣本比較不會出現歸因偏誤。由於回覆問卷者相當了解被評估者（上司或直屬部屬），因此不會出現自利歸因偏誤。我們決定樣本總數為5,000 人。我們認為這樣的人數足以包含上述三種類別並涵蓋各種產業。

七種心智的量表

一開始，我們為每一種心智發展了一些問卷題目，接著我們在300 人身上進行先導測試。基於這次先導測試的分析，我們只保留能適切衡量每一種心智的題目，排除了意義不明或有謬誤的題目。

有些題目（負面陳述）的分數是顛倒的（完全同意到完全不同意原本是7分到1分，顛倒之後則為1分到7分）。這是為了避免受訪者很多問題都勾選高分（或低分）。例如在「雙重專注」的題目中有一題是：「是否常覺得要做的事太多，而有分身乏術之感？」我們把分數顛倒，完全同意為1分，完全不同意為7分，如此才能就正面陳述進行統計分析。（參看表1）

為了符合學術規則，每份評量都有多個題目，且每個題目都有些微變化。例如：「是否無法專注在幾件最重要的事情上？」以及「是否常覺得要做的事太多，而有分身乏術之感？」由於多重量表不會依賴受訪者對單一題目的解釋，因此比較可靠。至於量表題目的內部一致性信度分析，本研究則採用克隆巴赫係數（Cronbach's alpha），亦即利用一個介於0到1之間的測量系統來代表問卷的一致性（量表的總共變異量可歸因於同一來源或因素，而非完全不同的來源），因而達到問卷的正確性。克隆巴赫係數必須等於或大於0.7才是好的量表。本研究的七大心智都符合此一標準。

有些量表包含兩個面向。例如，「雙重專注心智」包含兩部分：一部分是「少做」，另一部分是「專注」。正如第二章所述，對同一個人而言，這兩部分的分數可能有很大的差異。有時，我們把一個心智拆解成幾個相關的部分再進行分析。

除了定量的分數，我們也進行品質的評量。例如，以「雙重專注心智」而言，我們也提出兩個開放性的問題，以記錄受訪者的意見：「讓你（你的直屬部屬或你的上司）難以專注、簡化工作的關鍵因素為何？」「讓你（你的直屬部屬或你的上司）比較容易專注、簡化工作的關鍵因素為何？」我們也提出這樣的問題：「請簡單的告訴我們，你（你的直屬部屬或你的上司）能給公司增加的價值為何？」

起先，我們執行主成分因素分析，來看我們研究的七大心智是否皆不相同。所謂的因素分析是利用數據分析本研究各個心智基本結構相似的程度。

我們以先導研究的數據來做分析，發現有些題目包含的因素有問題時，便將這些題目剔除。我們也透過因素分析發現，在說服的心智之中，「倡導」和「改變促媒」有些題目的因素相同，結構類似，因此我們把兩者結合起來，放在同一個結構底下，以解決重複的問題，八個因素因此縮減為七個。

最後的因素分析顯示，本研究的七大心智都有不同的構面，是屬不同的工作的層面。

為了計算每一種心智的最後變量，我們利用每個題目主成分分析的因素權重係數。因素分數的計算是把每一心智的加權題目分數相加而得。[1]最後的因素分數是z分數（標準分數），其平均值是0.0，而標準差是1.0。以「雙重專注心智」而言，表1中的五個題目都用來計算該心智的標準分數。

七大心智量表題目

完全同意 7	非常同意 6	有點同意 5	不同意也不反對 4	有點反對 3	非常反對 2	完全反對 1

表1. 聰明工作七大心智

心智	題目	克隆巴赫係數**
雙重專注	1. 不管有多少事要做，能專注在最重要的事情上。 2. 很難把時間和心力放在最重要的事情上（分數顛倒）。 3. 覺得要做的事太多，感到分身乏術（分數顛倒）。 4. 似乎習慣把事情搞得更複雜（分數顛倒）。 5. 把很多心力投入在手上工作。 注：1-4和「少做」有關，5則是「專注」	0.80
重新設計工作	1. 為工作創造新機會，如新活動、新案子、新做事方式。 2. 創新工作，以為公司績效增加價值。 3. 從小事開始做起，重新定義工作。 4. 努力在工作上做出一番大事，以產生大的影響。 5. 在工作上找出一個領域，並做出有影響力的事情。 注：1-3是概括工作的重新設計，4-5是關於價值（影響力）。	0.93
學習迴圈	1. 不認為自己是了解最多的人。 2. 基本上是個非常好奇的人。 3. 經常嘗試新方法，看能不能奏效。 4. 常常進行實驗，從小規模開始做起，如果成功，再擴大規模。 5. 不斷改變工作方式，以學習、改進。 6. 經常檢討自己的工作方式並做改變，以求進步。 7. 善於從失敗中學習，避免重蹈覆轍。 注：1-2為學習態度；3-5是嘗試新的做法；6-7則是反饋和修改。	0.89
結合熱情與使命感	1. 對工作有極大的熱情。 2. 為公司貢獻很大的價值。 3. 覺得工作不只是為了賺錢，也能貢獻社會。 注：前兩題衡量的是使命感金字塔的底部（價值）。只有第三題包括自述者樣本（樣本數量＝2,000），因為這題只有本人才能回答。	0.80
說服高手	1. 善於激勵別人。 2. 善於使人對工作充滿幹勁。 3. 能打動別人，讓人對工作興奮。 4. 不管遭遇什麼障礙，都能鍥而不捨的追逐目標。 5. 儘管受挫，仍繼續努力，毫不動搖。 6. 能動員人們，促成改變。* 7. 能利用同儕壓力，使人改變。* 8. 能找到有影響力的人，使之同意改變，然後讓他們影響別人。* 注：1-3是關於激勵；4-8是聰明毅力（省略認知同情的陳述）。*這些陳述結合「改變促媒」的評量。	0.86

能爭辯 也能團結	1. 能使團隊好好進行辯論。 2. 善於使人在會議中發言時覺得自在。 3. 能為自己的團隊招募技術、才華最好的人才。 4. 能挑選有正確心態和價值觀的人加入團隊，而不是只有技能的人。 5. 確定每一個人都能接受最後決策。 6. 盡力消除妨害決策落實的政治手段。 7. 鼓勵團隊成員辯論，但時間不宜拖得太長，如果團隊成員未能達成共識，則他／她必須做出決定。 注：1-4是關於「爭辯」，3-4則是有關人員配置，而5-7則和「團結」有關。	0.93
嚴謹協作	1. 盡量在公司各個不同的部門（在核心團隊內、外）尋求資訊與專業協助。 2. 經常幫助核心團隊之外的人。 3. 善於促成跨團隊協作以達成目標。 5. 如看不出對公司有價值，則拒絕協作。 4. 如果沒有充分的理由，則拒絕與團隊之外的人協作。 6. 善於與公司裡的協作者建立信賴關係。 7. 確定協作者有強烈的動機來參與自己的案子。 8. 進行協作時，確定大家有共同目標，而不是追逐私利。 注：1-3是衡量活動，4-5是秉持原則，有所不為，6-8則是關於協作品質。	0.80

** 克隆巴赫係數以介於0和1之間的數值來代表量表的信度。

績效量表

我們創建了一個包含四個問題的績效指數，以提高績效分析的可靠性。我們以四種不同的格式來建構問題。正如表2所示，這份量表的克隆巴赫係數為0.92（可信度很高）。同樣的，我們也利用主成分因素分析來創建績效的單一標準分數。

在更進一步的分析中，我們把績效的因素分數轉換為5,000人資料組的百分位數分布圖。如此一來，我們就能分析某一心智從第X百分位數移動到第Y百分位數的效應，例如從第40百分位數移動到第50百分位數。在本書每一章，我們都運用這樣的分析來解釋各個心智的效應。

四個和績效有關的問題如下：

問題1：比較此人與其同儕，請指出其工作績效水準。

1. 底部0-10%（最差）
2. 11-20%
3. 21-30%
4. 31-40%
5. 41-50%
6. 51-60%
7. 61-70%
8. 71-80%
9. 81-90%
10. 頂部91-100百分位數（最佳）

問題2：此人績效與同儕相比，最接近哪一個等級？

優異（Outstanding）：在同儕中績效最佳者	7
優良（Excellent）：績效比同儕要好很多	6
中上（Clearly Above Average）：績效比同儕好	5
中等（Average）：績效和同儕差不多	4
中下（Clearly Below Average）：績效比同儕差	3
差（Poor）：績效落後同儕很多	2
很差（Very poor）：在同儕中績效最差者	1

問題3-4：你同意或反對下列陳述的程度：

完全同意 7	非常同意 6	有點同意 5	不同意也不反對 4	有點反對 3	非常反對 2	完全反對 1

問題3：此人工作表現極佳？

問題4：此人工作品質極高？

表2. 績效因素

衡量	項目	克隆巴赫係數**
績效	1. 與同儕相比，績效最佳 2. 相較於同儕的工作績效表現水準 3. 工作表現突出 4. 工作品質極高	0.92

** 克隆巴赫係數以介於0和1之間的數值來代表量表的信度。

幸福感量表

這是包含三部分的綜合衡量：工作與生活平衡、工作倦怠與工作滿意度。雖然我們把這三部分結合成一個量表，用以衡量幸福感，我們也對這三個層面分別分析（見第九章）。特別要說明的是，我們只採用自述的資料（樣本數量＝2,000），因為這裡詢問的是深刻的個人經驗，受訪者無法替代直屬部屬或上司來回答這些問題。

表3. 幸福感因素

完全同意 7	非常同意 6	有點同意 5	不同意也不反對 4	有點反對 3	非常反對 2	完全反對 1

衡量	層面	項目	克隆巴赫係數**
幸福感	工作與生活的平衡	工作會影響我的家庭和私人時間。（分數顛倒）	0.92
	工作倦怠	我有工作倦怠之感。（分數顛倒）	
	工作滿意度	我能從我做的工作得到回饋。	
	工作滿意度	我對工作感到滿意。	

** 克隆巴赫係數以介於0和1之間的數值來代表量表的信度。

其他變項

本研究受訪者來自各個產業（見表4）。從樣本可以看到不同的產業。我們要求評估者勾選最符合自己部門或角色的描述（表5）。從他們的描述也可看到部門和角色的多樣性。表6則顯示評估者的性別、年齡、年資、公司規模和工作層級。

最後，我們利用個人優勢分析2.0探討一個人的長才是否和工作相符的問題。量表評分為7（完全同意）至1分（完全不同意）：「此人目前的工作使他／她有機會做自己最擅長的事。」我們也利用這種衡量進一步分析熱情與使命感。

表4. 產業類別

項目	百分比
製造	15.7
金融服務（包括保險業和地產業）	14.0
零售	11.1
資訊科技	8.2
藥品和生技產業	5.7
運輸	5.7
消費者產品與服務	5.0
電信	4.7
能源	3.1
公用事業	1.9
醫療	1.8
工業產品及服務	1.7
建築	1.0
基礎材料	0.5
其他	19.9
樣本數量=4,964	100%

表5. 部門或角色

部門或角色	百分比
會計／金融	7.6
行政	4.3
廣告／媒體／公關	0.7
顧問	2.1
企業發展	0.4
顧客服務／零售	7.1
設計與技術	1.1
醫師／護理師／看護／社會工作	0.4
教育與訓練	1.4
工程	7.3
一般管理	3.9
人力資源	4.8
資訊管理	1.5
資訊科技	7.4
法律服務	1.6
物流與分銷	1.8
行銷	2.6
營運／專案管理	9.6
規劃	1.1
生產	3.4
採購	1.6
品質保證	3.4
研究與開發	3.6
銷售	9.2
維修	1.5
其他工作職能	10.6
總計	100.0%

表6. 樣本在各種變項的分布情況

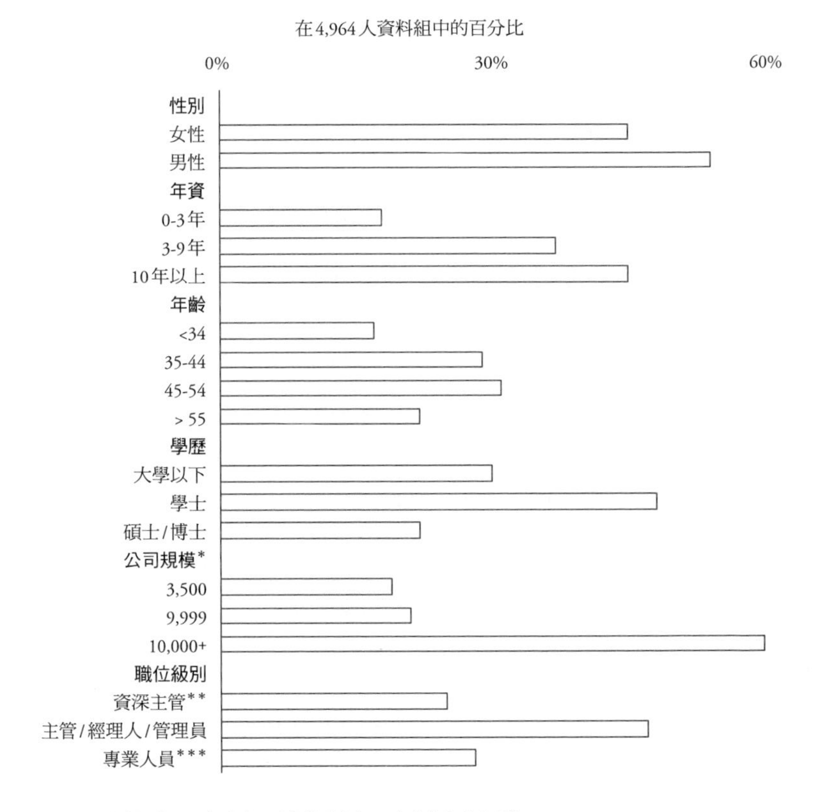

*公司規模是指員工人數（我們的數據還包括一些非常小的公司）。
**資深主管：執行長、總裁、副總裁、總經理。
*** 主要是貢獻技術，不涉及管理。

資料收集

先導研究：我們與一家資料服務公司合作。該公司有美國員工的資料庫。我們收集了300份自我陳述的問卷，做為先導研究。這個研究的目的在於修正假設與調查工具。

主要研究：我們透過上述資料服務公司收集5,000人的資料（不包括先導研究的樣本）。目標是取得2,000份自我陳述問卷，另外1,500份是評估上司，還有1,500份則是評估直屬部屬。最後我們收集到4,964份有效問卷（樣本數量接近5,000，因此我們在書中稱之為5,000人研究）。[2]

透過電話訪談進行個案研究（樣本數目＝51）：我們還對51位問卷受訪者進行後續的電話訪談。這些受訪者都是在某一心智得分特別高的人。電話訪談全程錄音並轉為文字檔紀錄。他們提供非常好的洞見，讓我們得知為何他們能獲得高分。我們也把他們的例子納入書中（姓名等細節已經過更改）。

其他個案研究（樣本數目＝72）：除了調查樣本，我們也尋找其他案例。我們利用問卷衡量的標準做為指標，以決定某人是否特別精於某一種心智。接下來，我們進行高品質的訪談，以了解他們為何表現得特別好，並在書中描述。

主要結果

為了估算七大心智的效應，我們把七大因素的分數加起來，創建出一個變量，亦即七大心智總分。當然，並非所有的評估者在這七大心智都拿到高分，但是絕大多數的人都做到了。績效高的人也不是這七個心智都得到高分。第一章的相關圖顯示這兩個變項的分布情況。

就主要測試，我們利用普通最小平方迴歸分析（雖然預測指標之間有某種相關性，亦即多元共線性，所有心智變項的容忍值都夠高，允許變項的獨立效應）。

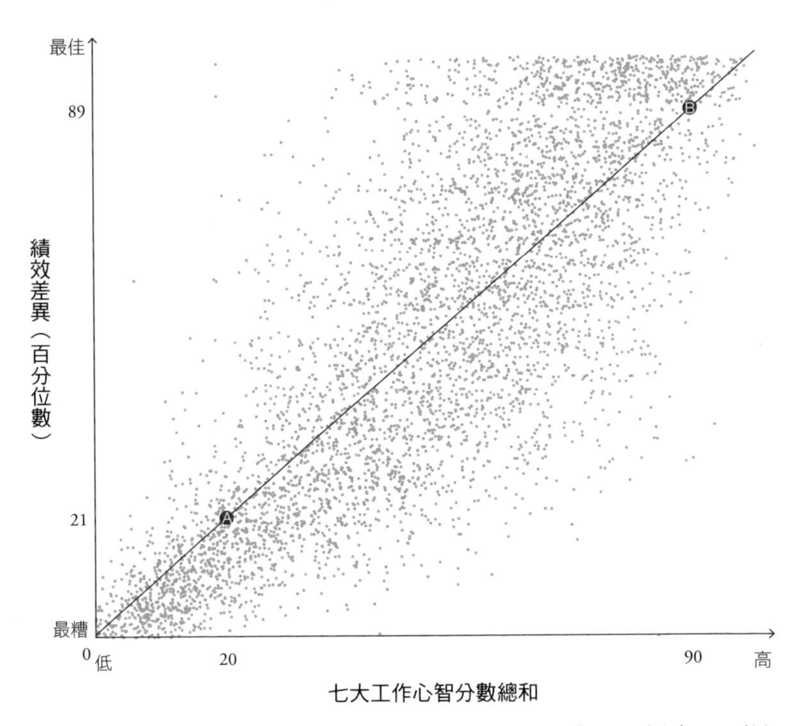

注：這4,964個資料點代表參與本研究的人。這些資料點呈現一個模式：中間那條線代表，以迴歸分析的方式預測實行七大心智的個人績效表現。實踐不力者（圖中A點），績效可能就差強人意。努力實踐者（圖中B點），則很可能績效優異。

績效的預測

表7顯示迴歸分析的主要結果。模型1顯示控制變項的效應；模型2增加每週平均工時數。我們還輸入工時的平方項，以控制下面描述的多元共線性效應。[3]

在模型3中，我們加入七大心智，以顯示這些變項的影響。

控制變項和工時皆已納入考量。就績效的預測而言，所有七個變項都顯示有明顯、正面的效應（p值<.001，在統計學上表示非常顯著）。從表7還可看出各模型對績效差異漸增的解釋能力（R平方）。績效分數差異只有4%與控制變項有關。在控制變項的效應去除後，與工時有關的兩個變項則可解釋另外的6%。

R平方：迴歸模式之變異值與所有yi變異量之比例。R平方愈接近1.0，代表此模式愈有解釋能力。七大心智顯示R平方改變量為0.66，績效變異有66%與七大心智有關（控制變項與工時效應皆已移除）。剩下的24%是這個模型無法解釋的，應該與其他未

表7. 績效（受訪者總數＝4,964）

變項	模型1	模型2	模型3
	Beta值，標準化的迴歸係數（括號中為T統計量*）		
年齡（歲）	0.003(0.189)	-0.006(-0.401)	-0.002（-0.311）
性別	-0.063***(-4.487)	-0.083***(-6.086)	-0.014 **（-1.980）
年資（年）	0.074***(4.909)	0.054 ***（3.687）	0.043 ***（5.583）
教育（年）	0.176***(12.586)	0.132 ***（9.595）	0.032 ***（4.343）
每週工時	0.910 ***（9.521）	0.128 ***（2.541）	
小時平方	-0.687 ***（-7.207）	-0.089 *（-1.788）	
重新設計工作	0.063 ***（4.671）		
少做／專注	0.276***（27.544）		
說服	0.109***（7.437）		
能爭辯也能團結	0.063***（4.303）		
嚴謹協作	0.134***（9.316）		
學習迴圈	0.153 ***（11.784）		
結合熱情與使命感	0.194 ***（14.886）		
R平方	0.04	0.10	0.76
R平方改變量	0.06	0.66	
N（樣本總數）4,964	4,964	4,964	

注：有六個觀測數據有缺失值。

***p <0.001; **p<0.05; *p<0.10.

* T統計量：T-statistic，根據模型來計算，用以檢驗的統計量。

測量的變項有關。

對於控制變項，教育程度較高、年資較長和性別（女性）都可用來預測較高的績效。工時增加也是（參看第三章的曲線圖）。

就係數而言，七大心智的整體標準化效應就是標準化的迴歸係數的總和，也就是0.99。以一個假設的情況來說，這意謂七大心智的因素分數同時增加一個標準差，績效的標準差則會增加0.99個（控制變項和工時變項的效應已排除）。這種比例近乎一比一，顯示效應要比工時和其他控制變項強得多。

總之，這樣的統計分析給本書論點非常有力的支持：七個聰明工作的心智得分愈高，績效愈好。

幸福感的預測

工作與生活平衡的預測（受訪者自陳，樣本數目＝2,000）：表8顯示工作與生活平衡的結果（如「我的工作會影響我的家庭和個人時間」等負面陳述的得分則是顛倒的）。結果顯示「雙重專注心智」與「嚴謹協作」是重要的正面預測因素，年齡增加也是，而工時、年資、熱情與使命感則是負面預測因素（詳見第九章）。

工作倦怠的預測（受訪者自陳，樣本數目＝2,000）：表9顯示的是比較不會發生工作倦怠的因素。能防止工作倦怠的重要心智包括：「雙重專注心智」、「結合熱情與使命感」、「重新設計工作」與「嚴謹協作」，年齡增加和性別（男性）也是，但「能爭辯也能團結」、工時長、年資長都會增加工作倦怠發生的機率。

工作滿意度的預測（受訪者自陳，樣本數目＝2,000）：表10的模型則是預測工作滿意度。對工作滿意度有正面效應的心智包括：「重新設計工作」、「說服高手」、「嚴謹協作」與「結合熱情與使命感」。工時對工作滿意度沒有顯著影響。受訪者年齡愈大，工

表8. 工作與生活平衡的預測因子（受訪者自陳，樣本數目＝2,000）

變項	Beta值，標準化的迴歸係數（括號中為T統計量）
年齡（歲）	0.058** (2.548)
性別	0.011 (0.531)
年資（年）	-0.050** (-2.213)
教育（年）	-0.052** (-2.510)
每週工時	-0.945*** (-6.383)
小時平方	0.621*** (4.205)
重新設計工作	0.032 (1.088)
少做／專注	0.221*** (10.051)
說服	-0.030 (-0.965)
能爭辯也能團結	-0.046 (-1.475)
嚴謹協作	0.083** (2.738)
學習迴圈	-0.002 (-0.061)
結合熱情與使命感	-0.055* (-1.930)
N（樣本總數）	2,000

***p <0.001; **p<0.05; *p<0.10.

表9. 比較不會發生工作倦怠的預測因子（受訪者自陳，樣本數目＝2,000）

變項	Beta值，標準化的迴歸係數（括號中為T統計量）
年齡（歲）	0.096*** (4.155)
性別	0.087*** (4.068)
年資（年）	-0.110*** (-4.835)
教育（年）	-0.028 (-1.307)
每週工時	-0.621*** (-4.127)
小時平方	0.478** (3.182)
重新設計工作	0.094** (3.117)
少做／專注	0.227*** (10.136)
說服	0.006 (0.181)
能爭辯也能團結	-0.070** (-2.227)
嚴謹協作	0.098** (3.175)
學習迴圈	-0.026 (-0.934)
結合熱情與使命感	0.097** (3.341)
N（樣本總數）	2,000

***p <0.001, **p<0.05; *p<0.10.

表10. 工作滿意度的預測因子（受訪者自陳，樣本數目＝2,000）

變項	Beta值，標準化的迴歸係數（括號中為T統計量）
年齡（歲）	0.067** (3.364)
性別	0.008 (0.444)
年資（年）	-0.012 (-0.611)
教育（年）	-0.024 (-1.311)
每週工時	-0.003 (-0.022)
小時平方	-0.029 (-0.219)
重新設計工作	0.199*** (7.589)
少做／專注	-0.008 (-0.392)
說服	0.071** (2.598)
能爭辯也能團結	-0.052* (-1.908)
嚴謹協作	0.061** (2.285)
學習迴圈	0.024 (1.013)
結合熱情與使命感	0.392*** (15.559)
N（樣本總數）	2,000

***p <0.001; **p<0.05; *p<0.10.

作滿意度愈高。「熱情與使命感」也是強大預測指標，對工作滿意度的效應是其他因素的兩倍以上。

分析工時和績效之間的關係

我們在第三章中的分析顯示工時和績效的關係呈倒U曲線。為了衡量工時，我們詢問受訪者被評估者在過去六個月的平均每週工時數目。如果是自我陳述，受訪者評估的則是自己的情況。

這種估計當然是主觀的評估。受訪者可能高估工時。然而，分析的主要結論還是不變，因為雖然65小時峰值點會往左移動（亦即如果有系統化高估的問題，則會變得略低），曲線依然呈倒U型。

要發展出工時和績效非線性關係的最佳表示法，是個迭代過程。第一個測試是看是否有簡單的線性關係（工時愈高，績效愈佳），或者績效與工時呈非線性形式（效益遞減或在高峰值之後逆轉）。[4]

我們發現增加的工時平方值與績效的關係呈倒U曲線。這個模型要比單純的直線更能預測績效。此即組合二次式模型，其中預測的值增加到頂點，就會開始下降。[5]

然而，高峰之後績效下降的幅度要比簡單平方拋物線預測的要來得慢。解決辦法是在數據中加入兩個函數，一個用於預測變項的較低值，另一個用於較高值，然後在一個稱為「結點」的預測變項結合。這就是所謂的樣條擬合。[6]

經由系統化的測試接近二次函數最大值的值，就可發現結點的值在50至70小時之間。預測誤差最低數據最佳擬合則是設定在65小時的節點。從30到65小時的預測函數是組合二次函數，之後的65至90小時函數由線性函數表示。如圖所示，最後的樣條擬合已使工時與績效預測的誤差最小化。此分析見第三章「擠橙汁」那段的描述。

我們進一步分析為何隨著工時增加，曲線會變平坦，然後下降。如工時小於50個小時，工時增加能增進工作品質，而在50至65個小時之間，工作品質依然會上升，但上升幅度已經減緩。當工時超過65個小時，工作品質則開始下降。會出現這樣的倒U曲線，可能是因為工作超時造成工作品質減損（或許是因為錯誤率增加），導致整體工作績效下降。

進一步分析熱情對工作、努力和績效的影響

正如第五章所述，我們發現熱情與使命感並不會導致工時延

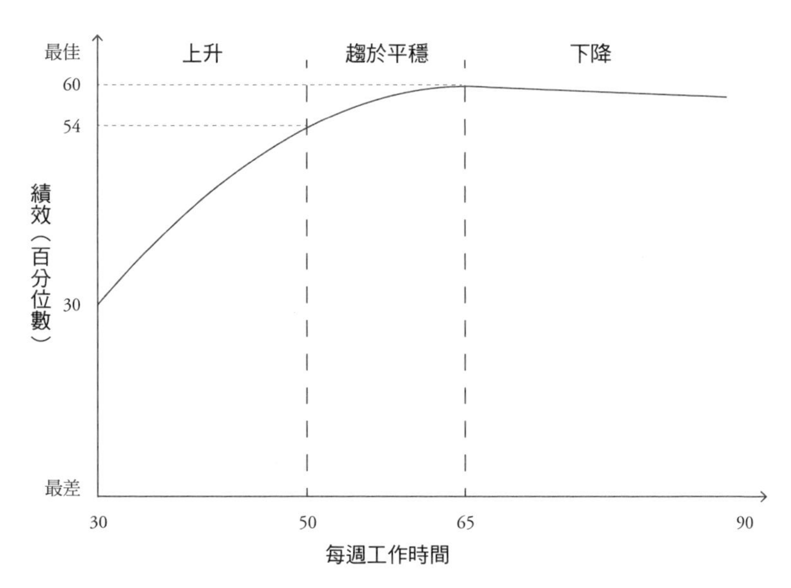

注：這是4,964人的迴歸分析。

長，而是在每小時的工作更加努力。我們可把努力的整體結果用下列公式來表達：

整體努力結果＝工時×每小時付出的心力

如果我們要移除工時的效應（用統計學術語來說，就是「控制」），我們就得把工時效應分離出來。正如第五章所述，熱情與使命感可使人在工作時充滿幹勁，每小時願意付出更多的心力。

我們利用結構方程模型（SEM）來區分努力的不同效應。結構方程模型模擬一連串各個變項的假設因果關係，並依據實際數據測試假設模型，看看那些因素關係是否是合理的解釋。雖然這不能證明因果關係，但可提供統計數據以排除不適當的模型。[7]

下頁圖顯示的模型來自多個模型的測試結果（這些模型在理論上都成立，但是經過結構方程模型分析之後，發現大多數都不適當，因此排除）。這是一個非常好的模型，也與數據相合，誤差只有0.3%。這種誤差的發生是隨機的（p = .37），已遠遠超過標準。這模型也為熱情、使命感、工時與績效之間的關係提出合理的解釋。

圖中箭頭代表各變項之間的影響方向，而箭頭旁的數字顯示的是路徑係數。這是影響強度的估算，數值可能從負1.0（完全負相關）到0.0（不影響）到1.0（完全正相關）。首先，在這個模型中，熱情的驅動力為何？正如此圖所示，在個人優勢分析當中，關鍵變項是工作匹配度（「每天都有機會做我最擅長的事」）。工作匹配就是熱情的驅動力，這就說得通了，能在工作發揮所長的人比較能熱愛工作。

其次，由更強烈的熱情和使命感，可預測工時微幅增加（0.8），但在工作上增加的心力則更多（「在工作付出極大的心力」）（0.81）。心力增加與工時稍稍增加有關（.22），但這種工時增加的幅度對績效的影響很小（.03）。熱情與使命感（.49）和投入的心力（.30）對績效而言，是更強的預測指標。

我們可從這個分析得出結論：熱情和使命感主要是在工作的時間內，使人投注更大的心力（每小時付出的心力），和工時長增加的心力截然不同。

從這個分析可得出結論，熱情和使命感主要是讓人在工作時更加投入（每小時努力），與長時間的賣力工作截然不同。

工作匹配、熱情與工時做為績效指標

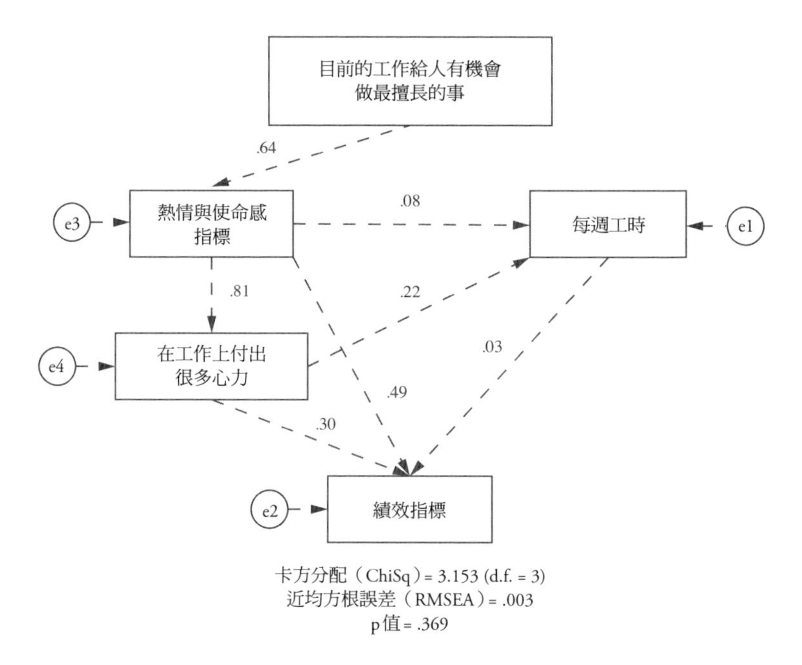

卡方分配（ChiSq）= 3.153 (d.f. = 3)
近均方根誤差（RMSEA）= .003
p值 = .369

優點與限制

所有的研究方法都有其優點和限制，本研究也不例外。就優點而言，本研究的樣本數量大（4,964，近5,000人），因此有幾個好處。首先，樣本數量大讓我們得以用統計的方式驗證架構，顯示這架構對績效與幸福感的影響。因此，這是禁得起統計檢驗的。

其次，統計測試的受訪者來自不同的公司和行業。因此，結果可以類推到更廣大的人口，而不局限於少數行業或職務。

與工作生產力有關的書籍和文章向來缺乏數據和統計分析，我們的大規模的分析得以驗證聰明工作的七種心智，並提出一個來自實證的架構。

四大限制

就限制方面而言，調查工具的一個問題是無法讓我們深入了解每一個受訪者。參與研究的受訪者愈多（愈有利於統計測試），對每一位受訪者能掌握的訊息也就愈少。這是無可避免的。為了建立扎實、禁得起統計驗證的架構我傾向建立大的樣本數量。為了彌補這個缺陷，我們也對120個案例進行訪談，以得到深入的訊息。

另一個限制是，我們利用問卷工具來衡量結果（績效和幸福感）和輸入因素（七個或八個心智）。就學術研究而言，這會帶來所謂共同方法問題。因為受訪者填寫的答案可能會有偏差。例如，受訪者（主管）可能偏袒被評估者，因而給予高分。

為了改善這個問題，我利用下面幾種方式：a）詢問明確的行為問題（例如此人對工作投入很大的心力）；b）把績效問題單獨放在問卷的最後一部分，以免其他問題也受到影響；c）使問卷看起來是工作習慣的調查而非績效評估。如此一來，受訪者比較不會認為答案和整體績效評估有關。這些做法似乎很有效。我們從資料中發現，各個變項之間有不少負相關。如果受訪者因為偏袒或討厭被評估者而一直給予高分或低分，就不會有這麼多的負相關。因此，我有理由相信我們已避免共同方法問題。

這類研究可能出現的另一個問題就是因果倒置。例如測試是否「雙重專注心智」能預測績效較佳，這是因果的陳述。藉由少做、專注，就能有比較好的表現。但是因果關係也可能倒過來變成：高績效使人決定少做、專注。這種因果倒置的確是可能發生的。解決這個問題的唯一方法就是長期（一年或多年）衡量某一種心智的影響有何變化。

不管如何，這個問題有部分仍是可以處理的。有些因果顛倒的例子從理論上來看即不合理：高績效不大可能讓人做得更少。反之，老闆如看到某一員工績效高，反而可能會給他更多的工作（反正，有事找這個人就對了），他的工作只會變多，不會變少。此外，訪談陳述也支持這樣的論點：因果關係和我們在模型中預測的一致，例如區分事情輕重緩急（事情做得少）有助於績效的提升。

此外，有些因果倒置則與本書論點（七大心智能帶來高績效）相符。雙向因果關係也可能共存。如熱情能提高績效，而高績效又會讓人對工作產生更大的熱情，進而使績效進一步提升，形成一個良性循環。

最後一個問題涉及機率論vs.決定論。本書提出的模型並未指出七大心智可決定績效的好壞（這裡的「決定」意謂「保證」）。以工作生產力來說，沒有什麼是可以保證的。本書的陳述是：如果一個人修練這七大心智到某一個程度，績效就很有可能進步。這是機率的陳述，而非決定論。我們會發現有些人在這七大心智得分很高，但是績效不一定比較好。我們可從第一章和前面的圖看到這樣的實例：有些人七大心智得分很高，但績效差強人意。會有這樣的結果，可能是其他原因造成的。同樣的，我們也可看到，有些人績效極佳，但未實踐這七種心智。這些離群值顯示這七大心智形成的架構，並非唯一的成功之道。

儘管如此，本研究以充分的數據證明，本書提出的聰明工作學可以提升績效，幫助個人在自己的行業成為佼佼者。

注釋

第一章

1 Jim Collins and Morten T. Hansen, *Great by Choice: Uncertainty, Chaos and Luck—Why Some Thrive Despite Them All* (New York: HarperBusiness, 2011); Jim Collins, *Good to Great: Why Some Companies Make the Leap . . . and Others Don't* (New York: HarperBusiness, 2001).

2 Ed Michaels, Helen Handfield-Jones, and Beth Axelrod, *The War for Talent* (Boston: Harvard Business Review Press, 2001).

3 Tom Rath, *StrengthsFinder 2.0* (New York: Gallup Press, 2007) and Mar- cus Buckingham, *Now, Discover Your Strengths* (New York: Gallup Press, 2001).

4 See for example, Anders K. Ericsson and Robert Pool, *Peak: Secrets from the New Science of Expertise* (New York: Houghton Mifflin Harcourt, 2016); Geoff Colvin, *Talent Is Overrated: What Really Separates World-Class Per- formers from Everybody Else* (New York: Portfolio, 2008); Daniel Coyle, *The Talent Code: Greatness Isn't Born. It's Grown* (Bantam, 2009).

5 Angela L. Duckworth, *Grit: The Power of Passion and Perseverance* (New York: Scribner, 2016).

6 For example, in a *60 Minutes/Vanity Fair* poll, people rated "hard-working" as the second most important factor in hiring a new employee, behind "honesty" and ahead of "intelligence." The question asked: "Which of the following qualities would you think is most important if you were hiring a new employee—intelligence, being hard-working, personality, experience, or honesty?" "The 60 Minutes/ Vanity Fair Poll," *Vanity Fair,* January 2010, accessed May 29, 2017, http://www.vanityfair.com/ magazine/2010/03/60-minutes-poll-201003.

7 Malcolm Gladwell popularized the idea of 10,000 hours of practice in his book *Outliers: The Story of Success.* (New York: Little, Brown & Company, 2008).

8 Our statistical analysis showed that men benefitted more from the practice of forceful champion, while women benefitted more from the practice of disciplined collaboration. These differences are statically significant re- sults in our regression models. (New York: Back Bay Books, 2011).

9 This number denoted the R-squared from a regression analysis, which is the additional variance explained by adding the seven factors to the regres- sion analysis. See the research appendix for details.

10 Audre Biciunaite, "Economic Growth and Life Expectancy: Do Wealthier Countries Live Longer?" *Euromonitor International*, March 14, 2014, ac- cessed June 22, 2017. http://blog.euromonitor. com/2014/03/economic-growth-and-life-expectancy-do-wealthier-countries-live-longer.html. The study reveals a correlation of -0.42 between smoking and life expec- tancy, which means an r-squared of 0.18 to make this study somewhat compatible to our regression results.

11 PK, "The Older You Get, the More Discipline Helps Your Net Worth," Don't Quit Your Day Job, March 11, 2016, accessed June 22, 2017, https:// dqydj.com/correlation-of-wealth-and-income-by-age computed as aver- age across age groups. See also PK, "Income Is Not Net Worth: The Raw Data," Don't Quit Your Day Job, March 11, 2016, accessed June 22, 2017, https://dqydj.com/income-is-not-net-worth-the-raw-data.

12 I use "just" in quotation marks, as his 3-point percentage rate is just amaz- ing. "Stephen Curry," NBA, accessed October 12, 2016, http://www.nba.com/players/stephen/curry/201939. Admittedly, this comparison is not strictly correct, since our results show variance among people (using the r-squared result from a regression result), while Curry's score is a simple percentage stats. Still, it is an informative comparison.

13 Stephen R. Covey, *The 7 Habits of Highly Effective People. Powerful Lessons in Personal Change* (New York: Simon & Schuster, 2013).

14 See, for example, Samuel Melamed, Arie Shirom, Sharon Toker, Shlomo Berliner, and Itzhak Shapira, "Burnout and Risk of Cardiovascular Disease: Evidence, Possible Causal Paths, and Promising Research Directions," *Psychological Bulletin 132,* no. 3 (2006): 327–353. See also chapter nine for more details on research on this topic.

第二章

1 Translated from Norwegian. From the play *Brand.* Several translations of this quote from Norwegian to English exist, and I like this one the best. The original quote in Norwegian: "*Det som du er, vær fullt og helt, og ikke stykkevis og delt.*"

2 Diana Preston, *A First Rate Tragedy: Captain Scott's Antarctic Expeditions* (London: Constable, paperback ed., 1999), 83–84.

3 Caroline Alexander, "The Race to the South Pole," *National Geographic,* September 2011.

4 Length of Terra Nova: Peter Rejcek, "Shipwreck: Remains of Scott's vessel Terra Nova found off Greenland coast," *Antarctic Sun,* August 24, 2012, updated August 29, 2012, accessed May 27, 2017, https://antarcticsun.usap.gov/features/contenthandler.cfm?id=2725; length of Fram: Roald Amundsen, *The South Pole: An Account of the Norwegian Antarctic Expedi- tion in the Fram, 1910–1912* (New York: Cooper Square Press, 2000): 437; budget Scott: "Robert Falcon Scott 1868–1912: The TERRA NOVA Ex- pedition 1910–13," accessed May 27, 2017, http://www.south-pole.com/ p0000090.htm; budget Amundsen: Roland Huntford, *Scott and Amundsen: The Last Place on Earth* (New York: Modern Library, 1999): 200 and 245; crew Scott: David Robson, "The Scott Expedition: How Science Gained the Pole Position," *Telegraph,* June 21, 2011, accessed May 27, 2017, http:// www.telegraph.co.uk/news/ science/science-news/8587530/The-Scott-expedition-how-science-gained-the-pole-position.html; crew Amundsen: Roald Amundsen, *The South Pole: An Account of the Norwegian Antarctic Ex- pedition in the Fram, 1910–1912* (New York: Cooper Square Press, 2000), 392.

5 "Greenland Dog," Dogbreedslist, accessed February 20, 2017, http://www.dogbreedslist.info/all-dog-breeds/Greenland-Dog.html#.VvgRjMtf0dU and "Siberian Husky–Flat-Lying Outer," Pet Paw, accessed February 20, 2017, www.petpaw.com.au/breeds/siberian-husky.

6 Quoted in Roland Huntford, "The Last Place on Earth," p. 209.

7 Ibid., p. 279.

8 Ibid., p. 309.

9 Ibid., 407.

10 See ibid., p. 412, for example.

11 Daniel Goleman, *Focus: The Hidden Driver of Excellence* (New York: Harper- Collins, 2013) and Stephen R. Covey, *The 7 Habits of Highly Effective People: Powerful Lessons in Personal Change* (New York: Simon & Schuster, 2013).

12 This effect was computed by comparing those who scored in the top 10 percent on "do less, then obsess" to those who scored in the bottom 10 percent. The predicted effect was obtained by running a regression analy- sis where the other variables (apart from do less, then obsess) were held constant at their mean values. We transformed the standard scores into percentiles to ease interpretation.

13 Throughout the book, we have altered the names and settings of the sto- ries of the study participants. "Maria" and "Cathy," for example, are not their real names.

14 Susan Bishop, "The Strategic Power of Saying No," *Harvard Business Re- view 77,* no. 6 (1999): 50–61. The quotes and data for this story are based on two author interviews with Susan Bishop as well as this *HBR* article.

15 We asked Bishop to retrospectively complete the survey scores for two periods—one for this point in time, and one for a later time.

16 Herbert A. Simon, "Designing Organizations for an Information-Rich World," in *Computers, Communication, and the Public Interest,* ed. Martin Greenberger (Baltimore: Johns Hopkins Press, 1971), 40–41.

17 Specifically, they estimated that an 8 percent decrease in multitasking led to a 3 percent improvement in completion time (fewer days to close case). They wrote: "At the mean of the distribution of new

opened cases (127), ten fewer newly opened cases in a quarter (an 8% decrease of this indicator of task juggling) reduce the duration of assigned cases by 8.6 days (a 3% improvement, given a mean duration of 290 days)." Extrapolating from their results, we can enlarge those numbers six-fold from 8 percent to 50 percent (i.e., cutting toggling in half), which corresponds to a six-fold increase in gain from 3 percent to about 19 percent (nearly 20 percent) in completion time. Decio Coviello, Andrea Ichino, and Nicola Persico, "The Inefficiency of Worker Time Use," *Journal of the European Economic Association 13,* no. 5 (2015): 906–947. See also Andrew O'Connell, "The Pros and Cons of Doing One Thing at a Time," *Harvard Business Review,* January 20, 2015.

18 Joshua S. Rubinstein, David E. Meyer, and Jeffrey E. Evans, "Executive Control of Cognitive Processes in Task Switching," *Journal of Experimen-tal Psychology: Human Perception and Performance 27,* no. 4 (2001): 763–797. They found that it took students far longer to solve complicated mathemat- ics problems when they had to switch to other tasks. According to Meyer multitasking could reduce speed by 40 percent. See "Multitasking: Switch- ing Costs," *American Psychological Association,* March 20, 2006, accessed Feb- ruary 20, 2017, https://www.apa.org/research/action/multitask.aspx/.

19 "2 photos for Sukiyabashi Jiro," Yelp, last modified January 22, 2016, http://www.yelp.com

20 Jiro Ono, *Jiro Dreams of Sushi,* directed by David Gelb (New York: Mag- nolia Home Entertainment, DVD: 2012). Jiro Ono was eighty-five years old at the time of the movie.

21 Upon embarking on my research, I didn't understand the obsession as- pect of work. I had published an academic article with my colleague Mar- tine Haas in the *Administrative Science Quarterly* that showed the benefits of focus. Studying forty-three practice groups in a large management consultancy, we found that teams that published fewer electronic docu- ments on fewer topics in the company's knowledge management database achieved more hits from users, and we concluded that the additional hits were driven by the authors' reputation for quality. We called it a "less-is- more" strategy. But we missed the crucial part of obsessing. After learning about Jiro's sushi and Amundsen's trip to the South Pole, I went back and reexamined our research. I found that the consultants who focused and excelled also obsessed over quality. They scrutinized every document they uploaded and ditched many more, with one group rejecting 80 percent of all submissions. Morten Hansen and Martine Haas, "Competing for At- tention in Knowledge Markets: Electronic Document Dissemination in a Management Consulting Company," *Administrative Science Quarterly 46* (2001): 1–28.

22 Ernest Hemingway, "A Man's Credo," *Playboy 10,* no. 1 (1963): 120.

23 "Nail-Biting Allowed: Alfred Hitchcock's 10 Most Memorable Scenes," *Time,* November 16, 2011, accessed March 4, 2017, http://entertainment.time.com/2012/11/19/spellbinder-hitchcocks-10-most-memorable-scenes/slide/the-shower-scene-in-psycho/.

24 Fred Whelan and Gladys Stone, "James Dyson: How Persistence Leads to Success," *Huffington Post,* December 15, 2009.

25 We also asked the same question for a boss evaluating a subordinate, and for a subordinate evaluating a boss.

26 This story is based on interviews with the nurse manager and previous published versions. I have altered the names in this story.

27 The name of the Occam's razor is spelled differently and differs some- times from his name.

28 He is often quoted in a slightly different way: "Perfection is achieved, not when there is nothing more to add, but when there is nothing left to take away." This quote is from Saint-Exupéry's book *Terre des Hommes* (1939), translated into English by Lewis Galantière as *Wind, Sand and Stars* (1967).

29 For a terrific treatment of the idea of "simple rules," see Donald Sull and Kathleen M. Eisenhardt, *Simple Rules: How to Thrive in a Complex World* (London: John Murray Publishers 2015).

30 Subjects, in this case smart MIT students, were invited to play a com- puter game where they could earn money by clicking three doors—one blue, one green, and one red. The first click opened the room, and they earned money clicking inside. Most realized that the green one offered more money for each click. The game had a total of 100 clicks, so the right strategy was to explore the three options at first (hedging), then stick with the green room (focusing). Then came the intriguing part. When they were in the green room, the doors to the other rooms started to vanish. The options were fading away, and the only way to

keep them was to go back and click on the blue and red doors again. Now, once you had learned that the green door was best, you shouldn't care about the red and blue anymore. But that's not what happened! The subjects went back and forth, wasting clicks, just to keep the red and blue doors alive. Green-green-green-blue, green-green-green-red, green-green-green-blue. Jiwoong Shin and Dan Ariely, "Keeping Doors Open: The Effect of Unavailability on Incentives to Keep Options Viable," *Management Science 50,* no. 5 (May 2004): 575–586.

31 Dan Ariely, *Predictably Irrational: The Hidden Forces That Shape Our Deci- sions* (New York: HarperCollins, 2008), p. 354.

32 Adam Grant, *Originals: How Non-Conformists Move the World* (New York: Viking, 2016).

33 Jim Collins and Morten T. Hansen, *Great by Choice: Uncertainty, Chaos and Luck—Why Some Thrive Despite Them All* (New York: HarperBusiness, 2011).

34 As portfolio theory in financial decision-making suggests, when great un- certainty exists about the outcomes of existing options, you should hedge your bets until you feel confident that one option is likely to prove the best. At that point, you should select that option, go all in, and obsess to excel.

35 Sue Shellenbarger, "What to Do When Co-Workers Won't Leave You Alone," *Wall Street Journal,* blog, September 11, 2013, http://blogs.wsj.com/atwork/2013/09/11/what-to-do-when-co-workers-wont-leave-you- alone.

36 When saying no, be sure to take into account the cultural dimensions. Erin Meyer, "Negotiating Across Cultures," HBR Video, February 25, 2016, https://hbr.org/video/4773888299001/negotiating-across-cultures.

37 Name and details have been disguised.

第三章

1 Naomi Shihab Nye is an American-Palestinian poet. Poetry Foundation, last modified 2010, accessed February 20, 2017, https://www.poetryfoun dation.org/poems-and-poets/poets/detail/naomi-shihab-nye.

2 We interviewed Greg Green three times for this story from 2014 to 2016. Three of us also traveled to Clintondale in 2016 and spent a day there where we observed two classrooms in session, interviewed two teachers and two administrators in addition to Greg Green, and conducted an in- terview session with five students. The Clintondale story has also been covered by media, including a segment in *NewsHour* at PBS: http://www.pbs.org/newshour/rundown/what-does-a-flipped-classroom-look-like-2/

3 Leslie A. Perlow and Jessica L. Porter, "Making Time Off Predictable— and Required," *Harvard Business Review 87,* no. 10 (2009): 102–109.

4 Sylvia Ann Hewlett and Carolyn Buck Luce, "Extreme Jobs: The Danger- ous Allure of the 70-Hour Workweek," *Harvard Business Review 48,* no. 12 (2006): 49–59.

5 We let the people in our study decide what constituted working hours. Clearly, they may be biased in their estimates, perhaps reporting higher numbers than they actually work. If so, the peak point in our chart (65 hours) would move slightly to the left and be lower, say 55 hours, but the shape of the curve should be the same if everyone is either underreporting or overreporting their hours.

6 You may think that this makes no sense, as you do get some more work done when you add hours beyond 65 hours per week; you may not be very productive but still, you're doing additional work. This logic is based on a sequential view of work—that you do get extra work done as you add more hours late in the day. There are two reasons why the sequential model may not hold. First, as you add those extra hours at night, poor-quality work may detract from what you did earlier in the day, as when errors in a soft- ware code creep in and destroy the computer program. Second, when you add extra hours late at night, you detract from your ability to work better the next day, as you're getting tired. So extra hours impede the productiv- ity of subsequent hours.

7 John Pencavel, "The Productivity of Working Hours," *Economic Journal 125,* no. 589 (2015): 2052–2076.

8 Name and other details have been altered.

9 According to the OECD: "Labour productivity is equal to the ratio be- tween a volume measure of output (gross domestic product or gross value added) and a measure of input use (the total number of

hours worked or total employment). Labour productivity = volume measure of output / measure of input use." See Rebecca Freeman, "Labour Productivity Indi- cators: Comparison of Two OECD Databases, Productivity Differentials & the Balassa-Samuelson Effect," OECD, July 2008, accessed August 3, 2015. http://www.oecd.org/std/labour-stats/41354425.pdf.

10 I thank Jim Collins for suggesting this table.

11 http://www.maersk.com/en/the-maersk-group/about-us#stream_2_ctl00_header.

12 We interviewed Hartmut Goeritz in 2015 and 2016 for this story.

13 APM Credit for photo: APM Terminals, Terminals, Tangier, Morocco, accessed February 20, 2017, http://apmterminalsphotos.com/famain.asp?customerId=573&sKey=EHT4NWGE&action=viewimage&cid= 111&imageid=10292.

14 More precisely, its throughput was 1.3 million 20-foot container equiva- lent units, a standard measure in the industry that takes into account the size of the containers.

15 This distinction is to some extent based on the distinction drawn by Peter Drucker, who apparently said that management is doing the things right, while leadership is doing the right things. See https://www.goodreads.com/author/quotes/12008.Peter_F_Drucker (accessed August 27, 2017). In his book, *The Effective Executive*, Drucker states that the job of the execu- tive is "to get the right things done," which is close to the first part here of "doing the right things," which requires a definition of what those "right things" are, namely those that create value as defined here. Peter Drucker, *The Effective Executive: The Definitive Guide to Getting the Right Things Done* (New York: HarperBusiness, 2006).

16 Gina Kolata, "Doctors Strive to Do Less Harm by Inattentive Care," *New York Times,* February 17, 2017, accessed June 23, 2017, https://www.nytimes.com/2015/02/18/health/doctors-strive-to-do-less-harm-by-inattentive-care.html?_r=0.

17 Allen C. Bluedorn, Daniel B. Turban, and Mary Sue Love, "The Effects of Stand-Up and Sit-Down Meeting Formats on Meeting Outcomes," *Jour- nal of Applied Psychology 84,* no. 2 (1999): 277-285. In a different study pub- lished in 2014 in *Social Psychological and Personality Science,* researchers at Washington University in St. Louis report that groups working together on a project while standing are measurably more engaged and less territo- rial than while seated. Andrew P. Knight and Markus Baer, "Get Up, Stand Up: The Effects of a Non-Sedentary Workspace on Information Elabora- tion and Group Performance," *Social Psychological and Personality Science 5,* no. 8 (2014): 910–917.

18 This concept of small redesigns is similar to the idea of "nudges." Rich- ard Thaler and Cass Sunstein revealed in their book *Nudge* that small changes—mere nudges—can lead to surprisingly big impacts. Richard Thaler and Cass Sunstein, *Nudge: Improving Decisions About Health, Wealth, and Happiness* (New York: Penguin Books, 2009).

19 Alex "Sandy" Pentland, "The New Science of Building Great Teams," *Harvard Business Review 90,* no. 4 (2012): 60–70.

20 Name and other details have been altered.

21 Josh Linkner, "Is Your Company Selling Aspirin, or Vitamins?," *FastCom- pany,* March 27, 2012, accessed February 18, 2017, http://www.fastcompany.com/1826271/your-company-selling-aspirin-or-vitamins.

22 The writer Dan Pink has a TED talk, viewed 18 million times, in which he describes the "candle experiment," conducted by Karl Duncker in 1945. In it, people were given a candle, a box of thumbtacks, and some matches. Then they were told to attach the candle to the wall so that wax wouldn't drip onto a table below. Some people tried to thumbtack the candle to the wall. Some tried lighting one side of the candle in order to stick it to the wall. Neither of these acts worked. Finally, people began to see a new way: They took the box the thumbtacks were in and tacked it to the wall, creating a makeshift candleholder and placed the candle within it. The functional fixedness in this case was the inability to see the box as serving any purpose other than containing the tacks. Dan Pink, "The Puzzle of Motivation," TED video, July 2009, https://www.ted.com/talks/dan_pink_on_motivation

23 Tom Coens and Mary Jenkins, *Abolishing Performance Appraisals: Why They Backfire and What to Do Instead* (San Francisco: Berrett-Koehler, 2000): 35.

24 Michael Moran, *The British Regulatory State: High Modernism and Hyper- Innovation* (New York:

Oxford University Press, 2007), 38–66.

第四章

1 See https://www.brainyquote.com/quotes/quotes/w/williampol163253.html. Accessed August 27, 2017.
2 The Dan Plan, accessed February 20, 2017, http://thedanplan.com/about/.
3 See www.thedanplan.com.
4 "How Do You Stack Up?," Golf Digest, March 17, 2014, accessed Febru- ary 21, 2017, http://www.golfdigest.com/story/comparing-your-handicap-index.
5 "Men's Handicap Index® Statistics," USGA, accessed February 27, 2017, http://www.usga.org/Handicapping/handicap-index-statistics/mens-handicap-index-statistics-d24e6096.html, and "Golf Participation in the U.S.," National Golf Foundation, accessed February 27, 2017, http://www.ngf.org/pages/golf-participation-us.
6 K. Anders Ericsson and Robert Pool define deliberate practice more precisely in *Peak: Secrets from the New Science of Expertise* (New York: Houghton Mif- flin Harcourt, 2016), 98–99.
7 http://thedanplan.com/statistics-2/.
8 During the 1950s and 1960s in Japan and the 1980s in the United States, experts like W. Edwards Deming advocated for a "plan-do-check-act" cycle of manufacturing and process improvement whereby planners would systematically keep what worked and identify opportunities for im- provements. This effort sparked a movement in organizational learning, whereby organizations strive to improve by incorporating new routines into their processes. Such approaches have given rise to a host of specialist roles in companies such as "quality engineers" and "six sigma" profession- als. However, their efforts have by and large stayed within the purview of company-specific processes. They haven't cascaded to lots of jobs where employees—and not quality experts—take charge of their own improve- ments. See "PDSA Cycle," W. Edwards Deming Institute, accessed Febru- ary 21, 2017, https://deming.org/management-system/pdsacycle.
9 Interestingly, women in our study succeeded more than men at parlay- ing learning into performance. Women who mastered learning leaped 21 points in the percentile performance ranking compared to those who didn't learn, whereas men only moved up 13 percent. (We ran separate re- gression analyses for women and men. The difference in the coefficient es- timates were significant in some models but not in others, and henceforth I am not using this analysis to reveal a significant difference between men and women. Two other practices showed that: men reaped greater benefit from practicing "champion forcefully" while women benefited more from practicing disciplined collaboration.) Our data doesn't reveal why there was this difference, but I can use some data points to speculate. While only 24 percent of men scored high on the statement "he/she constantly changes how he/she works in order to learn and improve," a full 33 per- cent of women did so. Thus women seemed to have put in more effort to learn.

  Women may also have improved more because they learned from failure more readily. Somewhat more women (56 percent) scored higher than men (48 percent) on the statement: "He/she is excellent at learning well from failures to avoid repeating the same mistakes." People who learn from mistakes modify how they work and perform better as a result. No surprise that those who placed high on this failure statement also scored very high on performance.
10 This compares the top 10 percent on the learning scorecard to those who scored in the bottom 10 percent, holding all other variables at their aver- age level (50th percentile).
11 We interviewed Gavin several times over the phone for this study, and she responded to several email questions. Her boss scored her on the learning and performance survey instruments.
12 Lucy Kellaway, "Endless Digital Feedback Will Make Us Needy and Unkind," *Financial Times,* March 8, 2015, accessed February 21, 2017, http://www.ft.com/cms/s/0/2476806e-c32c-11e4-9c27-00144feab7de.html#axzz3sQcCuhC4.
13 Mihaela Stan and Freek Vermeulen, "Selection at the Gate: Difficult Cases, Spillovers, and Organizational Learning," *Organization Science 24,* no. 3 (2013): 796–812.
14 Name and details have been altered.
15 Low score is denoted as 4 or less; high score is 7 out of 7 on the scale.

16 Mads A. Andersen, VG TV interview with Magnus Carlsen, December 21, 2013, translated from Norwegian by author, accessed February 21, 2017, http://www.vgtv.no/#!/video/75947/intervjuet-magnus-carlsen.
17 Carol Dweck, *Mindset: The New Psychology of Success* (Random House, 2007).
18 Charles T. Clotfelter, Helen F. Ladd, and Jacob L. Vigdor, "Teacher Credentials and Student Achievement in High School: A Cross-Subject Analysis with Student Fixed Effects," NBER Working Paper No. 13617, November 2007, last revision March 2008.
19 Of course, we don't know how many hours those teachers were actually in the classroom teaching. Even those with twenty-seven years of experi- ence may have far fewer hours teaching. But, teaching and improvement in teaching skills, is not just about being in the classroom. It also involves drawing lesson plans, correcting homework, etc. One labor bureau study found that teachers work about 40 hours per week. Jill Hare, "When, Where, and How Much Do U.S. Teachers Work?," Teaching.monster.com, accessed February 17, 2017, http://teaching.monster.com/careers/articles/4039-when-where-and-how-much-do-us-teachers-work. So if we give them 3 months off on vacation, that's still about 40 weeks * 40 = 1,600 hours per year * 27 = 43,200 hours of teaching experience.
20 Herbert A. Simon, "Rational Choice and the Structure of the Environ- ment," *Psychological Review 63,* no. 2 (1956): 129–138.
21 K. Anders Ericsson, "The Influence of Experience and Deliberate Prac- tice on the Development of Superior Expert Performance," in *Cambridge Handbook of Expertise and Expert Performance,* ed. K. Anders Ericsson, Neil Charness, Paul J. Feltovich, and Robert R. Hoffman (Cambridge: Cam- bridge University Press, 2006): 685–706.
22 Top performance is here defined as top 10 percent in performance, while underperformance is defined as below-average performance. "Constantly reviewed" is scored as placing 6 or 7 out of 7 on that scale system.
23 This trend in disruption of work is akin to the disruption of product tech- nologies in the marketplace. According to Harvard Business School pro- fessor Clayton Christensen's theory of "disruptive innovation," this occurs when a new technology arrives, offering a unique solution at far lower cost. This kind of innovation tends to be inferior at first but, as it is revised and enhanced, it progresses beyond the current technology and surpasses it. The personal computer, for instance, was a toy compared to the "old" mainframe computers when it first came out but has since, of course, over- taken them. See for example Clayton Christensen, Michael E. Raynor, and Rory McDonald, "What Is Disruptive Innovation?," *Harvard Business Re- view 93,* no. 12 (2015): 44–53.
24 Amy C. Edmondson, Richard M. Bohmer, and Gary P. Pisano, "Disrupted Routines: Team Learning and New Technology Implementation in Hos- pitals," *Administrative Science Quarterly 46* (2001): 685–716.
25 "Mastered both" means that they scored in top 10 percent on both rede- sign and learning loop, while "did neither" means falling below median on both practices.

第五章

1 Ninetieth birthday celebration of Walter Sisulu, Walter Sisulu Hall, Randburg, Johannesburg, South Africa, May 18, 2002. From *Nelson Mandela by Himself: The Authorised Book of Quotations,* https://www.nel sonmandela.org/content/page/selected-quotes, accessed December 16, 2014.
2 "Oprah Talks to Graduates About Feelings, Failure and Finding Happi- ness," *Stanford Report,* June 15, 2008, accessed 10 February 2017, http:// news.stanford.edu/news/2008/june18/como-061808.html.
3 Matt Tenney, "Why Empowering Employees to Be Compassionate Is Great for Business," *Huffington Post,* September 6, 2016.
4 Emma Jacobs, "Kill the Passion for Work," *Financial Times,* May 13, 2015.
5 Caitlin Riegel, "The Key to Success: Loving What You Do," *Huffington Post,* Blog, last modified January 18, 2017, accessed February 21, 2017, http://www.huffingtonpost.com/caitlin-riegel/the-key-to-success-loving_b_8998760.html.
6 Rob Wile, "Marc Andreessen Gives the Career Advice That Nobody Wants to Hear," *Business Insider,* May 27, 2014.

7 David Sobel, "I Never Should Have Followed My Dreams," *Salon,* September 1, 2014, accessed February 23, 2017, http://www.salon.com/2014/09/01/i_never_should_have_followed_my_dreams/.

8 Transcript of Full Commencement Address by Jim Carrey, Maharishi University of Management, May 24, 2014, Maharishi University of Man- agement, accessed February 23, 2017, https://www.mum.edu/whats-hap pening/graduation-2014/full-jim-carrey-address-video-and-transcript/.

9 Passion is related to what Mihaly Csikszentmihalyi (don't even try to pro- nounce it) calls "flow," a state where you are immersed in an activity with complete involvement, energy, and enjoyment. Mihaly Csikszentmihalyi, *Flow: The Psychology of Optimal Experience* (New York: Harper & Row, 1990).

10 This way of viewing purpose and passion resembles that proposed by David Brooks in "The Moral Bucket List," *New York Times,* April 11, 2015. "Com- mencement speakers are always telling young people to follow their pas- sions. Be true to yourself. This is a vision of life that begins with self and ends with self. But people on the road to inner light do not find their voca- tions by asking, what do I want from life? They ask, what is life asking of me? How can I match my intrinsic talent with one of the world's deep needs?"

11 Names and details have been altered in the Theresa and Marianne stories.

12 This effect contrasts those who scored in the top 10 percent on the passion-purpose score with those in the bottom 10 percent, while all other factors and variables are assumed average.

13 Although those cases of long hours did exist in our data set, they also ex- isted for people void of passion. If we look at people who worked 70 hours or more per week in our data, highly passionate people put in on average 75 hours per week compared to 76 for nonpassionate people, so no mean- ingful difference.

14 Adding 7 hours per week to persons with low passion-purpose predicts an addition of 1.5 percent to their performance ranking.

15 Les Clefs d'Or, www.lesclefsdor.org. Accessed October 29, 2017.

16 Violet Ho, Sze-Sze Wong, and Chay Hoon Lee have linked harmonious passion to higher performance mediated by intensity of focus and immer- sion. See "A Tale of Passion: Linking Job Passion and Cognitive Engage- ment to Employee Work Performance," *Journal of Management Studies 48,* no. 1 (2011): 26–47.

17 Being absorbed, as in "I am completely engrossed in my work," is similar to the idea of "flow," as proposed by Mihaly Csikszentmihalyi in *Flow: The Psychology of Optimal Experience* (New York: Harper & Row, 1990).

18 Rebecca J. Rosen, "What Jobs Do People Find Most Meaningful?," *Atlan- tic,* June 24, 2014.

19 Shana Lebowitz, "A Yale Professor Explains How to Turn a Boring Job into a Meaningful Career," *Business Insider,* December 1, 2015, accessed February 23, 2017, http://uk.businessinsider.com/turn-a-boring-job-into-a-meaningful-career-job-crafting-2015-12?r=US&IR=T.

20 This story is based on several interviews of Birdsall by the author. It is also based on the INSEAD business school case: Morten Hansen, Michelle Rogan, Dickson Louie, and Nana von Bernuth, "Corporate Entrepreneur- ship: Steven Birdsall at SAP," Case 6022 (Fontainebleau: INSEAD, De- cember, 2013).

21 See Patricia Chen, Phoebe C. Ellsworth, and Norbert Schwarz, "Find- ing a Fit or Developing It: Implicit Theories About Achieving Passion for Work," *Personality and Social Psychology Bulletin 41,* no. 10 (2015): 1411– 1424.

22 This aspect is one of the fundamental human drives discussed in Paul R. Lawrence and Nitin Nohria, *Drive: How Human Nature Shapes Our Choices* (San Francisco: Jossey-Bass, 2002).

23 Name and other details have been altered.

24 Tom Rath, *StrengthsFinder 2.0* (New York: Gallup Press, 2007). We also performed an analysis where we analyzed the effect of the StrengthsFinder key question ("gives me an opportunity to do what I do best every day") on passion and performance (see section 3.2.5 in the appendix). It showed that the StrengthsFinder item—the job-fit argument—affects perfor- mance *indirectly* via passion. That is, it is passion that drives performance and not job fit. Job fit only affects passion.

25 In our study, people who reported that their job allowed them to "do what they do best every day" reported much higher passion (see the appendix for details on this analysis). The idea that mastery of a skill leads to passion for that skill has been explored by Georgetown University professor Cal New- port

in his book *So Good They Can't Ignore You: Why Skills Trump Passion In The Quest For Work You Love* (New York: Grand Central Publishing, 2012).

26 https://www.nytimes.com/2014/03/03/business/in-general-motors-recalls-inaction-and-trail-of-fatal-crashes.html?_r=0. It should be noted that ac- cording to *The New York Times,* Rose was under the influence of alcohol and speeding when she had her accident; even so, her death was linked to the failure of the airbag to deploy.

27 Chris Isidore, "Death Toll for GM Ignition Switch: 124," CNN Money, December 10, 2015, accessed February 23, 2017, http://money.cnn.com/2015/12/10/news/companies/gm-recall-ignition-switch-death-toll.

28 There are many other clear-cut cases where performance on the inside of a company harms people on the outside. Yet this gets tricky in the gray area. Can a McDonald's store manager have a strong sense of purpose if he sells burgers that contribute to obesity? Can a supervisor at a Coca-Cola plant have purpose if those sugary drinks contribute to diabetes? Critics say these companies harm people, while defenders argue that they sell products that consumers want.

29 J. Stuart Bunderson and Jeffrey A. Thompson, "The Call of the Wild: Zookeepers, Callings, and the Dual Edges of Deeply Meaningful Work," *Administrative Science Quarterly 54* (2009): 32–57.

30 Name and demographic information have been altered.

31 Amy Wrzesniwski, Jane E. Dutton, and Gelaye Debebe, "Interpersonal Sensemaking and the Meaning of Work," *Research in Organizational Behav- ior 25* (2003): 93–135.

32 Atul Gawande, "The Bell Curve," *The New Yorker* (December 6, 2004); Aimee Swartz, "Beating Cystic Fibrosis," *Atlantic,* September 27, 2013.

33 Chris Van Gorder, *The Front-Line Leader: Building a High-Performance Or- ganization from the Ground Up* (San Francisco: Jossey-Bass, 2015).

第六章

1 Quote Investigator: Exploring Origins of Quotations, last modified April 6, 2014, http://quoteinvestigator.com/2014/04/06/they-feel.

2 The information for this story is obtained from the IMD case on the epoxy business, Bala Chakravarthy and Hans Huber, "Internal Entrepreneurship at the Dow Chemical Co.," Case 1117 (Lausanne: IMD, July 2003) and from four interviews conducted with Ian Telford and from three inter- views conducted with three of his ex-employees (Isabelle Lomba, John Everett, Arantxa Olivares).

3 Bala Chakravarthy and Hans Huber, "Internal Entrepreneurship at the Dow Chemical Co.," Case 1117 (Lausanne: IMD, July 2003).

4 Ibid.

5 "IBM CEO Study: Command & Control Meets Collaboration," May 22, 2012, http://www-03.ibm.com/press/us/en/pressrelease/37793.wss.

6 6 John Kotter and Dan Cohen make this point in their book on change, *The Heart of Change: Real-Life Stories of How People Change Their Organizations* (Boston: Harvard Business Review Press, 2012). See also Chip Heath and Dan Heath, *Switch: How to Change Things When Change Is Hard* (New York: Crown Business, 2010).

7 For the role of charisma, see Joyce Bono and Remus Ilies, "Charisma, Positive Emotions, and Mood Contagion," *Leadership Quarterly 17*, no. 4 (2006): 317–334. The relationship between leader charisma and perfor- mance is more complicated; see Bradley R. Agle, Nandu J. Nagarajan, Jef- frey A. Sonnenfeld, and Dhinu Srinivasan, "Does CEO Charisma matter? An Empirical Analysis of the Relationships Among Organizational Perfor- mance, Environmental Uncertainty, and Top Management Team Percep- tions of CEO Charisma," *Academy of Management Journal 49,* no. 1 (2006): 161–174.

8 Angela L. Duckworth and Christopher Peterson, "Grit: Perseverance and Passion for Long-Term Goals," *Journal of Personality and Social Psychology 92,* no. 6 (2007): 1087–1101.

9 This effect compares those who scored high (top 5 percent) on the force- ful champion scorecard to those who scored low (bottom 5 percent). It is based on a regression analysis predicting the effect of the forceful cham- pion scale on performance, holding other variables constant.

10 See Amy J. C. Cuddy, Peter Glick, and Anna Beninger, "The Dynamics of Warmth and Competence Judgments, and Their Outcomes in Orga- nizations," *Research in Organizational Behavior 31* (2011): 73–98. Profes- sor Frank Flynn at Stanford Business School conducted an experiment where he asked students to read a case study based on Heidi Roizen (www.heidiroizen.com), a well-known venture capitalist in Silicon Valley. He assigned half of the students to read the story of "Heidi" and the other half to read a version of the case in which he had changed the name to "How- ard." Students rated Heidi and Howard as equally competent, but they regarded Howard as a more appealing colleague. They saw Heidi as self- ish and "not the type of person you'd want to hire or work for." As these results suggest, women in the workplace are perceived as either competent or liked, but not both. Flynn wrote: "As gender researchers would predict, this seems to be driven by how much they disliked Heidi's aggressive per- sonality. The more assertive they thought Heidi was, the more harshly they judged her." "Gender-Related Material in the New Core Curricu-lum," Stanford Graduate School of Business, January 1, 2007, accessed February 24, 2017, http://www.gsb.stanford.edu/stanford-gsb-experience/news-history/gender-related-material-new-core-curriculum.

11 In a review of research findings on the topic, Professors Laurie Rudman and Julie Phelan conclude that competent women at work face a backlash as a result of this categorization: "Although women must present them- selves as self-confident, assertive, and competitive to be viewed as quali- fied for leadership roles, when they do so, they risk social and economic reprisals." Laurie A. Rudman and Julie E. Phelan, "Backlash Effects for Disconfirming Gender Stereotypes in Organizations," *Research in Organizational Behavior 28* (2008): 61–79.

12 Mark C. Bolino and William H. Turnley, "Counternormative Impression Management, Likeability, and Performance Ratings: The Use of Intimida- tion in an Organizational Setting," *Journal of Organizational Behavior 24,* no. 2 (2003): 237–250.

13 Jonah Berger, *Contagious: Why Things Catch On* (New York: Simon & Schuster, 2016).

14 Jonah A. Berger and Katherine L. Milkman, "What Makes Online Con- tent Viral?" *Journal of Marketing Research 49,* no. 2 (2012): 192–205.

15 The name and certain details have been altered.

16 A November 2008 article by Mike Stobbe named Huntington the "fat- test" and "unhealthiest" city in America. Mike Stobbe, "Appalachian Town Shrugs at Poorest Health Ranking," *Herald-Dispatch,* November 16, 2008, accessed February 24, 2017, http://www.herald-dispatch.com/news/appalachian-town-shrugs-at-poorest-health-ranking/article_c50a30c5-f55c-5a3a-8fad-2285c119e104.html. This statement was based on 2006 data from the Centers for Disease Control and Prevention.

17 Obesity rate in Huntington 2005 (34.2 percent), 2006 (45.3 percent), and 2007 (34.2 percent). Laura Wilcox, "Huntington Area Labeled as Nation's Most Unhealthy," *Herald-Dispatch,* November 16, 2008.

18 Jane Black, "Jamie Oliver Improves Huntington, W.Va.'s Eating Habits," *Washington Post,* April 21, 2010.

19 Names, country, and other details have been altered.

20 This notion of corporate purpose was articulated well in *Built to Last*, which included the Disney example. Jim Collins and Jerry I. Porras, *Built to Last* (New York: HarperCollins, 1994).

21 The appearance of this story has been approved by Agilent Technologies.

22 "At Age 22, DNA Sequencing Put My Cancer on Pause," video with Corey Wood, accessed February 24, 2017, http://www.forbes.com/video/3930262661001. The video is also available on YouTube, https://www.youtube.com/watch?v=G1ZLyGW8rKY.

23 We found a number of examples of junior employees and senior managers connecting purpose to tedious jobs.

24 Names and details have been altered.

25 Adam M. Grant, Elizabeth M. Campbell, Grace Chen, Keenan Cottone, David Lapedis, and Karen Lee, "Impact and the Art of Motivation Main- tenance: The Effects of Contact with Beneficiaries on Persistence Be- havior," *Organizational Behavior and Human Decision Processes 103* (2007): 53–67.

26 Vibeke Venema, "The Indian Sanitary Pad Revolutionary," BBC News, March 4, 2014, accessed June 23, 2017, http://www.bbc.com/news/magazine-26260978. See also "Launch Pad," by Yudhijit Bhattacharjee,

New York Times Magazine, November 10, 2016. See also *Menstrual Man*, a film by Amit Vir- mani, Coup Production, 2013.

27 Sarah Kellogg interviewed Lorenza Pasetti and helped write these para- graphs on Volpi. All data on Volpi and Pasetti are from this interview.

28 See Adam Gerace, Andrew Day, Sharon Casey, and Philip Mohr, "An Ex- ploratory Investigation of the Process of Perspective Taking in Interper- sonal Situations," *Journal of Relationships Research 4,* no. e6 (2013): 1–12.

29 Jeffrey Pfeffer, *Power: Why Some People Have It and Others Don't* (New York: HarperCollins, 2010), 53.

30 It is unclear whether President Johnson really said this or whether the journalist David Halberstam quoted or paraphrased him. It was in ref- erence to Johnson resigning himself to the difficulty of firing J. Edgar Hoover as FBI director. David Halberstam, "The Vantage Point; Perspec- tives of the Presidency 1963–1969. By Lyndon Baines Johnson. Illustrated. 636 pp. New York: Holt, Rinehart and Winston. $15," *New York Times,* October 31, 1971.

31 See https://en.wikipedia.org/wiki/Menstrual_Man.

第七章

1 See https://en.wikiquote.org/wiki/Cyrus_the_Great.

2 Frank Kappel, "BOP Invasion First Hand Account—May 1961," Cuban In- formation Archives, May 29, 1961, Dade County OCB file #153-D, accessed December 18, 2014, http://cuban-exile.com/doc_026-050/doc0041.html.

3 David Halberstam penned the book *The Best and the Brightest,* referring to the Kennedy administration's team. Halberstam's book covers the period from 1960 to 1965 and focuses on the Vietnam War. David Halberstam, *The Best and the Brightest* (New York: Ballantine Books, 1992). One of the best accounts of the Bay of Pigs invasion is Jim Rasinger, *The Brilliant Di- saster: JFK, Castro, and America's Doomed Invasion of Cuba's Bay of Pigs* (New York: Scribner, 2012). It contains recently declassified information and as such is more accurate than previous accounts.

4 Arthur Schlesinger, Jr., *A Thousand Days: John F. Kennedy in the White House* (New York: Mariner Books, 2002).

5 Ibid.

6 Mann and the following Bundy quotes are from this source: Piero Gleije- ses, "Ships in the Night: The CIA, the White House and the Bay of Pigs." *Journal of Latin American Studies 27*, no. 1 (February 1995):1–42, Cam- bridge University Press.

7 In Michael A. Roberto, *Why Great Leaders Don't Take Yes for an Answer: Managing for Conflict and Consensus* (Upper Saddle River, NJ: Wharton School Publishing, 2005), 40.

8 Schlesinger, *A Thousand Days*.

9 Elise Keith, "55 Million: A Fresh Look at the Number, Effectiveness, and Cost of Meetings in the U.S.," Lucid Meetings Blogs, December 4, 2015, accessed February 24, 2017, http://blog.lucidmeetings.com/blog/fresh-look-number-effectiveness-cost-meetings-in-us.

10 "Survey Finds Workers Average Only Three Productive Days per Week," Microsoft, March 15, 2005, accessed February 24, 2017, http://news.micro soft.com/2005/03/15/survey-finds-workers-average-only-three-produc tive-days-per-week/#sm.0000w6727617qoer8zudfzhklx956#zkx63Uq1t9 OW2X20.97.

11 Minda Zetlin, "17 Percent of Employees Would Rather Watch Paint Dry than Attend Meetings," *Inc.,* January 30, 2015, accessed February 23, 2017, http://www.inc.com/minda-zetlin/17-percent-of-employees-would-rather-watch-paint-dry-than-attend-team-meetings.html.

12 Name and details have been altered.

13 Morten T. Hansen, Herminia Ibarra, and Urs Peyer,"The Best-Performing CEOs in the World." *Harvard Business Review* (2013); and Morten T. Han- sen, Herminia Ibarra, and Urs Peyer. "The Best-Performing CEOs in the World." *Harvard Business Review* (2010).

14 Morten T. Hansen, Herminia Ibarra, and Nana von Bernuth, "Transform- ing Reckitt Benckiser," Case 5686 (Fontainebleau: INSEAD, April 2011).

15 Bart Becht, "Building a Company of Global Entrepreneurs, "My RB Op- portunity Blog," June 18, 2010.
16 The Air Wick Freshmatic story is told by Sarah Shannon, "Britain's Reck- itt Benckiser Goes Shopping," *Bloomberg Businessweek,* July 29, 2010, accessed June 23, 2017, https://www.bloomberg.com/news/articles/2010-07-29/britains-reckitt-benckiser-goes-shopping.
17 "Leadership Principles," Amazon, accessed February 24, 2017, https:// www.amazon.jobs/principles.
18 Shana Lebowitz, "One of the Most Influential Silicon Valley Investors Reveals How His Firm Decides Whether to Back a Company," *Business Insider,* June 2, 2016, accessed February 24, 2017, http://uk.businessinsider.com/how-andreessen-horowitz-decides-to-back-a-company-2016-6?r= US&IR=T.
19 Katherine Phillips, "How Diversity Makes Us Smarter," *Scientific Ameri- can,* October 1, 2014.
20 Scott E. Page, *The Difference: How the Power of Diversity Creates Better Groups, Firms, Schools, and Societies* (Princeton: Princeton University Press, 2007).
21 Schlesinger, *A Thousand Days*.
22 See Morten T. Hansen, Herminia Ibarra, and Nana von Bernuth, "Trans- forming Reckitt Benckiser," Case 5686 (Fontainebleau: INSEAD, April 2011).
23 Name and setting have been altered in the "Tammy" and "Donald" stories.
24 Author interview with Dolf van den Brink on November 12, 2014.
25 Reproduced with permission of Dolf van den Brink. Photo by Bruce Hamady.
26 Amy C. Edmondson and Kathryn Roloff, "Leveraging Diversity Through Psychological Safety," *Rotman Magazine* (Fall, 2009), 47–51.
27 Author interview and email exchange with van den Brink, January 16, 2015.
28 Susan Cain, *Quiet: The Power of Introverts in a World That Can't Stop Talking* (New York: Broadway Books, 2013).
29 Name and details have been altered in the "Tammy" and "Donald" stories.
30 As told in Richard M. Bissell Jr., *Reflections of a Cold Warrior: From Yalta to the Bay of Pigs* (New Haven: Yale University Press, 1996). See also H. Bradford Westerfield, "A Key Player Looks Back," May 8, 2007, last updated August 3, 2011, https://www.cia.gov/library/center-for-the-study-of-intelligence/kent-csi/vol42no5/html/v42i5a09p.htm.
31 The information for the *Columbia* shuttle disaster is taken from Richard Bohmer, Laura Feldman, Erika Ferlins, Amy C. Edmondson, and Michael Roberto, "*Columbia*'s Final Mission," Case 304-090 (Boston: Harvard Busi- ness School, April 2004). The accompanying simulation contains the quotes.
32 Scott Plous, *The Psychology of Judgment and Decision Making* (New York: McGraw-Hill, 1993), 233.
33 This exchange is reported in the epilogue section on "speaking up" in Richard Bohmer, Laura Feldman, Erika Ferlins, Amy C. Edmondson, and Michael Roberto, "*Columbia*'s Final Mission: A Multimedia Case," Teach- ing Note 305-033 (Boston: Harvard Business School, June 2005, revised January 2010).
34 Youchi Cohen-Charash and Paul E. Spector, "The Role of Justice in Or- ganizations: A Meta-analysis," *Organizational Behavior and Human Decision Processes 86,* no. 2 (2001): 278–321.
35 Names and settings have been altered in this example.
36 Quote from the video "1994 Bulls Knicks Game 3 Buzzer Beating Game Winner (The Story Behind)," Sole Records, accessed December 18, 2014, https://www.youtube.com/watch?feature=player_detailpage&v=c7SbG-8Bvgk.
37 Doug Sibor, "The 50 Most Unsportsmanlike Acts in Sports History," *Complex,* July 5, 2013.
38 Quoted in Phil Jackson and Hugh Delehanty, *Eleven Rings* (New York: Penguin Books, 2014).
39 Name and demographic information have been altered.
40 In this example, I have altered the industry setting.
41 David Breashears, Morten T. Hansen, Ludo van der Heyden, and Elin Williams, "Tragedy on Everest," case 5519 (Fontainebleau: INSEAD, September 2014).

第八章

1 Amy C. Edmondson, Ashley-Kay Fryer, and Morten T. Hansen, "Trans- forming Care at UnityPoint Health—Fort Dodge," Case 615-052 (Bos- ton: Harvard Business School, March 2015).
2 See Fred G. Donini-Lenhoff and Hannah L. Hedrick, "Growth of Spe-cialization in Graduate Medical

Education," *JAMA: The Journal of theAmerican Medical Association 284*, no. 10 (2000): 1284–1289. Also see "Spe- cialty and Subspecialty Certificates,"ABMS, accessed May 29, 2017, http:// www.abms.org/member-boards/specialty-subspecialty-certificates/.

3 Laurie Barclay, "Better Handoffs Cut Medical Errors 30% in Multicenter Trial," Medscape, November 6, 2014, citing Amy J. Starmer, Nancy D. Spector, Rajendu Srivastava et al., "Changes in Medical Errors after Im- plementation of a Handoff Program," *New England Journal of Medicine* 371 (2014): 1803–1812.

4 The management literature is full of articles talking about breaking down or busting silos in companies. Here are a few examples from well-known professors using the language of silo busting: Vijay Govindarajan, "The First Two Steps Toward Breaking Down Silos in Your Organization," *Harvard Business Review,* August 9, 2011, accessed February 24, 2017, https://hbr.org/2011/08/the-first-two-steps-toward-breaking-down-silos/; Ranjay Gulati, "Silo Busting: How to Execute on the Promise of Customer Focus," *Harvard Business Review 85,* no. 5 (2007): 98–108; and Kotter International, Contributor, "Leadership Tips for Cross-Silo Success," *Forbes,* April 15, 2013, accessed February 24, 2017, http://www.forbes.com/sites/johnkotter/2013/04/15/leadership-tips-for-cross-silo-success/#6749fa2a6718. Some books exist on the topic too: Heidi K. Gardner, *Smart Collaboration: How Professionals and Their Firms Succeed by Breaking Down Silos* (Boston: Harvard Business Review Press, 2017) and Gillian Tett, *The Silo Effect: The Peril of Expertise and the Promise of Breaking Down Barriers* (New York: Simon & Schuster, 2015).

5 General Electric 1990 annual report, cited in Larry Hirschhorn and Thomas Gilmore, "The New Boundaries of the 'Boundaryless' Com- pany," *Harvard Business Review 70,* no. 3 (1992): 104–115.

6 These results were reported in Martine R. Haas and Morten T. Hansen, "When Using Knowledge Can Hurt Performance: The Value of Orga- nizational Capabilities in a Management Consulting Company," *Strategic Management Journal 26* (2005):1–24.

7 It might seem odd to regard excessive collaboration as a problem, but other evidence confirms it. Professors Rob Cross, Reb Rebele, and Adam Grant found that managers and employees across a number of organizations have seen a 50 percent jump in collaborative activities. In a survey they undertook at one Fortune 500 company, three in five employees reported wishing that they spent less time responding to requests for collaboration. Rob Cross, Reb Rebele, and Adam Grant, "Collaborative Overload," *Harvard Business Review 94,* no. 1 (2016): 74–79.

8 Name and details have been altered.

9 In this analysis, the top 10 percent were compared to the bottom 10 per- cent, with all other variables held constant at their average values.

10 The author interviewed and exchanged emails with Mike McMullen for the LC triple quad case study. Agilent Technologies approved the text for this case.

11 Names and details have been altered.

12 I first presented this equation in my book *Collaboration,* 2009, p. 41. I have since used this in numerous executive education classes and consulting assignments to great effect. Morten T. Hansen, *Collaboration: How Leaders Avoid the Traps, Build Common Ground, and Reap Big Results* (Boston: Har- vard Business Press, 2009): 41.

13 Ibid., p. 41.

14 Names and details have been altered.

15 While there was potential for conflict of interest because verification could not verify DNV's own consulting services, the business case took these third-party conflicts into account and excluded them from calcula- tions. Morten T. Hansen, "Transforming DNV: From Silos to Disciplined Collaboration Across Business Units—Food Business in 2005," Case 5458 (Fontainebleau: INSEAD, August 2007).

16 "Transcript of presidential meeting in the cabinet room of the White House; Topic: supplemental appropriations for the National Aeronautics and Space Administration (NASA), 21 November 1962," accessed December 18, 2014, http://history.nasa.gov/JFK-Webbconv/pages/transcript.pdf. The transcripts were first released in 2001. Andrew Chaikin, "White House Tapes Shed Light on JFK Space Race Legend," *Space & Science,* August 22, 2001.

17 See for example the Web page for the nonprofit organization "Malaria No More," accessed April 15, 2016, https://www.malarianomore.org.
18 Steven Kerr, "On the Folly of Rewarding A, While Hoping for B," *The Academy of Management Executive 9*, no. 1 (1995): 7–14.
19 Names and details have been altered.
20 Names and setting have been altered.
21 For an overview of trust in academic research, see Roderick Kramer, *Orga- nizational Trust: A Reader* (New York: Oxford Management Readers, 2006).
22 Name and setting have been altered.
23 For details, see, Amy C. Edmondson, Ashley-Kay Fryer, and Morten T. Hansen, "Transforming Care at UnityPoint Health—Fort Dodge," Case 615-052 (Boston: Harvard Business School, March 2015).

第九章

1 Well-being, of course, has many dimensions, including physical health, happiness, meaningful relationships, a sense of purpose in life, and so on. But work-life balance, job burnout, and job satisfaction seemed like the most promising metrics to assess. Of all the areas of well-being, they pertained most directly to people's experience at work.
2 Personal communication with author, June 4, 2013.
3 Name and location details are disguised.
4 Jonathon R. B. Halbesleben, Harvey Jaron, and Mark C. Bolino "Too En- gaged? A Conservation of Resources View of the Relationship Between Work Engagement and Work Interference with Family," *Journal of Applied Psychology 94,* no. 6 (2009):1452–1465.
5 Lewis Garrad and Tomas Chamorro-Premuzic, "The Dark Side of High Employee Engagement," *Harvard Business Review,* August 16, 2016, ac- cessed February 24, 2017, https://hbr.org/2016/08/the-dark-side-of-high-employee-engagement.
6 Mayo Clinic Staff, "Job Burnout: How to Spot It and Take Action," Sep- tember 17, 2015, accessed February 24, 2017, http://www.mayoclinic.org/healthy-lifestyle/adult-health/in-depth/burnout/art-20046642.
7 Samuel Melamed, Arie Shirom, Sharon Toker, Shlomo Berliner, and Itzhak Shapira, "Burnout and Risk of Cardiovascular Disease: Evidence, Possible Causal Paths, and Promising Research Directions," *Psychological Bulletin 132,* no. 3 (2006): 327–353; Ronald J. Burke and Esther R. Green- glass, "Hospital Restructuring, Work-Family Conflict and Psychological Burnout Among Nursing Staff," *Psychology and Health 16,* no. 5 (2001): 583–594, and Armita Golkar, Emilia Johansson, Maki Kasahara, Walter Osika, Aleksander Perski, and Ivanca Savic, "The Influence of Work- Related Chronic Stress on the Regulation of Emotion and on Functional Connectivity in the Brain," *PLoS One 9,* no. 9 (2014), doi: 10.1371/journal.pone0104550. See also Sharon Toker and Michal Biron, "Job Burnout and Depression: Unraveling Their Temporal Relationship and Consider- ing the Role of Physical Activity," *Journal of Applied Psychology 97,* no. 3 (2012): 699–710.
8 See for example Kathleen M. Eisenhardt and Mark J. Zbaracki, "Strategic Decision Making," *Strategic Management Journal 13,* no. 52 (1992): 17–37. See also, Allen C. Amason, "Distinguishing the Effects of Functional and Dysfunctional Conflict on Strategic Decision Making: Resolving a Para- dox for Top Management Teams," *Academy of Managers Journal 39* (1996): 123–148.
9 Ann C. Mooney, Patricia J. Holahan, and Allen C. Amason, "Don't Take It Personally: Exploring Cognitive Conflict as Mediator of Effective Con- flict," *Journal of Management Studies* 44, no. 5 (2007): 733–758.
10 In one study of 271 working adults, higher passion at work was highly correlated (0.82) with vocational satisfaction. Another study of 370 uni- versity employees demonstrated that those who felt their working con- tributing to the greater good also reported much higher job satisfaction. Patricia Chen, Phoebe C. Ellsworth, and Norbert Schwarz, "Finding a Fit or Developing It: Implicit Theories About Achieving Passion for Work," *Personality and Social Psychology Bulletin 41,* no. 10 (2015): 1411–1424, and Michael F. Steger, Bryan J. Dik, and Ryan D. Duffy, "Measuring Meaning- ful Work: The Work and

Meaning Inventory," *Journal of Career Assessment 20,* no. 3 (2012): 322–337.

11 Michael P. Leiter and Christina Maslach, "The Impact of Interpersonal Environment on Burnout and Organizational Commitment," *Journal of Organizational Behavior 9,* no. 4 (1988): 297–308.

12 Dustin Moskovitz, "Work Hard, Live Well," Building Asana, August 19, 2015, accessed February 24, 2017, https://medium.com/building-asana/work-hard-live-well-ead679cb506d#.c0k0etr2a.

附錄

1 This is a weighted sum of the standard scores (z-scores) for each item in the dimension. The weights for each item are computed to maximize the correlation between the item value and the resulting factor score. This represents the optimal combination of items to measure the general con- cept represented by the dimension.

2 The responses on some questionnaire items were incomplete for some of the 4,964 respondents. There were N=4958 fully complete questionnaires available for regression models.

3 The tolerance value for these two variables is too low to allow separate interpretation of the linear and curvilinear quadratic effects, but we are simply using them as a pair to represent and control for the single con- struct of hours worked.

4 This was done with a polynomial regression in which successive models minimizing mean squared error are fit to the data. At each step, an addi- tional power of the predictor variable is added. In words, the first model says "x predicts y in a straight line (the linear model)." At the next step it says "now add x2 (a U-shaped parabola, the quadratic component) and see if it lowers the error." This process continues until there is no improve- ment in prediction.

5 Further testing of the decreasing portion of the curve at high hours worked beyond the quadratic maximum showed that the quadratic model predicted a decline in performance at these high values that was signifi- cantly more rapid than what actually appeared in the data. After reaching the maximum, the falloff in performance was linear, not quadratic.

6 It is explained in much more mathematical detail in John Pencavel, "The Productivity of Working Hours," *Economic Journal 125,* no. 589 (2015): 2052–2076.

7 The criteria for accepting a model as plausible are the Root Mean Square Error of Approximation (RMSEA) and a significance test (the conven- tional p-value). RMSEA is average error between the predicted values and the actual values of all the correlations between pairs of variables in the model. The smaller it is, the better the model fits the data. Low RMSEA means the predicted correlations from the model match the actual cor- relations found in the data. A conventional value for accepting a model as plausible is RMSEA of less than 5 percent.

The p-value is the probability that the error between predicted and actual correlations is due to random noise and not to errors in the hypoth- esized structure of cause and effect. In conventional hypothesis testing between a null effects model and a hypothesized model, one looks for low values of p, typically $p < .05$, to indicate the results were unlikely to be due to chance. In SEM, this logic is reversed. A higher p-value indicates that differences between predicted and actual correlations are more likely to be random effects than to be an incorrect model structure.

A typical criterion for a plausible model is $p > .05$. This value is com- puted from the Chi Square statistic that summarizes differences between expected and actual correlation values according to the number of these values that are free to vary (the degrees of freedom, or d.f.).

工作生活 BWL062

高績效心智

國家圖書館出版品預行編目(CIP)資料

高績效心智 / 莫頓．韓森(Morten T. Hansen)著
; 廖月娟譯. -- 第一版. -- 臺北市 : 遠見天下文化,
2018.05
面； 公分. -- (工作生活 ; BWL062)
譯自 : Great At Work
ISBN 978-986-479-451-5(平裝)

1.時間管理 2.工作效率

494.01 107006646

作者 — 莫頓．韓森 Morten T. Hansen
譯者 — 廖月娟

事業群發行人／CEO／總編輯 — 王力行
資深副總編輯 — 吳佩穎
研發總監暨責編 — 張奕芬
封面設計 — 莊謹銘

出版者 — 遠見天下文化出版股份有限公司
創辦人 — 高希均、王力行
遠見・天下文化・事業群　董事長 — 高希均
事業群發行人／CEO — 王力行
天下文化社長／總經理 — 林天來
國際事務開發部兼版權中心總監 — 潘欣
法律顧問 — 理律法律事務所陳長文律師
著作權顧問 — 魏啟翔律師
社址 — 台北市 104 松江路 93 巷 1 號 2 樓
讀者服務專線 —（02）2662-0012
傳　真 —（02）2662-0007；2662-0009
電子信箱 — cwpc@cwgv.com.tw
直接郵撥帳號 — 1326703-6 號　遠見天下文化出版股份有限公司

製版廠 — 東豪印刷事業有限公司
印刷廠 — 祥峰印刷事業有限公司
裝訂廠 — 中原造像股份有限公司
登記證 — 局版台業字第 2517 號
總經銷 — 大和書報圖書股份有限公司　電話／(02)8990-2588
出版日期 — 2018 年 5 月 31 日第一版
2019 年 1 月 25 日第一版第 2 次印行

定價 — 450 元
ISBN — 978-986-479-451-5（英文版 ISBN：978-1476765624）
書號 — BWL062
天下文化官網 — bookzone.cwgv.com.tw